BIBLIOTHÈQUE
SCIENTIFIQUE INTERNATIONALE

IX

BIBLIOTHÈQUE SCIENTIFIQUE INTERNATIONALE

Volumes in-8° reliés en toile anglaise.

Prix : 6 fr.

VOLUMES PARUS.

J. Tyndall. LES GLACIERS et les transformations de l'eau, avec 8 planches tirées à part sur papier teinté et nombreuses figures dans le texte.   6 fr.

W. Bagehot. LOIS SCIENTIFIQUES DU DÉVELOPPEMENT DES NATIONS dans leurs rapports avec les principes de l'hérédité et de la sélection naturelle.. 6 fr.

J. Marey. LA MACHINE ANIMALE, locomotion animale et aérienne, avec 117 figures dans le texte .... 6 fr.

A. Bain. L'ESPRIT ET LE CORPS considérés au point de vue de leurs relations, suivis d'études sur les erreurs généralement répandues au sujet de l'esprit.. 6 fr.

J. A. Pettigrew. LA LOCOMOTION CHEZ LES ANIMAUX, avec un très-grand nombre de figures dans le texte .... 6 fr.

Herbert Spencer. INTRODUCTION A LA SCIENCE SOCIALE.............. 6 fr.

Oscard Schmidt. DESCENDANCE ET DARWINISME .... 6 fr.

H. Maudsley. LE CRIME ET LA FOLIE............................ 6 fr.

P. J. Van Beneden. LES COMMENSAUX ET LES PARASITES dans le règne animal, avec 83 figures dans le texte............................ 6 fr.

VOLUMES SUR LE POINT DE PARAITRE.

Balfour Stewart. LA CONSERVATION DE L'ÉNERGIE.

Schutzenberger. LES FERMENTATIONS.

Vogel. LES EFFETS CHIMIQUES DE LA LUMIÈRE.

COULOMMIERS. — Typ. A. MOUSSIN

LES COMMENSAUX

ET

LES PARASITES

DANS LE RÈGNE ANIMAL

PAR

P.-J. VAN BENEDEN

Professeur à l'Université de Louvain, Correspondant de l'Institut de France.

Avec 83 figures dans le texte.

PARIS

LIBRAIRIE GERMER BAILLIÈRE

17, RUE DE L'ÉCOLE-DE-MÉDECINE, 17

—

1875

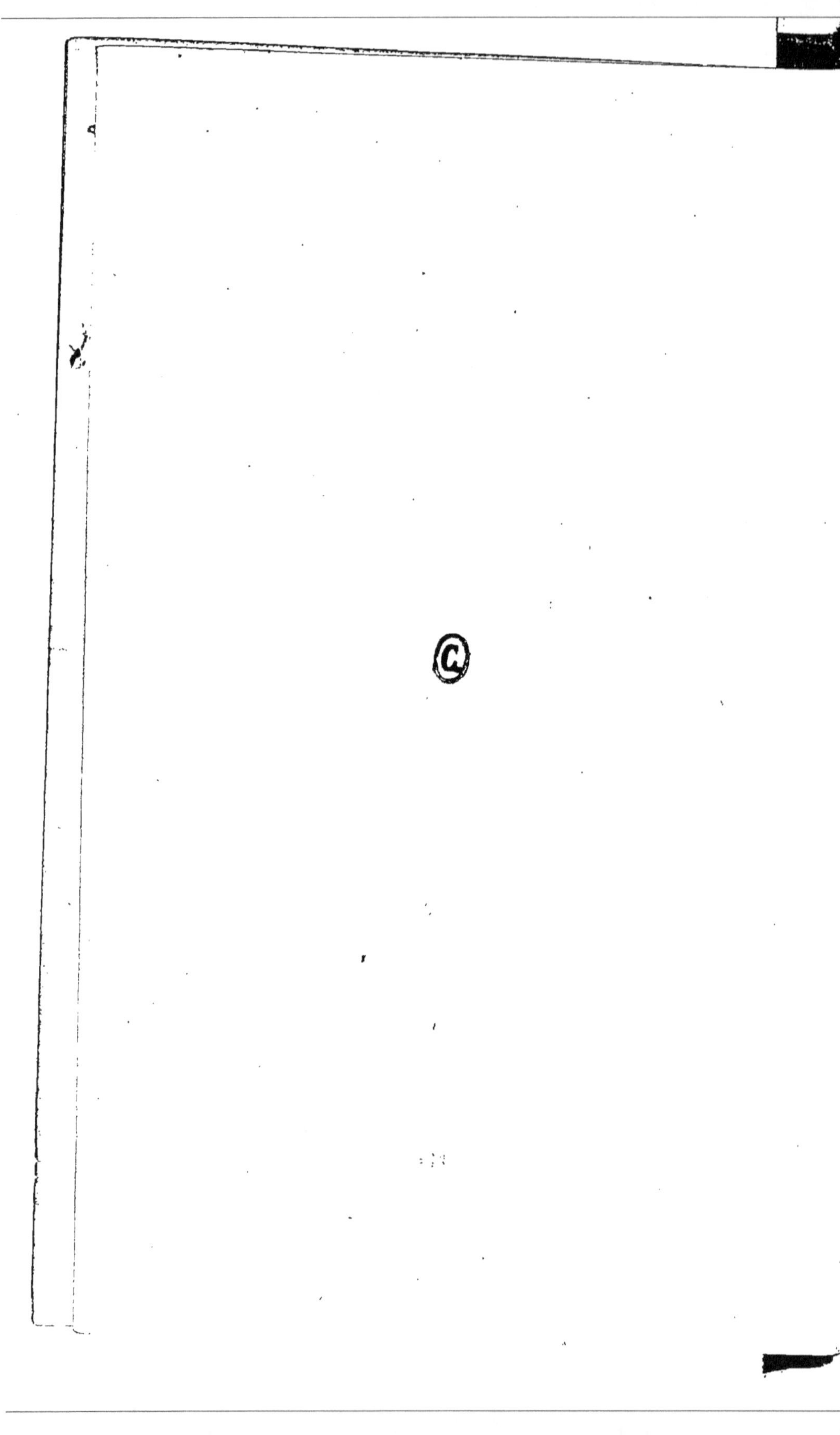

INTRODUCTION

L'édifice du monde n'est soutenu que par les
ressorts de la faim et de l'amour.
SCHILLER.

Dans ce grand spectacle qu'on appelle la nature, chaque
animal joue un rôle à part, et Celui qui a tout pesé et tout
réglé avec ordre et mesure veille avec autant de soin à la conservation du plus repoussant insecte qu'à la propagation du
plus brillant oiseau. En venant au monde, chacun d'eux connaît son rôle et le remplit d'autant mieux qu'il est plus libre
d'obéir aux conseils de son instinct. A ce grand drame de la vie
préside une loi aussi harmonieuse que celle qui règle le mouvement des astres; et, si à chaque heure la mort enlève de cette
scène des myriades d'êtres, à chaque heure aussi la vie fait
surgir de nouvelles légions pour les remplacer. C'est un tour-
billon, une chaîne sans fin.

On le démontre aujourd'hui : l'animal, quel qu'il soit, celui
qui occupe le haut de l'échelle aussi bien que celui qui touche
aux derniers échelons, consomme de l'eau et du charbon,
l'albumine suffit à tous les besoins de sa vie. Or, la même
main qui a fait sortir le monde du chaos, a varié la nature de

cette consommation : elle a proportionné cette nourriture uni-
verselle aux besoins et à l'organisme particulier des espèces
qui doivent y puiser le principe du mouvement et l'entretien de
la vie.

L'étude qui a pour but de connaître la pâture de chaque
animal constitue une branche intéressante de l'histoire
naturelle. Le menu de chaque animal est écrit d'avance en
caractères indélébiles dans tout type spécifique, et ces caractères sont moins difficiles à déchiffrer pour le naturaliste que
les palimpsestes pour les archéologues. C'est sous forme d'os
ou d'écailles, de plumes ou de coquilles, qu'ils figurent dans
les voies digestives. C'est par des visites non domiciliaires,
mais stomachales, qu'il faut s'initier à ces détails de ménage.
Le menu des animaux fossiles, tout en étant écrit en caractères moins nets et moins complets, peut cependant se lire
encore fort souvent dans l'épaisseur de leurs coprolithes. Nous
ne désespérons même pas de découvrir un jour les poissons et
les crustacés que chassaient les Plésiosaures et les Ichthyosaures, et de retrouver quelques Vers parasites entrés avec
eux dans leur intestin spiral.

Les naturalistes n'ont pas toujours étudié avec un soin suf-
fisant les rapports qui existent entre l'animal et sa pâture, et
fournissent cependant à l'observateur des enseignements d'une
haute portée. En effet, tout corps organique, conferve ou
mousse, insecte ou mammifère, devient la proie d'un animal
quelconque ; toute substance organique liquide ou solide, séve
ou sang, corne ou plume, chair ou os, disparaît sous la dent
de l'un ou de l'autre ; et à chaque débris correspondent les
instruments propres à leur assimilation. Ces rapports primitifs
entre les êtres et leur régime d'alimentation entretiennent l'industrie de chaque espèce.

On trouve, en y regardant de près, plus d'une analogie entre
le monde animal et la société humaine, et, sans chercher bien

loin, on peut dire qu'il n'y a guère de position sociale qui n'ait,
si j'ose le dire, son pendant, parmi les animaux.

La plupart d'entre eux vivent paisiblement du fruit de leur
travail et exercent un métier qui les fait vivre; mais, à côté de
ces honnêtes industriels, on voit aussi des misérables qui ne
sauraient se passer de l'assistance de leurs voisins et qui s'établissent les uns comme *parasites* dans leurs organes, les autres
comme *commensaux* à côté de leur butin.

Il y a quelques années, un de nos savants et spirituels confrères de l'Université d'Utrecht, le professeur Harting, a écrit
un livre charmant sur l'industrie des animaux, et il nous a
fait voir que la plupart des métiers sont parfaitement connus
dans le règne animal. On trouve en effet, parmi eux, des mineurs, des maçons, des charpentiers, des fabricants de papie ,
des tisserands et l'on pourrait même dire des dentellières, qui
tous travaillent pour eux d'abord, pour leur progéniture ensuite. Il y en a qui creusent le sol, étançonnent les voûtes, dé-
blayent les terrains inutiles et consolident les travaux, comme
des mineurs; d'autres bâtissent des huttes ou des palais selon
toutes les règles de l'architecture; d'autres encore connaissent d'emblée tous les secrets du fabricant de papier, de
carton, de toiles ou de dentelles, et leurs produits n'ont généralement rien à craindre de la comparaison avec le point de
Malines ou de Bruxelles. Qui n'a pas admiré l'ingénieuse
construction des ruches d'abeille et des nids de fourmi, la
délicate et merveilleuse structure des toiles d'araignée! La
perfection de quelques-unes de ces œuvres est même si grande
et si généralement appréciée, que lorsque, pour son télescope,
l'astronome a besoin d'un fil mince et délicat, c'est à une fabrique vivante, à une chétive araignée qu'il s'adresse! Quand
le naturaliste a besoin de comparer le degré de perfection de
son microscope ou d'une mesure micrométrique pour les infiniment petits, il consulte, non pas un millimètre taillé et divisé

en cent ou en mille parties, mais une simple carapace de diatomée, tellement petite et si peu distincte, qu'il en faudrait plusieurs millions réunies pour être visibles à l'œil nu. Bien plus encore, les meilleurs microscopes ne révèlent pas toujours toute la délicatesse des dessins qui ornent ces admirables organismes ; c'est à peine si les instruments des premières maisons suffisent pour faire ressortir les fantaisies infinitésimales qui décorent ces carapaces lilliputiennes. M. H.-Ph. Adan a fait connaître dernièrement, avec un talent d'artiste, les beautés infinies que le microscope révèle dans ce monde invisible.

Du reste, à qui les fabricants de Verviers ou de Lyon, de Gand ou de Manchester s'adressent-ils pour leur matière première ? A une bête ou à une plante, et jusqu'à présent nous avons été assez modestes pour ne pas avoir cherché à imiter la laine ou le coton. Ces ateliers fonctionnent cependant tous les jours sous nos yeux, les portes largement ouvertes à tout le monde, et aucune d'elles n'est marquée de l'inscription si banale : *défense d'entrer.*

L'idéal des arts humains dans le filage et le tissage, disait un méridional à Michelet, l'idéal que nous poursuivons, c'est un beau cheveu de femme, les plus douces laines, le coton le plus fin sont bien loin de l'atteindre ! Le méridional semble oublier que cette douce laine comme ce fin coton ne sortent pas plus de nos ateliers que le cheveu de la femme.

Que ces machines entrent en grève, qu'elles chôment seulement pendant un certain temps et nous sommes exposés à ne plus trouver de quoi couvrir nos épaules ; la grande dame n'aura plus ni cachemire, ni soie, ni velours dans sa toilette ; nous, nous n'aurons plus ni flanelle, ni drap pour la confection de nos habits ; le pâtre même n'aura plus sa peau de chèvre pour se garantir contre les intempéries de l'air. Grâce à cet animal qui nous donne sa chair et sa toison, nous pouvons déserter les régions méridionales, braver la rigueur des climats et nous établir à côté du renne et du narval, au milieu des glaces perpétuelles. Nous avons la science et la vapeur dont nous sommes fiers à juste titre; pour fabriquer leurs merveilleux tissus, les bêtes n'ont que leur simple instinct et font encore mieux que nous. Les prétendues forces aveugles de la nature produisent des fils que le génie de l'homme chercherait en vain à remplacer, et nous ne songeons même pas à lutter avec ces machines vivantes que nous écrasons tous les jours du pied.

Toutes les industries s'exercent sous le soleil, et s'il y en a d'honnêtes, on peut dire qu'il y en a aussi qui méritent une autre qualification. Dans l'ancien comme dans le nouveau monde, plus d'un animal tient du chevalier d'industrie menant la vie de grand seigneur, et il n'est pas rare de trouver, à côté de l'humble pick-pocket, l'audacieux brigand de grand chemin qui ne vit que de sang et de carnage. Le nombre est grand de ces êtres qui échappent toujours, ou par la ruse ou par l'audace, ou par une supériorité de scélératesse, à la vindicte sociale.

Mais à côté de ces existences indépendantes, il y en a un certain nombre qui, sans être parasites, ne sauraient vivre sans secours, et qui réclament de leurs voisins, tantôt un simple gîte pour pêcher à côté d'eux, tantôt une place à la même table pour partager le repas du jour : on en découvre journellement qui passaient pour des parasites et qui cependant ne vivent en aucune manière aux dépens de leur hôte.

Qu'un crustacé copépode s'installe dans l'office d'une ascidie et lui dérobe au passage quelques bons morceaux; qu'un animal bienveillant rende un service à son voisin, soit en entretenant la propreté de son râtelier, soit en enlevant des détritus qui encombrent certains organes, ce crustacé ou cet animal ne sont pas plus des parasites que celui qui se blottit à côté d'un voisin vigilant et habile, fait paisiblement sa sieste et se contente des restes qui tombent des mâchoires de son acolyte. Nous en dirons autant du poisson qui, par paresse, s'amarre à un voisin bon nageur comme le Rémora, et pêche à côté de lui, sans fatigue pour ses nageoires.

Chez plusieurs d'entre eux, des services se payent même par de bons procédés ou en nature, et le *mutualisme* pourrait bien s'exercer au même titre que le *commensalisme*.

Ceux qui méritent le nom de parasites se nourrissent aux dépens d'un voisin, soit en s'établissant volontairement dans ses organes, soit en l'abandonnant, après chaque repas, comme le fait la sangsue ou la puce.

Mais, quand la larve d'Ichneumon dévore, organe par organe, la chenille qui lui sert de nourrice et finit par la manger complétement, peut-on dire qu'elle est parasite ? D'après Lepelletier de Saint-Fargeau, qui s'est occupé avec beaucoup de succès de ces questions, le parasite est celui qui vit aux dépens d'autrui, en mangeant son bien et non pas en mangeant sa nourrice même. La larve d'Ichneumon n'est pas non plus un carnassier puisque le vrai carnassier ne ménage la vie de sa proie à aucune époque de son évolution.

———

Les parasites véritables sont fort nombreux dans la nature, et l'on aurait tort de croire que tous mènent une vie triste et monotone. Il y en a parmi eux d'alertes et de vigilants qui se sustentent pendant une partie de leur vie et ne réclament des secours qu'à des époques déterminées. Ce ne sont pas, comme on l'a cru, des êtres exceptionnels et bizarres sans autres organes que ceux de la conservation. Il n'y a pas, ainsi qu'on l'a prétendu, une classe de parasites, mais toutes les classes du règne animal en renferment dans leurs rangs inférieurs.

Nous pouvons les répartir en diverses catégories :

Dans la première, nous réunirons tous ceux qui sont libres au début de la vie, nagent et prennent leurs ébats sans demander de secours à personne, jusqu'à ce que les infirmités de l'âge les obligent à se retirer dans un refuge : ils vivent d'abord en vrais bohèmes et sont assurés de prendre leurs invalides dans quelque hospice bien approprié. Parfois c'est le mâle et la femelle qui réclament ce secours au retour de l'âge, d'autres fois c'est la femelle seule et le mâle continue sa vie vagabonde. Il arrive aussi que la femelle entraîne son époux et l'entretient complétement pendant sa captivité; son hôte la nourrit et elle, à son tour, nourrit son mari. On ne découvre guère de femelle de Lernéen qui ne traîne avec elle son mâle lilliputien, lequel ne la quitte pas plus que son ombre. Mais on trouve également des mâles, parasites de leurs femelles, parmi les curieux crustacés connus sous le nom de Cirrhipèdes. Tous les crustacés parasites prennent place dans cette première catégorie.

Nous en trouvons d'autres, les Ichneumons, par exemple, qui sont parfaitement libres dans leurs vieux jours, mais ont besoin de protection pendant le jeune âge. Il y en a même beaucoup qui, au sortir de l'œuf, sont littéralement mis en nourrice; mais le jour où ils se dépouillent de leur robe de larve, ils ne connaissent plus aucun frein, et, armés de pied en cap, ils courent hardiment l'aventure et meurent comme tous les autres sur le grand chemin. Dans cette catégorie se trouvent généralement les insectes parasites hyménoptères et diptères.

D'autres encore sont à peu près colloqués à vie, tout en changeant d'hôte, pour ne pas dire d'établissement, selon leur âge et leur constitution. Dès leur sortie de l'œuf, ils sollicitent des faveurs et tout leur itinéraire leur est rigoureusement tracé d'avance. On connaît heureusement aujourd'hui les étapes d'un grand nombre d'entre eux appartenant à l'ordre des vers cestodes et trématodes. Ces vers plats et mous débutent ordinairement par le vagabondage, grâce à une robe ciliée qui leur sert d'appareil de locomotion; mais à peine ont-ils essayé leurs rames délicates, qu'ils réclament du secours, se logent dans le corps d'un premier hôte qu'ils abandonnent bientôt pour un autre gîte vivant et se condamnent ensuite eux-mêmes à une réclusion perpétuelle.

Ce qui ajoute à l'intérêt que ces êtres faibles et peu courageux inspirent, c'est qu'à chaque changement de domicile ils changent aussi de costume et que, arrivés au terme de leurs pérégrinations, ils portent une robe virile pour ne pas dire une robe de noce. Les sexes apparaissent seulement sous cette dernière enveloppe ; jusqu'alors ils n'ont guère songé aux soins de la famille. Il n'a pas toujours été facile de constater l'identité de ces personnages qui visitent un jour les salons, le lendemain, en costume de mendiants, les bouges les plus obscurs. La plupart des vers qui ont la forme d'une feuille ou d'un ruban se livrent à ces pérégrinations et ceux qui n'arrivent pas à leur dernière étape meurent généralement sans postérité.

Il est intéressant de remarquer que ces vers parasites n'habitent pas indifféremment tel ou tel organe de leur voisin ; tous commencent modestement par la mansarde presque inaccessible, et finissent par les appartements larges et spacieux. Au début ils ne songent qu'à eux-mêmes et se contentent, sous le nom de *scolex* ou de ver vésiculaire, de se loger dans le tissu connectif des muscles, du cœur, des ventricules du cerveau ou même du globe de l'œil; plus tard ils pensent aux soins de la famille et occupent les vastes organes comme les voies digestives et respiratoires, toujours librement en communication avec l'extérieur ; ils ont horreur d'être enfermés et leur progéniture réclame le grand air.

Dans une dernière catégorie se trouvent ceux qui ont besoin de secours pendant toute leur vie ; dès qu'ils ont pénétré dans le corps de leur hôte, ils ne bougent plus et la loge qu'ils se sont choisie peut leur servir à la fois de berceau et de tombe.

Il y a quelques années on ne soupçonnait pas qu'un parasite pût vivre dans un animal autre que celui où on le découvre. Tous les helminthologistes, à peu d'exceptions près, regardaient les vers de l'intérieur du corps comme formés sans parents dans les organes mêmes qu'ils occupent. On avait bien vu, et même depuis longtemps, des vers parasites de poisson dans l'intestin de certains oiseaux ; on avait même expérimenté pour s'assurer de la possibilité de ces passages, mais toutes les expériences n'avaient donné qu'un résultat négatif et l'idée de transmigration obligée était si complétement inconnue, que Bremser, le premier helminthologiste de son époque, criait à l'hérésie, quand Rudolphi parlait de ligules de poissons qui auraient pu continuer à vivre dans des oiseaux.

A une époque plus rapprochée de nous, notre savant ami von Siebold, appelé, avec raison, le prince de l'helminthologie, partageait encore complétement cet avis, en rapprochant le cysticerque de la souris, du ténia du chat, et en prenant ce jeune ver pour un être égaré, malade et hydropique. A ses yeux, le ver avait fait fausse route dans la souris ; le ténia du chat ne pouvait vivre que dans le chat. Flourens parlait de roman, quand moi-même j'annonçai à l'Institut de France que les vers cestodes *doivent* passer d'un animal à un autre, pour parcourir les phases de leur évolution.

Aujourd'hui, dans les laboratoires de zoologie, on répète tous les jours avec le même succès les expériences sur ces transmigrations et naguère, M. R. Leuckart, qui dirige avec tant de talent l'Institut de Leipzig, a découvert, de concert avec son élève Mecznikow, des transmigrations de vers accompagnées de changements de sexe : c'est-à-dire, ils ont vu des nématodes parasites des poumons de grenouille, toujours femelles ou hermaphrodites, engendrer des individus des deux sexes qui ne ressemblent pas à leur mère et dont le séjour habituel est, non dans le poumon de la grenouille, mais dans la terre humide. En d'autres termes, que l'on se figure une mère, née veuve, qui ne peut exister sans secours et qui engendre des garçons et des filles pouvant se suffire à eux-mêmes. La mère est parasite et vivipare, ses filles sont pendant toute la vie libres et ovipares.

Cette observation nous conduit à cette autre singularité sexuelle, observée dans ces derniers temps, de mâles et de femelles différents dans une seule et même espèce, et qui donnent naissance à des produits qui ne se ressemblent pas : le même animal, ou plutôt la même espèce, sort de deux œufs différents fécondés par des spermatozoïdes différents.

Aujourd'hui que ces transmigrations sont parfaitement connues et admises, on a si complétement oublié le point de départ, que l'on attribue assez souvent l'honneur de cette découverte à des confrères, qui n'en ont eu connaissance qu'après que la démonstration en était entièrement faite et que la nouvelle interprétation était généralement acceptée. Mais revenons à notre sujet.

Le secours entre les animaux est ainsi tout aussi varié que celui que l'on trouve parmi les hommes : les uns reçoivent le domicile, d'autres la table, et, d'autres le vivre et le couvert ; on trouve un système complet de logement et d'alimentation, à côté des institutions philozoïques les mieux combinées. Mais si, à côté de ces pauvres, on en voit d'autres qui se rendent mutuellement des services, il serait peu flatteur de les qualifier tous de parasites ou de commensaux. Nous croyons être plus juste à leur égard en les appelant *Mutualistes*, et le *mutualisme* prendra place à côté du *commensalisme* et du *parasitisme*.

Il faudrait aussi trouver une qualification pour ceux qui, comme certains crustacés et même des oiseaux, sont plutôt des *pique-assiettes* que des parasites, et pour d'autres qui payent par une méchanceté les secours qu'ils ont reçus. Et comment nommer ceux qui, comme le pluvier, rendent des services que l'on pourrait comparer à des services médicaux ?

Cet oiseau fait en effet le dentiste auprès du crocodile ; une petite espèce de crapaud se fait l'accoucheur auprès de sa femelle en se servant de ses doigts en guise de forceps, pour mettre les œufs au monde. Enfin le Pique-Bœuf exécute une opération chirurgicale chaque fois qu'il ouvre, avec son bistouri à lui, la tumeur qui renferme une larve au milieu du dos du buffle. Plus près de nous, nous voyons l'étourneau rendre dans nos prairies le même service que le Pique-Bœuf en Afrique et on pourrait dire qu'il y a parmi ces animaux plus d'une spécialité dans l'art de guérir.

Nous ne devons pas oublier que le rôle de croque-mort est également très-répandu dans la nature, et que ce n'est jamais sans quelque profit pour lui ou pour sa progéniture que ce sombre industriel fait disparaître les cadavres. Certains animaux ont une occupation analogue à celle du décrotteur ou du dégraisseur puisqu'ils entretiennent avec soin et même avec une certaine coquetterie la toilette de leurs voisins.

Et comment faudra-t-il qualifier les oiseaux, connus sous le nom de Stercoraires, qui profitent de la lâcheté des mouettes pour vivre en paresseux ? Les mouettes ont beau se fier à la force de leurs ailes, les stercoraires finissent par leur faire rendre gorge pour partager le produit de la pêche. Poursuivis de trop près, ces oiseaux craintifs dégorgent leurs jabots pour s'alléger, comme le contrebandier qui ne voit plus de moyen de salut que dans l'abandon de son fardeau.

On ne doit cependant pas toujours en vouloir à toute l'espèce, puisque très-souvent, comme le cousin, ce n'est que l'un des sexes qui cherche une victime.

En général, tous ces animaux vivent au jour le jour; et s'il y en a qui connaissent l'économie, il y en a également qui n'ignorent pas les avantages de la caisse d'épargne et, comme le corbeau et la pie, songent au lendemain et mettent en réserve l'excédant de la journée.

Nous l'avons déjà dit : ce petit monde n'est pas toujours facile à connaître, et dans ces sociétés, où chacun apporte son capital, les uns en activité, les autres en violences ou en ruses, il se trouve plus d'un *Robert Macaire* qui n'apporte rien du tout et qui les exploite tous. Chaque espèce animale peut avoir ses parasites et ses commensaux, et chaque animal peut en avoir même de différentes sortes et de diverses catégories.

Mais d'où viennent-ils ces êtres malencontreux, dont le nom seul inspire souvent de l'horreur, et qui s'installent sans façon, non dans nos demeures, mais dans nos organes, et dont nous pouvons encore moins nous débarrasser que des rats et des souris? Ils naissent comme tous les autres de parents.

Les temps sont passés où la viciation des humeurs et l'altération des parenchymes étaient des conditions suffisantes pour la formation des parasites, et où leur présence était regardée comme un épiphénomène résultant de dispositions morbides de l'organisme. Nous avons tout lieu d'espérer que ce langage d'une autre époque aura bientôt complétement disparu des livres de physiologie et de pathologie. Ni le tempérament ni les humeurs n'ont rien à faire avec les parasites et ceux-ci ne sont pas plus abondants chez des individus cachexiques que chez ceux qui jouissent de la santé la plus brillante. Au contraire, tous les animaux sauvages hébergent leurs vers parasites propres, et la plupart d'entre eux ont à peine vécu en captivité, que nématodes comme cestodes disparaissent complétement. Seuls les parasites emprisonnés ne désertent pas.

Tous ces rapports sont réglés d'avance, et, pour notre part, nous ne pouvons nous défendre de l'idée que la terre a été préparée pour recevoir successivement les plantes, les animaux et l'homme ; dès les premières élaborations que Dieu a fait subir à la matière, il avait évidemment en vue celui qui, un jour, devait s'élever jusqu'à Lui et Lui rendre hommage.

C'est ainsi que je répondrai à une question posée dernièrement par L. Agassiz : « Le monde animal, conçu dès le principe, est-il le motif des changements physiques que notre globe a éprouvés, ou les modifications des animaux sont-elles le résultat des changements physiques; en d'autres termes, la terre est-elle faite et préparée pour les êtres vivants ou bien les êtres vivants se sont-ils développés comme ils ont pu, selon les vicissitudes physiques de la planète qu'ils habitent? »

Cette question a été agitée de tout temps et la science qui ne veut pas regarder au delà du scalpel, ne parviendra pas à la résoudre. Chacun doit chercher dans sa propre raison la solution du grand problème.

Quand on voit le poulain, à peine né, gambader pour trouver le pis de sa mère, et au sortir de l'œuf, le poussin chercher sa becquée et le canneton sa flaque d'eau, peut-on trouver ailleurs que dans l'instinct, la cause de ces actes, et cet instinct, n'est-ce pas le libretto écrit par Celui qui n'a rien oublié.

Le statuaire en malaxant l'argile, pour en faire sortir une maquette, a conçu la statue qu'il va produire. Il en est ainsi de l'Artiste suprême. Son plan de toute éternité est présent à sa pensée, il exécutera l'œuvre en un jour, en mille siècles. Pour lui, le temps n'est rien : l'œuvre est conçue, elle est créée, et chacune de ses parties n'est que la réalisation de la pensée créatrice, et son développement réglé dans le temps et dans l'espace.

Plus nous avançons dans la connaissance de la nature, dit Oswald Heer, dans *le Monde primitif* qu'il vient de publier, plus aussi est profonde notre conviction, que la croyance en un Créateur tout-puissant et en une Sagesse divine, qui a créé le ciel et la terre, selon un plan éternel et préconçu, peut seule résoudre les énigmes de la nature comme celle de la vie humaine. Continuons à élever des statues aux hommes qui ont été utiles à leurs semblables et qui se sont distingués par leur génie ; mais n'oublions pas ce que nous devons à Celui qui a mis des merveilles dans chaque grain de sable, un monde dans chaque goutte d'eau.

Dans un premier livre nous nous occuperons des *commensaux*, dans un second des *mutualistes* et dans un troisième des *parasites*.

LES COMMENSAUX
ET LES PARASITES

LIVRE PREMIER

LES COMMENSAUX

Le commensal est celui qui est reçu à la table de son voisin pour partager avec lui le produit de la pêche ; il faudrait créer un nom pour désigner celui qui réclame de son voisin une simple place à son bord, et qui ne demande pas le partage des vivres.

Le commensal ne vit pas aux dépens de son hôte : tout ce qu'il désire, c'est un gîte ou son superflu ; le parasite s'installe temporairement ou définitivement chez son voisin ; de gré ou de force, il exige de lui le vivre et très-souvent le logement.

Mais la limite précise où le commensalisme commence n'est pas toujours facile à discerner. Il y a des animaux qui ne sont commensaux qu'à une certaine époque de leur vie et qui pourvoient à leur entretien pendant les autres époques ; d'autres ne sont commensaux que dans certaines circonstances données et ne méritent point cette qualification dans les temps ordinaires.

Dans les rangs supérieurs, les rapports des animaux entre eux sont en général bien connus et justement appréciés, mais il n'en est pas de même dans les rangs inférieurs, et plus d'un animal peut passer pour un commensal ou pour un parasite, pour un voleur ou pour un mendiant, selon les circonstances où on l'observe. Lé chevalier d'industrie passe pour honnête, tant qu'il n'a pas été pris en flagrant délit. Aussi, pour être juste, il faut examiner avec soin les actes d'accusation, et ne se prononcer qu'après une sévère instruction.

La plupart de ces animaux qui vivent en bonne intelligence et qui, sans se nuire, sont établis les uns sur les autres, sont regardés à tort par la plupart des naturalistes, comme parasites. Aujourd'hui que les rapports de plusieurs d'entre eux sont mieux appréciés, on connaît de nombreux animaux qui se réunissent entre eux pour se prêter un secours mutuel, à côté d'autres qui vivent, comme les pauvres, des miettes qui tombent de la table des grands. Il y a bien des rapports entre des espèces différentes que l'on ne pouvait découvrir qu'après un examen minutieux, et que l'on a fini par apprécier avec plus d'impartialité.

Les commensaux sont assez nombreux dans la nature, et ce n'est n'est pas seulement à l'époque actuelle que l'on a reconnu le commensalisme; il existait déjà à l'époque primaire, et Wyvile Thomson m'a signalé, pendant que j'étais moi-même son commensal à Edimbourg (Association britannique, 1871), que les polypes de l'époque silurienne le connaissaient déjà. Nous ne comptons pas parmi les commensaux les animaux qui, comme les oiseaux que nous tenons en cage, charment l'oreille par leur chant, ou qui, malgré nous, vivent aux dépens du garde-manger; nous voulons parler seulement des commensaux véritables qui, tantôt par faiblesse de constitution, tantôt par défaut d'activité, ne peuvent se nourrir ou élever leur famille sans demander du secours à leur voisin.

Il y a d'abord des commensaux libres qui ne renoncent jamais à leur indépendance, quels que soient les avantages dont jouit leur amphitryon; ils rompent pour le moindre motif de

mécontentement et vont chercher fortune ailleurs. C'est la susceptibilité qui les guide, sinon l'attrait du changement. On les
reconnaît à leur attirail de pêche et de voyage dont ils ne se
dépouillent jamais ; les commensaux libres sont les plus nombreux. — Les autres, les commensaux fixes, s'installent chez
un voisin, jettent par-dessus bord tout leur matériel de voyage,
se mettent à l'aise en changeant complétement de toilette et
renoncent pour toujours à la vie indépendante. Leur sort est
à jamais lié à celui qui les porte.

C'est dans ces deux catégories que nous allons citer quelques
exemples, et jeter un coup d'œil sur les différences que présentent, sous ce rapport, les diverses classes du règne animal,
en commençant par les rangs supérieurs.

COMMENSAUX LIBRES

On trouve des commensaux libres dans diverses classes du règne animal. Ils se mettent tantôt en croupe sur le dos d'un voisin, tantôt à l'entrée de la bouche, au passage des vivres, ou bien à la sortie des déchets ; tantôt enfin ils se mettent à l'abri sous le manteau de leur hôte, dont ils reçoivent aide et protection.

Dans les rangs des vertébrés, on ne trouve guère que les poissons qui méritent une place ici ; c'est seulement parmi eux que l'on rencontre des espèces à la merci des autres, et dépendant d'acolytes, qui leur sont inférieurs sous tous les rapports.

Un commensal intéressant de cette première catégorie est un poisson d'une forme gracieuse, nommé donzelle, qui va chercher fortune dans le corps d'une holothurie. Les naturalistes le connaissent depuis longtemps sous le nom de *Fierasfer*. Il a le corps allongé semblable à celui d'une anguille, tout couvert de petites écailles, et, comme il est tout comprimé, on l'a comparé à l'épée que les saltimbanques s'enfoncent dans l'œsophage. On en trouve dans différentes mers qui ont exactement les mêmes habitudes. Ce poisson est logé dans le tube digestif de son compagnon, et, sans égard pour l'hospitalité qu'il reçoit, il prélève sa part sur tout ce qui entre. Le Fierasfer a trouvé le moyen de se faire servir par un voisin mieux outillé que lui pour la pêche.

Le docteur Greef, aujourd'hui professeur à Marbourg, a trouvé à Madère une holothurie d'un pied de longueur et dans laquelle habitait paisiblement un vigoureux Fierasfer. Dans le récit de leur voyage autour du monde Quoy et Gaimard ont signalé, depuis fort longtemps, le *Fierasfer hornei* dans le *Stichopus tuberculosus*.

Les holothuries paraissent se trouver dans des conditions très-avantageuses sous ce rapport puisque nous voyons parfois des Fierasfer, qui sont déjà passablement gloutons, accompagnés encore de *Palémons* et de *Pinnothères* dans le même animal. — Le professeur C. Semper a vu des Holothuries aux îles Philippines, qui ne ressemblaient pas mal, sous ce rapport, à un hôtel avec table d'hôte.

Ce n'est pas d'hier que ces singuliers poissons ont été observés, mais on ne savait comment il fallait expliquer leur présence dans un hôte de si bas étage qu'une holothurie.

Mais si l'on s'accorde sur les rapports qui lient ces poissons aux holothuries, on n'est pas du tout d'accord sur les organes qu'ils habitent dans leur *hôtel vivant*. — Logent-ils dans la cavité digestive des holothuries ou habitent-ils dans l'arbre respiratoire qui s'ouvre à l'extrémité postérieure du corps ? Jusqu'à présent on croyait que c'était dans leur estomac, mais un doute a surgi : le professeur Semper, qui a étudié avec un soin particulier ces animaux aux îles Philippines, a eu la curiosité d'ouvrir l'estomac de quelques-uns d'entre eux, et y a trouvé, non des bêtes pêchées par l'holothurie, mais des restes de son arbre respiratoire qu'ils étaient en train de digérer. Est-ce bien alors un commensal ? Il faudra une nouvelle instruction, et, si le Fierasfer n'a pas accidentellement avalé les parois du compartiment qui le loge, il devra plutôt prendre place parmi les parasites. Tout en logeant dans l'arbre respiratoire, comme le dit notre savant confrère de Wurzbourg, le Fierasfer peut aussi être commensal à la façon de tant d'autres qui habitent le voisinage du rectum pour mieux happer ceux que l'odeur attire.

Les Fierasfer ne sont pas les seuls poissons qui réclament du secours à des holothuries : à Zamboanga vit une espèce à laquelle on a donné le nom spécifique de *Scabra*, et, dans le ventre de laquelle, dit J. Muller, vit communément un poisson myxinoïde, du nom d'*Enchelyophis vermicularis*. On ne nous apprend malheureusement pas dans quelle partie du ventre : car tout est ventre chez ces animaux.

Ce qui est moins dégradant pour un poisson, c'est de demander du secours à un animal de son rang. La Méditerranée nous en offre un curieux exemple. Risso a vu, vers le commencement de ce siècle, à Nice, le monstrueux poisson connu sous le nom de Baudroie, loger dans son énorme sac branchial, un poisson de la famille des Murénides, l'*Apterychte ocellé*. Il se trouve là évidemment en qualité de commensal. Quoique les anguilles en général vivent aisément, la beaudroie possède des engins de pêche qui leur manquent et, blottis tous les deux dans la vase, elle fait des pêches assez abondantes pour encore partager avec d'autres. Cette même baudroie vit dans la mer du Nord, et là, elle loge un crustacé amphipode qui a jusqu'à présent échappé à la vigilance des carcinologistes. Nous en parlerons plus loin.

Dans la mer de Chine, le docteur Collingwood a vu une Anémone de mer qui n'a pas moins de deux pieds de diamètre, et dans l'intérieur de laquelle loge également un petit poisson très-frétillant dont il n'a pu dire le nom.

Le lieutenant de Crispigny a observé une anémone de mer (*Actinia crassicornis*) vivant en bonne intelligence avec un poisson malacoptérygien, le *Premnas biaculeatus*. Ce poisson pénètre dans l'intérieur du corps de l'anémone, les tentacules se resserrent autour de lui et il reste ainsi enfermé un certain temps dans une tombe vivante. — M. de Crispigny a tenu ces animaux en vie pendant plus d'un an pour les observer avec soin. On trouve également dans la mer des Indes un poisson connu sous le nom d'*Oxybeles lombricoïdes*, qui prend mo-

destement quartier dans une étoile de mer, l'*Asterias dis-
coïda*. Enfin un autre cas de commensalisme nous a été révélé
par le professeur Reinhardt de Copenhague : un Siluroïde du
Brésil, du genre *Platystome*, habile pêcheur, grâce à ses nombreux barbillons, logé dans la cavité de la bouche de tout
petits poissons, que l'on a pris pendant longtemps pour de
jeunes silures ; on supposait que la mère couvait sa progéniture
dans la cavité de la bouche, comme les marsupiaux dans la
poche abdominale et comme le font d'autres poissons. Ces commensaux sont parfaitement développés et adultes, mais au
lieu de vivre du produit de leur propre travail, ils préfèrent
s'installer dans la bouche d'un complaisant voisin et prélever
la dîme sur les succulentes bouchées qu'il avale. — Ce petit
poisson a reçu le nom de *Stegophilus insidiatus*. On voit que
dans le règne animal, ce ne sont pas toujours les grands qui
exploitent les petits. Cependant ne nous y trompons pas, il y a
des poissons, dans les parages de l'île de Ceylan, qui couvent
réellement leurs œufs dans la cavité de la bouche, et nous en
avons vu au musée d'Edimbourg, étiquetés sous le nom de
Arius bookei. Louis Agassiz a fait la même observation sur
un poisson de l'Amazone, ce qui a été reconnu également par
Jeffreys Wiman. Un poisson enveloppe ses œufs dans les
franges de ses branchies et les protège jusqu'à leur éclosion,
un autre dépose ses œufs dans des trous creusés par lui-même
dans les berges de la rivière et protège les jeunes après
l'éclosion.

Couver les œufs dans la bouche n'est du reste pas plus extraordinaire que de les couver dans une autre région du corps.
— Les syngnathes les couvent bien dans une poche derrière
l'anus, et chose plus curieuse, ce ne sont pas les femelles
qui sont chargées de ce soin. Les mâles seuls portent cette
jeune progéniture avec eux. — Cela rappelle cet exemple curieux des oiseaux, connus sous le nom de *Phalaropes*, et chez
lesquels les mâles seuls couvent. La femelle des coucous
abandonne ses œufs et les confie à une femelle étrangère.

Le coucou nous conduit au Mégapode tumulaire et au

Télégamme de Latham, qui habitent l'un et l'autre l'Australie : ces oiseaux déposent leurs œufs dans un énorme tas d'herbes ou de feuilles qui s'échauffe par la décomposition et dont la température est suffisante pour les couver. Au sortir des œufs. les petits sont assez développés pour pourvoir à leurs besoins et se passer des soins maternels.

Pour en revenir à nos commensaux, signalons le résultat des observations d'un savant et habile naturaliste qui a rendu de très-grands services à l'ichthyologie. Le docteur Bleeker nous a fait connaître une association plus remarquable encore dans la mer des Indes ; c'est celle d'un crustacé, le *Cymothoa*, exploitant un poisson connu sous le nom de *Stegophilus*; mal organisé pour pêcher au large, mais plus habile à happer au passage tout ce qui passe à sa portée, il installe son domicile dans la cavité buccale du *Stegophilus*.

Mais de tous les crustacés le plus cruel est cet isopode, nommé Ichtyoxène, qui se creuse pour lui et pour sa femelle une vaste demeure dans les parois du ventre d'un poisson cyprinoïde. Nous reviendrons sur ces exemples.

Les *Physalies*, ces charmants bouquets vivants des régions tropicales, logent également dans leurs cavités, ou au milieu de leurs longs cirrhes, de petits poissons adultes et complets, qui appartiennent à la famille des Scombéroïdes, famille à laquelle se rattachent le thon et le maquereau. Ces papillons de la mer balancent ainsi, au gré de leur hôte, leur indolente individualité. Des voyageurs rapportent que l'on en voit par douzaines blottis dans ces festons animés. M. Al. Agassiz a signalé, dans son catalogue illustré, un autre fait tout aussi extraordinaire, observé dans la baie de Nantucket, aux États-Unis : c'est une Pélagie nocturne (*Dactylometra quinquecirra*, Ag.) toujours accompagnée, pour ne pas dire escortée, par une espèce de hareng. Les deux voisins constituent entre eux une association qui tourne probablement à l'avantage de l'un et de l'autre.

Sans quitter notre littoral, nous voyons une association du même genre entre de jeunes poissons (*Caranx trachurus*) et

une charmante méduse (*Chrysaora isocela*). Cet acalèphe renferme souvent plusieurs jeunes Caranx que l'on est tout surpris
de voir sortir pleins de vie du corps transparent de ces polypes.
Il n'est pas rare du reste de trouver d'autres poissons dans
les méduses ; le docteur Günther qui a fait avec tant de succès
le relevé de la riche collection de poissons du British Museum,
nous a montré des *Labrax lupus* et des *Gasterosteus*, qui
avaient été recueillis dans l'intérieur de différentes méduses, et
ces rapports ont été également remarqués par plusieurs observateurs distingués, parmi lesquels nous citerons MM. Sars,
Rud. Leuckart et Peach. Le capitaine de frégate Jouan a vu
dans la mer des Indes, le 26 octobre 1871, par 13° 20′ de
latitude N. et 60° 30′ de longitude E., c'est-à-dire, à environ
200 lieues à l'ouest des îles Laquedives, par un très-beau
temps, la mer en ce moment très-calme, couverte de méduses
et la plupart de ces dernières escortées par un ou plusieurs
petits poissons, du genre Ostracion, dont il n'a pu connaître
l'espèce. Il est probable que le banc de méduses met en mouvement certains animaux qui sont l'objet de la convoitise des
Ostracions.

Un poisson qui a fait beaucoup parler de lui c'est le *Pilote* ;
sa pêche fait un des principaux délassements des matelots
pendant les longues traversées. Les uns prétendent qu'il vient
happer l'appât, sans toucher au fer meurtrier qui menace le
requin, et comme il ne quitte jamais son acolyte, d'autres en
avaient conclu qu'il se nourrissait des restes abandonnés par
lui. Aucune de ces deux suppositions n'est exacte, et comme
le requin n'a évidemment pas besoin qu'on lui indique les
écueils, nous nous bornerons, quant à nous, à constater cette
association curieuse sans essayer d'en apprécier le but.

En effet, nous avons eu occasion de visiter plusieurs spéci-
mens bien conservés, dont l'estomac renfermait des pelures de
pomme de terre, des carapaces de crustacés, des débris de poisson, des plantes marines (fucus) et un morceau de poisson
coupé qui avait évidemment servi d'amorce. Le Pilote ne vit
donc pas des restes de son compagnon, mais bien de sa propre

industrie et trouve sans doute un avantage quelconque à piloter son voisin. C'est grâce à l'extrême obligeance du docteur Günther que nous avons pu faire cette visite intéressante dans les riches galeries du British Museum. Qu'il nous soit permis de témoigner ici notre reconnaissance à ce savant et à ses illustres collègues qui ont la direction de ce vaste établissement toujours ouvert à ceux qui travaillent à l'avancement de la science.

On a quelquefois confondu, avec le pilote, un poisson bien différent, qui se tient, non dans le voisinage du requin, mais qui s'établit sur lui et s'amarre à ses flancs à l'aide d'un appareil particulier, pour un temps plus ou moins long, on pourrait même dire pour la durée d'un voyage. C'est le *Remora*.

Ce poisson est-il commensal du squale sur lequel il s'établit? Comme pour le pilote une visite pouvait seule décider cette question. Nous avons ouvert au British Museum l'estomac de plusieurs rémoras de diverses grandeurs, et nous avons pu nous assurer qu'eux aussi pêchent pour leur compte; leurs aliments se composent de morceaux de poisson, qui avaient servi d'amorce, de jeunes poissons avalés en entier et de quelques débris de crustacés. Le rémora est amarré simplement à son hôte et ne lui demande que le passage. Il se borne comme le pilote à pêcher dans les mêmes eaux que le requin qui le transporte. Les matelots aujourd'hui encore sont convaincus que, si l'un de ces rémoras s'attache au navire, il n'y a pas de puissance humaine capable de faire avancer celui-ci et qu'il doit nécessairement s'arrêter. — Ce qui n'est pas douteux, c'est que les pêcheurs du canal de Mozambique mettent à profit cette faculté, pour pêcher des Tortues marines et certains grands poissons. Ils passent dans la queue du rémora un anneau auquel est attaché une corde, et le lancent à la poursuite du premier passant jugé digne d'être saisi. Cette pêche est en quelque sorte le pendant de la chasse au faucon.

Aux yeux des anciens un être aussi extraordinaire ne pouvait manquer d'attirer l'attention des curieux de la nature. Pline prétend que le rémora sert à composer des philtres capables d'éteindre le feu de l'amour!

Parmi les insectes il doit y avoir un grand nombre de commensaux libres; c'est aux entomologistes à les faire connaître; par exemple, plusieurs vivent avec les fourmis, les Psélaphides et les Staphylinides. Certains poils de ces insectes sécrètent, paraît-il, un liquide sucré dont les fourmis sont fort avides. A en croire un habile observateur, M. Lespès, il y en a parmi eux, les *Claviger*, qui en échange du service qu'ils rendent, sont nourris par les fourmis elles-mêmes. Nous citerons encore les larves de *Méloë* qui semblent vivre en parasites et dont on a si longtemps ignoré la nature véritable.

Les méloë femelles déposent leurs œufs près des renoncules et des autres plantes dont les fleurs sont régulièrement visitées par les abeilles. Après l'éclosion, les larves remontent jusqu'aux fleurs et attendent patiemment le moment qu'une abeille les prenne en croupe et les porte dans l'intérieur de la ruche. On connaissait autrefois cet insecte sous le nom de pou d'abeille, mais cette dénomination est impropre, car l'abeille n'est pas l'hôte du méloë mais seulement sa monture. D'après des observations récentes, des mouches jouent le même rôle pour des *Chélifer* et certains coléoptères aquatiques et terrestres pour plusieurs acarides.

Dans la classe des commensaux nous trouvons encore un coléoptère qui se loge d'une façon assez analogue à celle des pagures dont nous parlerons plus loin. La femelle du Drile (*Drilus*), genre voisin des vers luisants, attaque le limaçon et quand elle l'a dévoré, elle s'installe dans sa coquille pour y subir ses métamorphoses; au besoin même, elle change plusieurs fois de coquille et choisit successivement un logis plus spacieux. En véritable sybarite, le Drile tapisse l'entrée de sa demeure et reste paisiblement entouré du manteau de son jeune âge.

C'est surtout parmi les crustacés que se rencontrent de remarquables exemples de commensalisme libre. On sait que cette classe comprend les homards, les crabes, les crevettes et ces légions de petits animaux faisant la police des rivages maritimes en purifiant les eaux de l'Océan de toutes les matières organiques qui sans eux les corrompraient. Ils ne sont point comme les insectes, étincelants de couleurs diaprées; leurs formes sont robustes et variées et ils plaisent souvent par la singularité de leurs allures. Le professeur Verrill a dernièrement étudié quelques-uns de ces êtres et a montré combien ils offrent d'intérêt, non-seulement aux naturalistes, mais encore aux gens du monde.

Les crustacés et les vers fournissent le plus de pauvres et d'infirmes; et un grand nombre d'entre eux ont besoin pour vivre, du secours continuel de leurs voisins. Tandis que les autres animaux se perfectionnent avec l'âge, chez plusieurs crustacés il est loin d'en être ainsi et on serait tenté d'en reléguer plus d'un aux confins du règne végétal précisément à l'époque où il s'approche de l'état adulte. Cuvier rangeait toute la classe des Cirrhipèdes parmi les mollusques, les Lernéens parmi les vers. Le grand naturaliste ne les connaissait pas sous leur forme de jeune âge. Plusieurs de ces animaux trop mal outillés pour vivre sans secours, s'adressent à des voisins bienveillants; à l'un ils demandent un gîte, à l'autre une part du butin, au troisième un abri et une protection. Réduits souvent à leur peau, tout a pour ainsi dire disparu et il ne leur reste aucun organe propre si ce n'est celui qui doit conserver l'espèce. Obèses, aveugles, impotents, véritables culs-de-jatte, leur existence est plus précaire encore que celle des derniers misérables de nos cités, ils ne vivent que par le sang du voisin qui leur donne asile. Cependant au sortir de l'œuf tous sont libres, ils gambadent, ils nagent avec la rapidité de l'éclair, et au terme de leur vie, on les trouve accroupis et informes dans quelque refuge vivant, comme si une lèpre immonde avait atrophié en eux tous les organes de relation. Munis d'abord des mêmes engins et des mêmes habits, parasites et commensaux n'ont été connus que le jour où on a pu les observer dans leurs premiers langes. L'enfant a trahi le vieillard.

Nous n'examinerons pas ces animaux dans tous les détails de leur vie privée et pourtant nous avons grande envie de faire part à nos lecteurs des indiscrétions que nous avons commises en assistant au changement de leur toilette. Malgré leur susceptibilité et leur désir de se dérober aux regards pendant la mue, plus d'une fois nous les avons observés quittant leur vêtement devenu trop étroit. — La vieille tunique se fend ordinairement au milieu du dos et tombe tout d'une pièce en livrant passage à l'animal. Le crustacé est étendu mou et souple à côté de sa carapace rigide.

De tous les crustacés commensaux libres, un des plus intéressants, quoique des plus petits, est ce crabe mignon, gros comme une jeune araignée, qui vit dans les moules et qui a souvent été accusé, à tort évidemment, des indispositions si connues de tous les amateurs de ce mollusque. On en a vu un grand nombre depuis quelques années, et les accidents n'ont pas été plus nombreux. Les coupables sont les moules elles-mêmes ; elles produisent sur certaines personnes un effet nuisible, — par *idiosyncrasie*. En guise d'explication nous avons au moins un mot, et jusqu'à présent nous sommes bien forcés de nous en contenter.

A quel titre ces petits crabes, que les naturalistes désignent sous le nom de Pinnothères, et que l'on ne trouve pas ailleurs, habitent-ils les moules ? Sont-ils parasites, pseudo-parasites ou commensaux ? Ce n'est pas le goût du voyage qui les pousse, mais le désir d'avoir une retraite assurée en tout temps et en tout lieu. C'est le brigand qui se fait suivre par la caverne qu'il habite et qui ne s'ouvre que sur un mot d'ordre connu. L'association tourne à l'avantage de tous les deux : les restes que le pinnothère abandonne sont repris par le mollusque. C'est le riche qui s'est installé dans la demeure de l'aveugle et le fait participer à tous les avantages de sa position. Les pinnothères sont, à notre avis, de vrais commensaux. Ils prennent leur repas dans les mêmes eaux que leur co-locataire, et les miettes des crabes rapaces ne sont sans doute pas perdues pour la bouche des paisibles moules. Ce qui n'est pas douteux, c'est que ces petits larrons sont bons locataires et, si les moules leur fournissent un gîte commode et un logement sûr, elles profitent largement, de leur côté, des reliefs du festin qui tombent de leurs pinces. Tout petits qu'ils sont, ces crabes sont bien outillés et avantageusement placés pour faire bonne pêche en toute saison. Blottis au fond de leur demeure vivante, vrai repaire que la moule transporte à volonté, ils choisissent à merveille le moment et le lieu pour la sortie comme pour l'attaque, et toujours, ils tombent à l'improviste sur leur ennemi. Il existe de ces pinnothères vivant dans toutes les mers et habitant un grand nombre de mollusques bivalves. La mer du Nord nourrit une grande espèce de modiole, la *Modiola papuana*, que l'on trouve surtout dans les lieux profonds, peu accessibles et qui renferme toujours un couple de pinnothères de la grosseur d'une noisette. Nous avons ouvert des centaines de ces modioles et nous n'en avons jamais rencontrées qui fussent veuves de leurs crabes. Nous avons, depuis longtemps, déposé quelques exemplaires de ces pinnothères dans les galeries du Muséum d'histoire naturelle à Paris.

La grande moule (*Avicula margaritifera*), qui fournit les perles fines, loge aussi des pinnothères d'une espèce particulière, à côté d'un autre commensal plus voisin des homards que des crabes. Il n'est même pas impossible que ces crustacés, avec d'autres commensaux ou parasites, contribuent à la formation des perles, puisque ces objets, si hautement prisés par la coquetterie, ne sont que le résultat de sécrétions viciées et résultent ordinairement de blessures.

On rencontre également un petit crabe, l'*Ostracotheres tridacnæ* de Ruppel, dans le mollusque acéphale dont l'immense coquille peut servir de bénitier et sans doute dans beaucoup d'autres bivalves que l'on n'a pas eu l'occasion d'examiner.

Le docteur Léon Vaillant a écrit un fort intéressant mémoire sur les Tridacnes et nous apprend que ce crabe s'abrite dans leur chambre branchiale. Or, comme les mollusques ne se nourrissent que de substances végétales, tandis que l'*Ostracothères* ne recherche que les matières animales, M. Vaillant

suppose que celui-ci fait un triage des aliments à leur entrée
et s'empare au passage de ce qui lui convient le mieux.
M. Peters, pendant son séjour sur la côte du Mozambique,
a étudié un grand nombre de ces acéphales et des moules
à perles, et il a trouvé l'intérieur habité par trois crustacés
décapodes, une pinnothère et deux macroures voisins du
Pontonia, auxquels il a donné le nom de *Conchodytes* ; la
Conchodytes tridacnæ hante la *Tridacna squammosa* ; la
Conchodytes meleagrinæ, comme son nom spécifique l'indique, habite la moule à perle.

Enfin, dans ces derniers temps le professeur Semper a
signalé des Pinnothères dans des holothuries aux îles Philippines et M. Alphonse M. Edwards en a fait connaître de la Nou-
velle-Calédonie (*P. Fischerii*). De sorte que ces petits crabes,
amis des mollusques, sont connus dans les deux hémisphères.

Ces conditions ne semblent-elles pas nous autoriser à conclure qu'une même pensée a présidé à l'apparition de tous les
êtres ; que tous ont paru, non d'après le hasard des milieux
ambiants, mais d'après des lois établies dès l'origine des
choses ?

La coquille qui loge communément ces pinnothères, dans la
Méditerranée comme dans l'Adriatique, est un grand mollusque acéphale, connu sous le nom de *Jambonneau*, et qui,
d'après Aristote, héberge même deux différentes sortes de commensaux. L'illustre philosophe naturaliste a, en effet, signalé
également une Pontonia (*Pontonia custos*, Guérin. — P. *Pyr-
rhena*, M. Edw.), longue de près d'un pouce et demi, d'un
rose pâle, plus ou moins transparente, et qui vit avec son compagnon, la pinnothère, dans la cavité des *Pinna marina*. C'est
le même animal qu'un naturaliste du siècle dernier a désigné
sous le nom de *Cancer custos*.

Nous avons voulu savoir aussi si Pline n'avait pas connu
ces crustacés. Il en a parlé dans les termes suivants : « La
Chama est une lourde bête sans yeux, dit-il, ouvrant ses
valves et attirant les petits poissons qui entrent sans défiance

et se mettent à prendre leurs ébats dans leur nouveau gîte. La pinnothère voyant la demeure envahie par des étrangers, pince son hôte : celui-ci ferme les valves et tue les uns après les autres ses confiants visiteurs, pour s'en repaître à loisir. »

Cuvier ne croyait pas que la pinnothère apportât quelque pâture à la moule, puisque celle-ci d'après lui se nourrit exclusivement d'eau de mer.

D'autres zoologistes regardent la pinnothère comme un intrus que le hasard a poussé dans ce mystérieux milieu. D'autres prennent les moules pour des commères d'un naturel très-curieux, et qui, n'ayant pas d'yeux, auraient intéressé à leur sort ce petit crabe, parfaitement doué sous le rapport de la vue. En effet, comme les autres crustacés de son rang, il porte, de chaque côté de sa carapace, au bout d'un support mobile, un charmant petit globe, armé de plusieurs centaines d'yeux, et qu'il peut diriger sur la proie, comme l'astronome braque son télescope sur un point du firmament. Ces derniers naturalistes considéraient, en un mot, leur crabe comme un journal vivant qui tenait son hôte au courant des nouvelles. Un Hollandais, Rumphius, le premier qui ait fait mention de l'animal des nautiles, a connu également les mœurs de pinnothères. Dans son « Amboinche Rariteit Kamer, » publié en 1741, il dit que ces crustacés se tiennent toujours dans deux sortes de coquillages, les *Pinna* et les *Chama squammata*. Selon lui quand ces mollusques ont atteint leur croissance, une pinnothère, une seule, dans les Chama au moins, habite leur intérieur et elle n'abandonne son logement qu'après la mort de son hôte. Rumphius regarde donc le crustacé comme un gardien fidèle remplissant les fonctions de portier. En 1638 il a trouvé même deux sortes de gardes ; à côté d'un Brachyure, portant un bouclier en bosse, effilé en avant, il a vu un Macroure de la longueur de l'ongle, d'un jaune orange, demi-transparent, avec des pattes blanches et fort minces. C'est sans doute le même animal que M. Peters, de Berlin, a retrouvé sur la côte de Mozambique, et dont il est question plus haut.

On connaît un petit crabe sur la côte du Pérou (*Fabia chilensis*, Dana), qui vit dans des conditions un peu différentes ; il choisit, non un mollusque bivalve, mais un oursin (*Euri echinus imbecilus*, Verrill) et se loge près de l'anus dans l'intestin, de manière à saisir au passage tous ceux que l'odeur attire dans ces parages. Sans doute, la délicatesse de notre odorat s'effarouche d'un pareil mode d'alimentation ; mais cette prédilection doit avoir une raison qui nous échappe. Il y a du reste un bon nombre d'espèces qui vivent dans des conditions analogues.

Sur les côtes du Brésil, mon fils a trouvé deux couples de crabes dans un tube d'annélide fort long, étroit aux deux bouts, et large au milieu. — Le tube était trop étroit au bout pour les laisser sortir. — Sans doute ces crustacés y avaient pénétré avant d'avoir atteint leur volume complet.

Un crabe de la famille des Maïa se blottit dans l'épaisseur d'un polypier, fort commun aux îles Viti, à côté d'un mollusque gastéropode, et tous les deux prennent exactement la couleur du polypier. C'est un nouvel exemple de *mimétisme*. Ce crabe est connu sous le nom de *Pisa Styx*, le gastéropode est une *Cyprœa*, le polype est le *Melithea ochracea*. Un crustacé décapode, la *Galathea spinirostris*, recherche une *Comatule* dont il prend exactement la couleur, et avec laquelle il vit dans les meilleurs termes.

Les holothuries dont nous avons déjà parlé, paraissent être un séjour recherché pour plusieurs animaux ; indépendamment des Fierasfer, l'*Holothuria scabra* des îles Philippines loge régulièrement dans son intérieur un couple, rarement plusieurs pinnothères, se rapportant à deux espèces distinctes. Ils élisent ce domicile de bonne heure, et doivent se plaire beaucoup dans ce séjour obscur, puisqu'on ne les voit plus, une fois qu'ils sont entrés, quitter cette caverne vivante. — Cette observation est due au professeur Semper qui nous a fait connaître tant de faits curieux de la mer de Chine et de l'Océan Pacifique. Dans l'épaisseur des branches ténues d'un corail des îles Sandwich, le *Pœcilopora cæspitosa* de Dana, vit également un

petit crabe (*Hopalocarcinus marsupialis*, Simpson), qui finit
par être enfermé complétement par des végétations du corail.
Il ne conserve avec l'extérieur que tout juste les communica-
tions indispensables pour la réception de ses vivres. Le corail
d'ailleurs ne lui fournit qu'un gîte dans l'épaisseur de ses
tissus. Aux îles Philippines vit également un crustacé brachyure
dans la cavité branchiale d'une Haliotide, et un second sur le
corps d'une holothurie. Sur les côtes du Brésil, F. Muller a
vu, pendant son séjour à Desterro, des *Porcellanes* habiter des
étoiles de mer, non en parasites comme on l'a supposé, mais,
comme les autres, en vrais commensaux. Un crustacé peu
généreux est le *Lithoscaptus* de M. Milne Edwards. Avec bec
et ongles pour attaquer, il s'installe piteusement dans l'office
d'une méduse, et, au lieu de faire usage de ses propres armes,
met à profit les perfides nématocystes de son acolyte, pour
vivre tranquillement à ses dépens.

Sous le nom d'*Asellus medusæ* Sir J.-G. Dalyell a fait connaître un autre commensal des méduses qui ressemble beaucoup à une *Idothea*.

Un autre genre de commensalisme est celui des Dromies.
Ces crabes d'une taille ordinaire, se logent, dès leur première jeunesse, sous une colonie naissante de polypes, qui
croît avec eux. Cette colonie a pour fond principal un Alcyon
vivant, qui couvre la carapace, se développe et s'adapte parfaitement à toutes les inégalités du céphalothorax; on dirait une partie intégrante du crabe. Des Sertulaires, des
Corynes, des Algues, se développent sur cet alcyon, et la Dromie, masquée par ce rocher vivant, qu'elle porte sur ses épaules
comme l'Atlas de la fable, marche gravement à la conquête de
sa proie. Elle ne doit pas craindre d'éveiller l'attention de ses
ennemis. La plus grande vigilance ne peut prévenir les sur-
prises de ces dangereux voisins. Il y en a une espèce dans la
Méditerranée, et qui vient parfois sur nos côtes. On en connaît
également dans la mer des Indes et au nord du Pacifique;
Rumphius a nommé la Dromie *Cancer lanosus*; c'est, dit-il,
un crabe qui porte de l'herbe ou de la mousse. — Renard en

fait également mention. Dana a observé une Anémone de mer recouvrant un crabe comme l'alcyon la Dromie, et qui n'est pas moins dangereuse qu'elle. Le genre de vie de l'anémone lui a valu le nom de *Cancrisocia expansa*. Au nord de la Californie, un crabe, *Cryptolithodes typicus*, se couvre de la même manière d'un manteau vivant qui le dérobe à la vue, et grâce auquel il surprend tous ceux qu'il attaque. Il a déjà balayé le sol que l'éveil n'est pas encore donné dans le voisinage.

C'est peut-être ici le lieu de parler d'une association d'un autre genre et dont il est difficile d'apprécier la nature : je veux parlé du petit crabe, Turtle-crabe de Brown, que l'on rencontre en pleine mer sur la carapace des tortues marines et quelquefois sur des fucus. Il est à supposer qu'il profite de la carapace de son voisin pour se transporter à peu de frais dans divers parages, et on prétend que la vue de ce crustacé a donné confiance à Christophe Colomb, dix-huit jours avant la découverte du Nouveau Monde. Il y a du reste toute une société qui choisit ce séjour mobile ; indépendamment des cirrhipèdes, nous trouvons aussi des Tanaïs, qui ne se sont pas condamnés à y vivre toujours.

Les décapodes macroures sont plus rarement commensaux ; mais cependant on trouve un Palémon sur le corps d'une Actinie, d'après Semper ; un autre, dans la cavité branchiale d'un Pagure. Mais ce qui est plus connu, c'est la présence dans l'*Euplectella aspergillum*, du Palémon qui loge dans ce palais féerique. Il est probable que l'Euplectella de l'Atlantique, signalé récemment près des îles du Cap Vert, par les naturalistes qui sont à bord du Challenger, cache également ce crustacé dans son intérieur. Citons encore l'*Hyponconcha tabulosa*, crabe dont la carapace est trop tendre pour lui permettre de sortir nu, et qui se couvre de la coquille d'un mollusque bivalve.

Parmi les diverses associations aucune n'est plus remarquable que celle des *Pagures*, si abondants sur nos côtes, et appelés communément *Bernards-l'Hermite* et *Kakerlots* par les pêcheurs d'Ostende. On sait que ces Pagures sont des crustacés décapodes, assez semblables à des homards en miniature, qui se logent dans des coquilles abandonnées et qui, à mesure qu'ils grandissent, changent de demeure. Les jeunes se contentent de toutes petites habitations. Les coquillages qui les abritent sont des épaves, qu'ils trouvent au fond de la mer, et dans lesquelles ils cachent leur faiblesse et leur misère. Ces animaux ont l'abdomen trop mou pour affronter les dangers qu'ils courent sans cesse en guerroyant, et pour être moins exposés à la dent de leurs nombreux ennemis, ils se réfugient dans une coquille qui leur sert à la fois de loge et de bouclier. Armés de pied en cap, les Pagures marchent fièrement à l'ennemi et ne connaissent point de dangers car ils ont toujours leur retraite assurée.

Mais cet animal ne loge pas seul sous cet abri. Il n'est pas aussi anachorète qu'il en a l'air! En effet, à côté de lui s'installe communément un annélide, à titre de commensal, et qui forme, avec le Pagure, une des associations les plus redoutables que l'on connaisse. Cet annélide est un ver allongé comme toutes les Néréides, et dont le corps, souple et ondulé, est armé, le long des flancs, de faisceaux, de lances, de piques et de poignards dont les blessures sont toutes dangereuses. C'est une panoplie vivante qui se glisse furtivement dans le camp ennemi sans éveiller l'attention.

Quand un Pagure se met en marche, il représente une nichée de pirates, qui ne cesse ses exploits qu'au moment où tout est ravagé autour d'elle. Cette coquille est d'apparence tellement innocente qu'elle s'introduit partout sans provoquer le moindre soupçon. Elle est ordinairement recouverte d'une colonie d'Hydractinies et, dans l'intérieur, s'établissent très-souvent des Peltogaster, des Lyriopes et d'autres crustacés. Les Pagures ne sont pas des commensaux ordinaires, car ils n'habitent qu'une coquille abandonnée. Ils sont répandus dans toutes les mers. On en trouve dans la Méditerranée, dans la mer du Nord, sur la côte du Pacifique, à la Nouvelle-Zélande et aux Indes orientales; trente espèces et même davantage sont inscrites au catalogue des crustacés.

Les naturalistes ont donné le nom de *Cénobites* à des Paguriens des mers des pays chauds, qui ont un abdomen comme
les Pagures, des antennes comme les *Birgus*, et habitent également des coquilles. Le *Cénobite Diogène* est une espèce des
Antilles.

D'autres Paguriens, les *Birgus*, deviennent fort grands et
cachent leur abdomen, non plus dans une coquille, mais dans
des anfractuosités des rochers, comme font les homards, à l'époque de la mue, pour mettre à couvert leur corps privé de ses
armes défensives. Aux Indes orientales ils se tiennent à terre
et montent même sur les arbres; ils ont tant de force dans les
pinces, que Rumphius cite l'exemple d'un de ces crustacés,
étendu sur une branche d'arbre, qui souleva une chèvre par
les oreilles.

A côté des Pagures qui s'installent dans une coquille aux
parois épaisses et complétement opaques, on connaît des crustacés de l'ordre des amphipodes, les *Phronimes*, qui se choisissent, non plus une bicoque abandonnée, mais un vrai palais
de cristal et en prennent possession sans s'inquiéter qu'il
soit habité ou non. Le jour pénètre partout à travers les parois
de leur demeure, et c'est à peine si l'on s'aperçoit dans l'eau que
leur corps est protégé par un étui. Ils prennent ordinairement
la demeure d'un Salpa, d'un Beroë ou d'un Pyrosome, et de
l'intérieur de cette loge ils se livrent aux plaisirs de la pêche.

La *Phronime sédentaire* qui se loge dans les Salpa, est,
paraît-il, répandue dans les mers chaudes des deux hémisphères.
Pour l'honneur de l'espèce, les femelles seules réclament le
secours de leurs voisins, sans toutefois abandonner leur robe
caractéristique. Les sexes ne diffèrent guère entre eux que
par la taille, par l'abdomen et par les antennes. Maury a fait
connaître certains crustacés amphipodes qui habitent aussi
les Salpa.

Une autre Phronyme observée par le professeur Claus, la
Phronime allongée, a le même genre de vie; mais, au lieu
d'occuper une maison vivante, elle cherche généralement une
loge vide dans laquelle elle s'installe comme un Pagure.

Le Bernard-l'Hermite des pêcheurs marseillais, le *Pyade*, devient le commensal d'une Anémone, que Dugès a désignée sous le nom d'*Actinie parasite*. D'après les observations du savant professeur de Montpellier, la bouche de cette Anémone est toujours située vis-à-vis de celle du crustacé, pour profiter sans doute des débris qu'il laisse échapper de ses pinces. Tous les deux profitent de cette association, et l'embouchure de la coquille est prolongée par une expansion cornée fournie par le pied de l'actinie.

Sur la côte d'Angleterre vit une autre espèce de Pagure (*Pagurus Prideauxii*) qui a pour commensal principal une Anémone de mer appelée *Adamsia* et que M. Greeff a trouvée à l'île de Madère. Ce Pagure est surtout remarquable par la bonne entente qui règne entre lui et son acolyte : c'est un modèle d'amphitryon. Le lieutenant colonel Stuart Wartly s'est fait le spectateur indiscret de sa vie intime et raconte ainsi le résultat de ses observations : cet animal ne manque jamais d'offrir après la pêche les meilleurs morceaux à sa voisine, et s'assure très-souvent dans la journée, si elle n'a pas faim. Mais c'est surtout quand il s'agit de changer de demeure, qu'il redouble de soins et d'attentions. Il manœuvre avec toute la délicatesse dont il est capable pour faire changer l'anémone de coquille; il vient à son aide pour la détacher, et si par hasard la nouvelle demeure n'est pas goûtée, il en cherche une autre, jusqu'à ce que l'*Adamsia* soit complétement satisfaite. Cette association ne se borne pas à la réunion d'un décapode à une néréide et à une actinie; sur le corps du Pagure s'établit souvent un cirrhipède singulier, et à l'extérieur de la coquille on voit ordinairement une colonie de polypes, de couleur rose ou jaune, qui s'étend comme un tapis vivant autour de cette habitation. Nous avons donné, il y a trente-cinq ans, le nom d'Hydractinie à ces polypes qui étaient alors complétement inconnus aux naturalistes, et qui forment habituellement un double paletot aux Pagures, pour me servir de l'expression de mon savant confrère M. Ch. Desmoulins.

Dans la Méditerranée vit le *Perella di mare* des pêcheurs

italiens, le *Reclus marin* des pêcheurs marseillais ; cet Alcyon doit prendre place à côté des Hydractinies par son genre de vie et a été l'objet d'une étude suivie de la part de M. Ch. Desmoulins. C'est l'*Alcyonium (Suberites) domuncula* de Lamarck et de Lamouroux.

L'abdomen de ces Pagures, tout en étant abrité dans une coquille, est visité habituellement par des crustacés Isopodes, décrits sous le nom de *Athelque*, *Prosthete* et *Phryxus* et qui ont perdu complétement la livrée de leur ordre.

Enfin nous trouvons encore, dans la même association, le *Liriope*, petit crustacé décapode qui a déjà fait beaucoup parler de lui, et qui s'est longtemps montré revêche à toute observation. Le dernier personnage est un crustacé Isopode, de taille médiocre, qui choisit le Peltogaster pour demeure, après avoir subi une métamorphose regressive très-curieuse. En effet, le jeune Lyriope a d'abord ses petites pattes comme les autres Isopodes, mais, à l'état adulte, la femelle perd ses antennes et change ses lames buccales comme ses lames branchiales, de manière à affecter une nouvelle physionomie. Plusieurs naturalistes ont déjà essayé de faire la biologie de ce singulier Bobyride. L'illustre Rathke de Kœnigsberg l'a découvert, le professeur Lilljeborg, de l'Université d'Upsal, a complété les premiers renseignements, et enfin le professeur Steenstrup, de Copenhague, a fait connaître sa vraie origine. En somme, les Lyriopes sont des Isopodes Bopyriens, vivant sur des cirrhipèdes (Sacculinidées) en véritables commensaux, sinon en parasites ; le mâle conserve sa dignité et son prestige ; mais la femelle se dépouille de tous les attributs de son sexe, et descend jusqu'au dernier degré de la servitude.

Faujas de Saint-Fond a parlé d'un *Bernard-l'Hermite* fossile de la montagne Saint-Pierre de Maëstricht ; mais il a désigné sous ce nom un crustacé du genre *Callianasse* et non un Pagure. Ces *Callianasses* sont toujours complétement isolés dans la craie et il est probable qu'ils n'ont d'autre domicile que le sable ou la boue du fond de la mer, dans lequel ils se creusent des galeries. Les homards en agissent de même après la mue. Les *Gebia* vivent comme les Callianasses, cachées dans la vase. Les *Limnaria lignorum* et les *Chelura terebrans* se taillent au contraire une retraite dans le bois à la façon des Tarets.

Nous venons de voir que les crustacés supérieurs, avec leurs yeux bien montés, avec leurs énormes antennes et leurs formidables pinces, ne sont pas tous aussi grands seigneurs qu'ils en ont l'air; plus d'un parmi eux va jusqu'à tendre la patte et accepte humblement le secours de ses voisins.

Dans le groupe des crustacés Isopodes nous trouvons plusieurs nécessiteux qui, trop fiers pour demander des aliments, se contentent de prendre place sur quelque poisson bon nageur, qu'ils abandonnent quand leur intérêt le demande; si leur hôte les conduit dans des régions qui ne leur conviennent pas ou qu'ils aient à se plaindre de lui, ils l'abandonnent et recommencent avec un nouveau collègue leurs pérégrinations maritimes. Ils conservent toujours tout leur attirail de voyage et de pêche, et la femelle ne change pas plus de robe que le mâle. Nous avons à faire remarquer que souvent même ces Crustacés s'identifient si complétement avec leur hôte qu'ils semblent en être une dépendance et prennent jusqu'à sa coloration. Ce n'est pas un signe de servilité, c'est un moyen de passer inaperçu et de se dérober à la vue de l'ennemi qui les guette. Les naturalistes ont donné le nom d'*Anilocres* à quelques-uns de ces commensaux libres.

Celui qui fait un certain séjour sur la côte de Bretagne, à Concarneau surtout, et qui ne regarde pas avec indifférence les nombreux et superbes poissons que les pêcheurs prennent tous les jours, ne peut manquer d'être frappé de la présence d'un crustacé assez grand, qui est collé aux flancs de plusieurs *Labres*, surtout de la petite espèce. Ce crustacé est un anilocre, si commun que l'on ne peut se figurer qu'il ait échappé à un seul naturaliste. Cependant, aucun ouvrage ne fait mention de la fréquentation régulière du labre par l'Anilocre qui porte, nous ne savons pourquoi, le nom spécifique de *méditerranéen*. Roudelet en a probablement eu connaissance quand il a parlé de poux de poissons, qui ne naissent pas de ces poissons, mais du limon de la mer. Souvent on voit des mâles à côté des femelles sur le même individu.

Il y a quelques années une bande de grands cétacés connus sous le nom de Grindewhalls ou Globicéphales, a été poursuivie dans la Méditerranée, et ceux qui ont été capturés renfermaient dans la cavité des narines, des *Isopodes* bien voisins, sinon identiques, à la *Cirolana spinipes*. Jusqu'ici on ne connaissait ces Isopodes que sur les poissons marins; les poissons d'eau douce n'en sont cependant pas complétement exempts : en effet on vient de signaler une espèce d'Œga, *Œga interrupta* de Martens, sur le couvercle d'un poisson d'eau douce à Bornéo, le *Notopterus hypselonotus*. Ce même genre comprend une espèce (*Œga spongiophila*) qui vit dans la magnifique éponge d'*Euplectella*. On connaît aussi un certain nombre d'Isopodes qui préfèrent l'intérieur de leur voisin et s'installent dans la cavité de la bouche, soit pour pêcher en même temps que leur hôte, soit pour appréhender les aliments au passage; d'autres sont d'une cruauté rare, et ne se font aucun scrupule de s'établir dans le ventre d'un paisible poisson blanc; sans blesser un organe important, ils pénètrent par couples entre les intestins, et, blottis dans ce repaire, ils saisissent, par l'étroite porte d'entrée qu'ils tiennent entr'ouverte, toutes les bestioles assez hardies pour passer dans le voisinage. La cruauté de ces êtres ne connaît pas de bornes. Pour s'installer convenablement, ils percent le corps de leur hôte, lui ouvrent habilement le ventre, et s'installent en vrais sybarites; leur logis est dès lors assuré et leur sort est lié à celui de leur hôte. A l'Académie des Pays-Bas, le docteur Herklots, que la Science vient malheureusement de perdre, a communiqué, en 1869, une notice fort intéressante sur deux crustacés d'un genre nouveau, l'*Epichtys giganteus* qui vit sur un poisson de l'archipel des Indes, et l'*Ichthyoxenus Jellinghausii*, qui loge sur un poisson d'eau douce de l'île de Java. C'est du dernier dont il est question ici, et nous n'oserions assurer que, avec cette espèce, nous ne nous trouvions pas sur les limites où le parasitisme commence.

Les *Cimothoe* constituent une autre catégorie d'Isopodes fort intéressante : ils se logent avec leur femelle dans la cavité de la bouche d'un poisson. Le docteur Bleeker, qui a exploré avec tant de succès la mer des Indes, en a obtenu plus de vingt espèces ; mais il n'a malheureusement pas tenu note des poissons qui les hébergent. Il a fait cependant une exception pour un poisson de la rade de Pondichéry, de deux pieds de long et qui porte le nom de Chauve-souris. Les naturalistes le désignent sous le nom de *Stromatee noir*; sa chair est fort estimée et il porte communément dans la bouche un cymothoa appelé par M. Bleeker le *Cymothoa Stromatei*. On a signalé également un Cymothoe dans la bouche d'un Chétodon des Indes. Dekay en a reconnu un chez un Rhombus des États-Unis, de Saussure en a vu un autre à Cuba, et dernièrement, M. Lafont en a aperçu dans la baie d'Arcachon sur le *Bogue* et sur la *Trachine vipère*. Ces Cymothoe ont jusqu'à quinze millimètres de longueur, et remplissent souvent toute la cavité de la bouche. Le plus curieux de tous est celui qui se loge dans la bouche du poisson-volant, espèce de hareng à nageoires allongées, dont il se sert en guise d'ailes pour s'élever dans l'air quand il est poursuivi de trop près dans l'eau. Mon fils, en examinant ces poissons, pendant la traversée des îles du Cap Vert à Rio de Janeiro, a trouvé dans leur cavité buccale une énorme femelle, solidement cramponnée aux arcs branchiaux, avec la tête penchée au dehors et son mâle un peu plus petit installé à côté d'elle. Cette installation par couple, ainsi que la conformation entière de l'animal, montre bien que ces crustacés sont là chez eux, et vivent en vrais commensaux. Cunningham leur a donné le nom de *Ceratothoa exoceti*. Il y a peu de temps, on ne connaissait ces *Cymothoa* que sur les poissons marins, mais il résulte d'observations récentes que les poissons fluviatiles sont loin d'en être exempts. M. Gerstfeld vient d'en signaler sur le *Cyprinus lacustris*, du fleuve Amour, et un autre au Brésil dans le Rio Cadea, sur un *Chromide*. D'autres Isopodes hantent également des poissons et des animaux de leur classe, mais ils vivent en vrais parasites et se déforment complétement aussitôt qu'ils ont choisi un gîte; nous en parlerons plus loin. On en connaît sous le nom de Bopyre, qui sont fort communs sur les Salicoques.

Une intéressante division d'amphipodes a reçu le nom d'*Hypérines*. Ces crustacés nagent en général avec facilité, mais marchent difficilement. Aussi s'adressent-ils la plupart du temps à des poissons ou même à des méduses pour réclamer un appui. Nous trouvons sur nos côtes des *Hyperina Latreillii*, logés dans le superbe Rhizostome qui apparaît régulièrement dans l'arrière-saison sur les côtes d'Ostende, et depuis longtemps O. F. Muller (1776) a donné à une espèce de ce genre le nom de *Hyperina medusarum*. M. Alexandre Agassiz a eu l'occasion de voir une *Hypérine* sur le disque d'une *Aurélie*. La méduse déployée constitue pour eux un véritable ballon avec parachute qui les soutient et les conduit avec plus ou moins de rapidité. Le professeur Möbius a signalé naguère la présence de l'*Hyperina galba, Mont.*, dans le *Stomobrachium octocostatum, Sars*, petite espèce de méduse qui fait son apparition dans la baie de Kiel en octobre et novembre. Ce savant suppose que ces commensaux ont habité d'abord la *Medusa aurita* puis transmigré dans cette espèce.

Il y a enfin des *Gammarus* qui, d'après Semper, vivent dans l'*Avicula meleagrina* (moule à perles), et sont peut-être les principaux ouvriers de la fabrication des perles fines. L'immense cavité buccale de la *Baudroie pêcheresse* est le séjour dans la Méditerranée d'un *Apterychte*, et dans la mer du Nord d'un curieux amphipode de la taille ordinaire des *Gammarus* et qui voyage sans frais et sans crainte de manquer de nourriture. Mon fils l'a découvert à Ostende et propose le nom de `Lophiorole pour le désigner. Les Gammarus logent eux-mêmes une grande quantité de parasites qu'ils doivent introduire chez ceux auxquels ils servent de pâture. Depuis longtemps on sait que les baleines ont des poux auxquels les naturalistes ont donné le nom de *Cyames*. On les trouve sur les baleines des deux hémisphères et sur quelques autres cétacés. Il est fort remarquable d'en trouver sur les vraies baleines du nord et des régions tempérées, sur les Megaptera et sur plusieurs Cétodontes, et de ne pas en voir sur les Balenoptères. M. Dall vient d'en signaler sur la singulière *Gray Whale* de la Californie. En général on peut dire que chaque cétacé qui en nourrit, porte son espèce propre; sont-ils parasites ou commensaux ? A en croire Roussel de Vauzème, ils vivraient de la peau même des baleines, dont on trouve des restes, dit-il, dans leur estomac. D'après ce natu-. raliste, les pièces de la bouche ne sont pas disposées pour la succion, et l'estomac porte un appareil de rumination. Nous croyons un nouvel examen nécessaire pour décider cette ques-tion. Les Cyames nous semblent vivre sur les Baleines comme les Argules et les Caliges sur les poissons ; et si ces animaux se nourrissent seulement des mucosités sécrétées par la peau, nous nous demandons si on ne doit pas les réunir dans une catégorie à part car ils ne doivent pas figurer sur la liste des pauvres. Nous avons trouvé l'orifice de Tubicinelle couvert de Cyames de tout âge, et leur abondance, à cette place, nous fait supposer que leur pâture ne leur était pas fournie par la peau de leur hôte. M. Ch. Lutken a publié récemment une mono-graphie fort intéressante de ces curieux animaux ; d'après lui, le *Cyamus rhytinæ*, qui était censé provenir d'un morceau de peau de Stellère, paraît avoir été trouvé sur une peau de baleine.

Les Picnogonons dont la nature aussi bien que le genre de vie ont été si longtemps problématiques, méritent d'être comp-tés parmi les commensaux, au moins pendant leur jeune âge; en effet, ils vivent, après leur éclosion, sur les Corynes, les Hydractinies et d'autres polypes tandis que, plus tard, ils hantent des mollusques ou des classes plus élevées : Allman nous cite le cas d'un *Phoxichilidium coccineum* logé dans une *Syncoryne*.

Il y a peut-être bien quelques autres crustacés encore qui, placés parmi les commensaux, comme les *Pandarus* et d'autres, seraient en droit de réclamer une nouvelle enquête. Il est de fait qu'on ne les voit jamais que sur la peau de leur hôte, où ils

sont toujours en évidence, conservent intégralement leurs couleurs, et n'échangent jamais leur costume élégant contre une
défroque de parasite. Les Pandarus vivent particulièrement sur
les Squales. On en trouve dans nos mers qui sont d'une rare
élégance de formes. C'est peut-être aussi parmi les commensaux
qu'il faut placer le crustacé que Siebold a trouvé dans l'Adriatique, à Pola, sur le ventre du ver *Sabella ventilabrum*, et il
n'est pas impossible que le *Staurosoma* observé par Will sur
une Actinie, ait plutôt sa place ici que parmi les parasites.

Un rotateur sans cils vibratiles, le *Balatro calvus* de Claparède, vit en Epizoaire sur les mêmes annélides qui logent les
Albertia dans leur intérieur. Les Darwinistes ne manqueront
pas de signaler, observe Claparède, cette présence de rotateurs
du genre *Albertia* dans l'intérieur de l'animal et du genre *Balatro* à l'extérieur. Le parasite Balatro ne quitte pas plus Mécène
que son ombre, dit le savant naturaliste de Genève, qui l'a
observé sur des Oligochètes limicoles de la Seime (Canton de
Genève).

Un crustacé intéressant est la Nebalie de Geoffroy, qui abonde
sur la côte de Bretagne. Ce charmant animal loge habituellement un commensal que M. Hesse a pris pour un animal voisin
des Histriobdelles et qui n'est autre chose qu'un rotateur mal
observé. Nous croyons que c'est le même animal auquel le
professeur Grube a donné le nom de *Seison nebalie*. Il paraît
affecter la physionomie des Histriobdelles, et pourrait être
donné comme exemple de mimétisme.

Les Mollusques, quoi qu'en dise leur nom, sont de tous les
rangs inférieurs ceux qui montrent le plus d'indépendance;
non-seulement ils se contentent de la lenteur de leur marche,
comme de la pauvreté de leur nourriture, mais ils ne demandent que bien rarement du secours à leurs voisins. Il n'est pas
rare cependant d'en trouver vivant dans des coraux, et que l'on
a même désignés sous le nom de Mollusques coralligènes. Il
existe tout un groupe de Gastéropodes, les *Eulimes*, qui logent
dans certains Echinodermes et méritent sous tous les rapports

d'être compris parmi les commensaux ; on a été longtemps avant d'apprécier au juste les rapports qu'ils ont avec les animaux qui les hébergent. Le docteur Gräffe en a trouvé une espèce, l'*Eulima brevicula*, sur l'*Archaster typicus* des îles Uvea dans la mer Pacifique. Les mollusques connus sous le nom de *Stylifer* ont le même genre de vie : on les a observés dans des Astéries, des Ophiures, des Comatules, et même des Holothuries ; et comme ils habitent la cavité digestive de ces animaux, on a cru qu'ils les fréquentaient comme parasites. C'est du reste l'opinion exprimée d'abord par d'Orbigny et adoptée par la plupart des naturalistes. Le professeur Semper en a trouvé dans la peau d'une Holothurie (*Stichopus variegatus*) qu'il croit incapables de se nourrir autrement qu'aux dépens de leur hôte. Quoi qu'il en soit, ces mollusques, tour à tour rangés parmi les *Phasianelles*, les *Turritelles*, les *Cerithes*, les *Pyramidelles*, les *Scalaires*, les *Rissoaires*, ou en famille distincte, semblent plus tenir aux commensaux qu'aux parasites. On voit des Stylifer à l'entrée de la bouche (Montacuta) ; le plus souvent toutefois ils préfèrent, comme les Fierasfer, se loger plus profondément dans la cavité digestive au milieu du produit de la pêche. La Mélanie (*Melania cambessedesii*, *Risso*) que Delle Chiaie a trouvée dans la baie de Naples sur le pied des Comatules, appartient probablement à ce groupe de mollusques.

Parmi les mollusques gastéropodes qui ne peuvent se suffire, nous pouvons citer encore un parasite curieux qui s'installe dans un des rayons d'une petite étoile de mer, et dont la présence est révélée par une tuméfaction qui ne se reproduit pas dans les autres rayons. Ce mollusque a reçu le nom de *Stylina*.

Les mollusques les plus remarquables sous le rapport qui nous occupe, sont les *Entoconcha* ; ils vivent dans des Echinodermes et on a cru voir un instant en eux un exemple de transformation d'une classe dans une autre. Il y a quelques années J. Muller trouva dans un Synapta de l'Adriatique des tubes à organes sexuels mâles et femelles, sans autre appareil, et dans ces tubes apparurent des œufs, d'où le grand physiologiste vit sortir des mollusques gastéropodes, avec une coquille hélicoïde semblable à une petite natice; il leur donna le nom d'*Entoconcha mirabilis*. Le professeur Semper en a découvert depuis une seconde espèce qu'il a dédiée à l'illustre physiologiste de Berlin et qu'il a trouvée attachée au cloaque de l'*Holothuria edulis*.

Il reste à découvrir les vrais rapports de ces mollusques avec les Holothuries et comment les *Entoconcha* deviennent à la fin de simples tubes sexués. Jusqu'à présent il faut admettre que c'est à la suite d'un développement recurrent, semblable à celui des *Peltogaster*, qui perdent comme eux tous les attributs de leur classe. Ils trouvent peut-être mieux leur place plus loin parmi les parasites.

Depuis quelques années on a observé plusieurs mollusques qui ont compromis plus ou moins la dignité de leur classe. Gräffe cite une espèce du genre *Cypræa*, que l'on ne s'attendrait certes pas à trouver dans cette catégorie, qui vit aux îles Viti dans les parois des *Melithæa ochracea*. Nous en avons parlé plus haut. Les naturalistes ont donné ce nom de Melithæa à un fort beau polype qui forme des colonies de deux à trois mètres de hauteur. M. Steenstrup, avec ce coup d'œil sûr qui discerne les phénomènes les plus complexes, a fait connaître de son côté des *Purpura* qui vivent également en commensaux sur des Antipathes et des Madrépores. Enfin tout récemment M. Stimpson a signalé dans le port de Charleston, un mollusque gastéropode, semblable à un Planorbe (*Cochliælepsis parasitus*) qui habite en commensal le corps d'un annélide, *Ocœles lupina*.

Il n'en est pas de même d'un mollusque appelé *Magile*, et que les naturalistes ont pris fort longtemps pour un tube calcaire d'annélide. Tous les conchyliologistes connaissent les coquilles des Magiles, si recherchées encore dans les collections. Ce gastéropode se loge de bonne heure dans l'épaisseur d'un madrépore qui croît plus vite que lui, et pour ne pas mourir étouffé dans ce mur vivant, il fabrique un tube calcaire comme la coquille, dont il semble être la communication, et qui lui permet de puiser dans l'eau, l'air et la nourriture. L'animal, protégé au milieu du madrépore, peut se passer de son manteau calcaire et ne montre plus à l'extérieur que le bout du tube. C'est cet organe qui doit soutenir la lutte contre le développement exubérant du polype puisque c'est par lui que le mollusque reçoit ses aliments. Le Magile est comme une huître qui est en concurrence vitale dans un banc de moules, avec cette différence, que l'huître succombe presque toujours, tandis que le Magile sort toujours victorieux de la lutte. On pourrait citer encore à côté des magiles, quelques *Vermets*, certaines *Crepidules* et *Hipponyx* qui luttent avec le même succès à côté de ceux qui les pilotent ou qui les reçoivent.

De même qu'il existe des parasites qui ne dépendent des autres que pendant le jeune âge, il y a des commensaux qui sont complétement indépendants à l'âge adulte. Vers 1830, Jacobson, de Copenhague, écrivit un mémoire pour démontrer que les jeunes bivalves que l'on trouve dans les branchies externes des anodontes sont des parasites et il proposait pour eux le nom de *Glochidium*. Blainville et Duméril furent chargés de faire un rapport sur ce mémoire que l'auteur avait envoyé à l'Académie des sciences de Paris. Mais son opinion n'eut guère de partisans et l'on sait parfaitement aujourd'hui que les jeunes anodontes diffèrent considérablement dans le jeune âge et à l'âge adulte. Pendant leur séjour dans les branchies, chaque jeune animal porte une longue amarre qui descend du milieu du pied et servant à rattacher l'anodonte au corps d'un poisson, ce qui lui permet de se disséminer au loin[1]. En effet les jeunes anodontes n'ont pas comme les autres acéphales, des roues vibratiles pour se mouvoir elles-mêmes. Elles sont ainsi voiturées par un voisin. Il y a aussi quelques acéphales commensaux comme la *Modiolaria marmorata* qui se logent dans le manteau des ascidies. Le professeur Semper

---

1. Je dois cette observation au docteur W.-S. Kent, qui m'a fait voir à Londres des anodontes attachés ainsi à des épinoches.

a trouvé sur la peau d'une *Synapta similis*, un mollusque qui présente en outre cette particularité bien rare parmi ces animaux, de porter sa coquille à l'intérieur et non pas à l'extérieur.

Il y a peu d'animaux aussi infestés de parasites et de commensaux que les Ascidies en général. Non-seulement leur surface devient parfois un *microcosme*, comme l'indique le nom d'une espèce de la Méditerranée, mais encore dans l'épaisseur de leur test logent des *Crenella*, et d'autres mollusques et polypes qui en font leur demeure de prédilection ; on y trouve aussi des annélides qui se creusent des galeries dans leur intérieur, des Lernéens qui s'établissent dans leur cavité respiratoire, des Nématodes, des Pycnogonides, des Ophiures et plusieurs autres encore. M. Alfred Giard a fait connaître plusieurs Amphipodes et des Isopodes qui sont établis sur ces Tuniciers. On ne peut pas dire que l'entente soit toujours complète parmi ces animaux si divers et si différents, car M. Alfred Giard cite des exemples de désordres graves qu'il a vu éclater et qui ont entraîné la mort de plusieurs d'entre eux.

Une autre association est celle d'un gastéropode avec un acéphale. Aux environs de Caracas vit une Ampullaria (*Crocostoma*) qui loge dans l'ombilic de sa coquille un autre mollusque, le seul fluviatile de ces contrées, et appelé le *Sphaerium modioliforme*. Tout fait supposer que ces Sphaerium vivent en bonne intelligence avec l'Ampullaria, puisqu'on les trouve communément associés.

Les Bryozoaires, c'est-à-dire les animaux-mousses, s'établissent sur tous les corps solides du fond de la mer comme les mousses véritables sur les pierres ou sur les arbres. On en trouve communément une espèce sur la moule ordinaire : une *Membranipora*. Ces animaux sont de petite taille, se groupent en colonies sur la surface des coquilles, des polypiers ou même des crustacés, et forment, par leur réunion, une fine dentelle dont la blancheur éclatante se détache souvent avec netteté sur la nuance colorée et luisante des coquilles. C'est que chaque animal loge dans une cellule qui n'est guère plus grande qu'une tête d'épingle et toutes les cellules d'une colonie se groupent avec la régularité symétrique d'une façade gothique.

Plusieurs Bryozoaires vivent de manière à ne pas pouvoir dire s'ils sont commensaux, ou s'ils sont installés au hasard dans un gîte pour lequel ils n'ont aucune prédilection. Un charmant bryozoaire se développe en abondance sur la carapace ou sur les pattes de l'*Arcturus Baffini*, de la côte de Groenland, et s'y propage avec une rapidité extrême. — Sur un seul *Arcturus* nous avons trouvé, étalés sur les pattes les uns à côté des autres, des Balanes, des Spirorbes, des Sertulaires et de vastes colonies de Membranipores. On peut voir par ce seul exemple, la grande richesse zoologique des mers polaires. Certains annélides des côtes de Normandie et de Bretagne deviennent le siége d'un Bryozoaire connu sous le nom de *Pedicellina* ou de *Loxosoma*; cet intéressant animal, que mon collaborateur M. Hesse avait pris pour un Trématode et dont les dessins m'avaient induit en erreur, vit comme les autres en liberté dans le jeune âge, et se fixe de bonne heure sur un Clyménien, pour parcourir en commensal les autres époques de la vie. Nous l'avions nommé *Cyclatella annelidicola* à cause de son séjour sur un annélide clyménien. Claparède et Keferstein en ont observé une espèce, le *Loxosoma singulare*, sur un annélide capitellien, du genre *Notomastus*, à Saint-Vaast-la-Hougue, côte de Normandie. Plus tard Claparède a trouvé une autre espèce, le *Loxosoma Kefersteinii*, dans la baie de Naples, sur un *Acamarchis*, mollusque bryozoaire. M. Kowalewsky a signalé dans la baie de Naples le *Loxosoma napolitanum*.

Nous avons trouvé il y a quelques années la Pedicellina en si grande abondance, dans les parcs aux huîtres à Ostende, que les paniers et tous les objets qui flottaient sur l'eau en étaient littéralement couverts. — Nous avons cherché depuis, à diverses reprises, à nous en procurer de nouveau, mais nous avons eu beau chercher dans les mêmes endroits où ils étaient si abondants autrefois, nous n'avons pu en découvrir un seul.

La classe des vers ne renferme pas seulement des parasites ; elle possède aussi, comme nous allons voir, de vrais commensaux : nous en trouvons sur des crustacés, sur des mollusques, sur des animaux de leur propre classe, sur des Échinodermes et sur des Polypes.

Un des vers les plus curieux est le Myzostome, dont la nature véritable vient d'être révélée par les beaux travaux de M. Mecznikow. Ces myzostomes ressemblent à des vers trématodes, mais ils portent des appendices symétriques et sont couverts de cils vibratiles. Ils vivent sur les Comatules et courent sur ces Échinodermes avec une vitesse remarquable. On ne les a pas encore trouvés ailleurs, ils ne sont évidemment pas plus parasites que les précédents, et leur place est à côté des commensaux libres. Deux grands annélides vivent, l'un la *Nereis bilineata* à côté des Pagures dans la même coquille, l'autre la *Nereis succinea*, d'après Grube, dans les tubes ou les galeries des Tarets ; ces dangereux acolytes s'introduisent furtivement dans la retraite de leur hôte, et toujours en éveil, ils profitent, en tout temps et en tout lieu, d'un butin assuré et d'un gîte d'emprunt. Une autre Nereis, observée par Delle Chiaie, *Nereis tethycola*, vit dans les cavités d'une éponge, la *Tethya pyrifera*, qui est visitée par tant de commensaux et de parasites qu'elle devient une vraie hôtellerie où tout ce monde s'installe à sa guise. Enfin Risso mentionne une *Lysidice erythrocephala* qui vit également dans les éponges.

Dans cette même classe se trouve un Amphinome, beau ver à sang rouge, qui porte fièrement un panache de branchies rouges sur la tête et que Fritz Muller a observé sur la côte du Brésil, mendiant le secours d'un pauvre *Lepas anatifera*. Plusieurs Polynoë vivent sur d'autres annélides : l'*Harmothoë Malmgreni* sur la gaîne du *Chœtopterus insignis*, l'*Antinoë nobilis* sur l'étui de *Terebella nebulosa*. M. Ray Lancaster a communiqué dernièrement des observations sur ce sujet à la société Linnéenne de Londres et M. Mac Intosh cite de nouvelles espèces menant le même genre de vie sur la côte d'Écosse.

Dans une Étoile de mer, *Astropecten aurantiacus*, Grube a trouvé, à Trieste, entre les rangées des suçoirs, un *Polynoë malleata*, le ventre collé contre l'animal, et c'est dans une position semblable que Delle Chiaie a observé également sur une Astérie, une *Nereis squamosa* à côté d'une *Nereis flexuosa*. M. Grube pense que cette Nereis de Delle Chiaie n'est autre chose que la *Polynoë malleata*. Les homards sont souvent couverts de vers tubicules fort petits, qui envahissent toute la carapace, et qui, en véritables commensaux, s'abandonnent à tous les caprices de leur hôte. Ce sont des *Spirorbis* qui, sous la forme de petits tubes en spirale, s'établissent de préférence sur les appendices, les antennes ou les pattes. .

Sur la côte des États-Unis d'Amérique, Al. Agassiz a vu un Béroé (*Mnemiopsis Leidyi*) qui loge dans son intérieur des vers qui ne sont pas sans ressemblance avec une hirudinée, et qui, sans aucun doute, vivent là en commensaux. M. Al. Agassiz m'a fait part d'un autre exemple de commensalisme : sur la côte du territoire de Washington jusqu'en Californie, se trouve un ver du genre *Lepidonote*, qui habite toujours près de la bouche d'une Étoile de mer, l'*Asteracanthion ochraceus* de Brandt ; on en voit quelquefois jusqu'à cinq réunis sur un seul individu, et qui se placent sur différentes parties des rayons ambulacraires. MM. de Pourtalès et Verril ont observé des annélides logés dans des polypiers de Stylaster.

Il y a peu de poissons sur lesquels on ne découvre des Caliges, charmants crustacés qui plaisent à l'œil par leur taille élancée et leurs allures gracieuses. Sur ces Caliges, qui couvrent parfois littéralement la peau des cabillauds venant du Nord, on trouve souvent un curieux Trématode, l'*Udonella*, qui ressemble à une petite hirudinée. Ce ver doit-il être placé parmi les commensaux ? Quel est son rôle ? Nous sommes persuadé qu'il remplit là, comme nous l'avons déjà dit, le même rôle que les Histriobdelles sous la queue des homards, c'est-à-dire, qu'il fait disparaître les œufs des caliges qui n'arrivent pas à leur maturité et périssent dans le cours de leur évolution.

Roussel de Vauzème a fait mention d'un autre ver, un nématode, auquel il a donné le nom d'*Odontobius*, et qui vit sur les fanons de la Baleine australe. C'est évidemment un commensal. Il ne peut rien tirer des fanons mais il happe au passage, dans l'intervalle des cloisons, les animalcules de tout genre qui fourmillent dans ces eaux. En ouvrant le *Pylidium girans*, on trouve souvent, dans l'intérieur de sa cavité digestive, une larve, que l'on avait même cru provenir de lui par filiation ; mais au lieu de descendre du Pylidium, cette larve provient d'un némertien connu sous le nom de *Alardus caudatus*. Le jeune némertien n'abandonne son hôte que quand celui-ci approche de l'époque de la puberté et tous les individus vivant dans les mêmes conditions s'émancipent à la fois pour passer le restant de leurs jours vagabonds et libres comme leur mère.

Les vers les moins libres comme les Distomiens sont parfois commensaux et parasites à la fois. Nous en trouvons un exemple remarquable dans le *Distomum ocreatum* de la Baltique ; d'après les observations de Willemoes-Suhm, ce trématode passe sa vie de cercaire librement dans la mer, et au lieu de s'enkyster dans le corps d'un voisin, il s'attache à un crustacé copépode, dont il dévore tout l'intérieur, pour endosser ensuite la carapace de sa victime. — C'est sous le couvert de sa proie qu'il passe dans le hareng où il complète son évolution sexuelle.

M. Ulianin a signalé dans ces derniers temps un autre Distome (*Distomum ventricosum*) qui vit librement à l'état de cercaire dans la baie de Sébastopol, et achève son évolution dans des poissons de la Mer Noire. J. Muller a depuis longtemps trouvé des cercaires vivant librement dans la Méditerranée.

Nous-mêmes, il y a quelques années, en faisant nos recherches sur les Turbellariés, nous avons trouvé, entre les œufs des crabes ordinaires de nos côtes (*Carcinus mœnas*), un intéressant ver que nous avons nommé *Polia involuta*, mais que M. Kölliker paraît avoir connu avant nous et désigné sous le nom de *Nemertes carcinophilus*. On ne sait s'il ne remplit pas encore le même rôle que les Histriobdelles et les Udonelles.

Delle Chiaie ainsi que MM. Frey et Leuckart font mention

d'un autre Némertien qui habite l'*Ascidia mamillata*. Parmi les Némertiens, nous pouvons citer encore l'*Anoplodium parasita*, qui vit dans l'*Holothuria tubulosa* et l'*Anoplodium Schneiderii* qui habite l'intestin du *Stichopus variegatus*.

D'après M. Al. Agassiz, une espèce de Planaire (*Planaria angulata*, Mull.) vit en commensal libre sur la surface inférieure de la Limule, et s'établit de préférence près de la base de la queue. M. Max. Schultze a reconnu l'année dernière ce même commensal sur une Limule morte à Cologne dans le grand aquarium et qui lui a été envoyée à Bonn pour ses études anatomiques. Il a montré au congrès des naturalistes allemands, à Wiesbaden, en 1873, le dessin qu'il avait fait de cet animal qu'il croyait nouveau. Nous remarquerons en passant, qu'il est arrivé par ses observations anatomiques sur les Limules, au même résultat que mon fils par ses observations embryogéniques, pour regarder ces prétendus crustacés comme des scorpions aquatiques. M. Leidy fait également mention de Planaires parasites (*Bdellura*) avec ventouse à l'extrémité du corps, et M. Giard en signale une bleue sur le corps d'un Botrylle.

Mais de tous les Turbellariés, le genre qui nous paraît le plus intéressant est le *Temnophila*, que Gay a signalé d'abord sur des écrevisses au Chili, et que le professeur Semper a observé depuis sur des crabes aux Iles Philippines. Gay et Philippi ont trouvé des colonies de cet animal sur le corps, les pattes et surtout sous l'abdomen des *Æglea*. Ce commensal ressemble par la forme et surtout par sa ventouse postérieure, à un Trématode, mais par son ensemble et surtout par ses organes sexuels, il appartient aux *Turbellariés*. M. Blanchard l'a appelé *Temnophila chilensis*. Le professeur Semper a vu, aux îles Luçon et Mindanao, ces *Temnophila* sur des crabes fluviatiles, à cinq mille pieds au-dessus du niveau de la mer.

Les Cydippe (*densa*), charmants polypes du golfe de Naples, logent dans leur appareil gastro-vasculaire des larves d'annélides, qui peuvent être considérées aussi bien comme parasites que comme commensaux. On doit à Panceri les premières observations sur ces vers, et on en cite deux genres différents, *Alciopina* et *Rhynconerulla*, qui semblent présenter le même genre de vie dans le jeune âge. Un naturaliste dont le monde scientifique déplore profondément la perte, Claparède, s'est occupé aussi de ces annélides pendant les dernières années de sa vie. Il paraît que ces vers sont si communs chez ces polypes que l'on en trouve jusqu'à quatre à la fois dans le même animal.

Le Siponcle nommé par Œrstedt *Siponculus concharum* doit sans doute trouver sa place ici. Un ver oligochète, *Hemidasys agaso*, du golfe de Naples, vit sur le *Nereilepas caudata* et Claparède ne l'a pas jugé indigne de son attention. Le moyen le plus sûr de le trouver, dit ce savant, est de le chercher sur cet annélide, et le regretté confrère de Genève n'a pas abandonné ce commensal avant de l'avoir complétement étudié. Remarquons en passant que le professeur Grube a publié en 1831, à Kœnigsberg, un travail spécial, sur le séjour des annélides en général.

Les cas de commensalisme parmi les Echinodermes sont encore fort rares. Ces animaux sont assez bien partagés du côté de la bouche et de la peau pour ne pas réclamer de secours de leurs voisins. Nous ne pouvons voir un phénomène de commensalisme dans la conduite des jeunes Comatules, qui s'attachent volontiers, m'écrit M. Al. Agassiz, aux cirres basales des adultes et s'y développent en formant une petite colonie de jeunes Pentacrines. Nous ne connaissons qu'un Ophiure (*Ophiocnemis obscura*) qui vit en commensal sur une comatule, et demande par conséquent du secours à un animal de son rang. Un autre genre d'Ophiuride (*Asteromorpha lævis*, *Lym.*) est fixé sur un *Gorgonella guadelupensis* de la Barbade. Tout fait supposer que l'on trouvera plus d'une espèce d'Echinoderme, qui devra prendre place ici quand on aura étudié leur genre de vie avec quelque soin. — Le professeur Lütken vient d'en fournir un exemple en faisant connaître tout récemment une *Ophiothela*, originaire du canal de Formose et qui

semble être le commensal d'un polype Isidien connu sous le
nom de *Parisis loxa*. Une autre espèce (*Oph. mirabilis*) de
Panama, hante certaines Gorgones et certaines Eponges, une
troisième se trouve aux Iles Fidji sur le *Melitodes virgata*,
une quatrième à l'Ile de France sur des Gorgones et une cinquième au Japon sur le *Mopsella Japonica*. Il y en a encore
une de l'Océan Pacifique mais dont l'acolyte n'est pas connu.

Le professeur Möbius a signalé comme le docteur V. Martens une *Hemieuryale pustulata* sur un polype de la Jamaï-
que connu sous le nom de *Verrucella guadelupensis*. C'est
un curieux exemple de mimétisme.

La classe des Polypes renferme plusieurs espèces qui réclament du secours et se rangent parmi les commensaux. Une
des plus remarquables est la gigantesque Méduse qui peut
descendre ses bras jusqu'à cent vingt pieds de profondeur, et
porte le nom de *Cyanea arctica* ; le disque a jusqu'à sept
pieds et demi de diamètre, et quand l'animal est à la surface
de l'eau, les franges, qui entourent l'orifice buccal, logent
parfois au milieu d'elles une espèce d'actinie qui vit avec elle
en commensal. On en voit parfois jusqu'à trois, même quatre
ou cinq sur une seule Cyanée. C'est encore une observation
qui est due à M. Al. Agassiz et qu'il a consignée dans son
intéressant ouvrage *Sea-Side Studies*. M. Haeckel a prétendu
que les *Geryonies* engendrent par gemmes des Œginides ; mais
il paraît que le savant professeur d'Iéna s'est trompé sur la
nature de ces gemmes ; au lieu d'être engendrées les unes par
les autres, elles auraient, d'après Steenstrup, une généalogie
complétement différente, et ne seraient unies que par de bons
rapports de voisinage. On pourrait les qualifier du titre de vrais
commensaux.

M. Lacaze-Duthiers, qui est allé étudier le corail sur la côte
d'Afrique, a rencontré un jeune polype qui a besoin d'un autre
polype pour parcourir les premiers temps de sa jeunesse. L'a-
nimal auquel il a donné le nom de *Gerardia Lamarckii*, vit
sur des Gorgones qu'il envahit et étouffe comme les lianes

étranglent l'arbre sur lequel elles s'étalent. Mais ces mêmes *Gerardia* peuvent aussi se développer sur les filaments des œufs de *Plagiostomes* et sont donc capables de vivre séparément. Dans l'épaisseur de ce polype vit un crustacé que M. Lacaze-Duthiers n'a pas fait connaître jusqu'à présent.

La superbe Eponge *Euplectella aspergillum* dont on ne peut se lasser d'admirer l'élégante structure, contrairement à l'Alcyon de la Dromie, est implantée dans le sol, mais ne sert pas moins d'abri à trois genres de crustacés, des Pinnothères, des Palémonides et des Isopodes. On connaît depuis plusieurs années ces prétendues plantes sous le nom espagnol de *Regadera* ou sous le nom anglais de *Venus flowerbasket* ; elles ont été rapportées d'abord du Japon puis des Moluques, et plus récemment des îles Philippines. Dans presque tous les individus que le professeur Semper a pu étudier sur les lieux, se trouvaient les mêmes crustacés. Ces Euplectella viennent d'être rencontrées au sud-ouest du cap Saint-Vincent par Wyville Thomson, qui en a pêchées à bord du Challenger à 1090 brasses de profondeur. L'habile professeur a découvert une autre éponge au nord-ouest de l'Ecosse à 460 brasses de profondeur : elle porte le nom de *Holtenia Carpenteri* et je conserve un bel échantillon que je dois à sa générosité et en souvenir de la charmante hospitalité qu'il m'a accordée pendant le congrès d'Edimbourg.

Il y a aussi des éponges qui se construisent une demeure dans la loge de leur voisin. Nous trouvons entre autres une petite éponge connue sous le nom de Clione qui s'établit dans l'épaisseur de la coquille des huîtres et y creuse des galeries comme le Taret dans le bois. M. Albany Hancock a trouvé jusqu'à douze espèces de Clione sur une seule Tridacne. Ce ne sont évidemment pas des parasites et je ne sais si leur place est bien parmi les commensaux. L'huître et surtout l'*Ostrea hippopus* en loge trois ou quatre espèces différentes dans l'épaisseur de sa coquille. Ces Cliones ont des spicules siliceuses au moyen desquelles ils creusent les galeries dans l'épaisseur des coquilles. M. Hancock a publié une monographie de ce genre dans laquelle il fait connaître vingt-quatre espèces recueillies sur différentes coquilles et deux autres espèces qu'il rapporte au genre *Thoasa*.

Les Cliones sont de véritables locataires qui conduisent aux *Saxicaves*, aux *Pholades* et aux *Tarets* ; ils demandent un logement aux rochers ou aux bois ; ils mènent ensuite aux Oursins, qui se creusent également des logements dans les rochers, mais sans y pénétrer profondément. Le professeur Allman vient d'observer un cas de commensalisme fort remarquable entre une Éponge et une Tubulaire. La couronne de la Tubulaire s'étale à l'entrée des canaux de l'éponge et l'association est si complète, que le professeur d'Edimbourg croyait avoir sous les yeux une éponge véritable avec des bras de Tubulaire.

Dans les derniers rangs de l'échelle animale il y a un certain nombre d'animalcules qui s'établissent sur le corps de voisins complaisants et profitent de leurs nageoires pour voyager avec économie. C'est ainsi que l'on trouve souvent le corps de certains crustacés couverts d'une forêt de Vorticelles et d'autres Infusoires. Ils se font remorquer comme les Cirrhipèdes mais ils ne changent point comme eux de toilette, de sorte qu'on ne peut pas dire qu'ils portent la livrée de la servitude. Le genre de vie de plusieurs de ces animalcules est encore peu connu. M. Leydig a trouvé dans l'estomac de l'*Hydatina Senta* un commensal qui ressemble beaucoup à un Euglène et plus encore au *Distigma tenax*, Ehr.

COMMENSAUX FIXES

Les animaux dont nous venons de parler conservent généralement leur pleine et entière indépendance ; depuis la sortie de l'œuf jusqu'à leur épanouissement complet, ils ne subissent d'autres changements extérieurs que ceux qui sont propres à leur classe ; si parfois ils renoncent à leur liberté, ce n'est que pour un temps limité et tous conservent, avec leur physionomie propre, tout leur attirail de voyage et de pêche. Il n'en est pas de même de ceux dont nous allons nous occuper : ils sont libres dans le jeune âge, mais, à l'approche de la puberté, ils font choix d'un hôte, s'y installent et perdent souvent complétement leur parure propre ; non-seulement ils se débarrassent de leurs rames et de leurs pinces, mais ils cessent parfois tout rapport avec le monde extérieur et abandonnent jusqu'aux organes les plus précieux de la vie animale sans en exclure les organes des sens : ils sont installés pour la vie et leur sort est lié à celui de l'hôte qui les héberge. Le nombre de ces commensaux est assez considérable.

Nous citerons d'abord quelques crustacés nommés Cirrhipèdes par Lamarck. Les métamorphoses les ont tellement changés après la sortie de l'œuf, que Cuvier et tous les zoologistes de son époque les placèrent dans la classe des mollusques.

Les incrustations de la peau étaient assimilées aux coquilles, que ces animaux portent généralement dans l'épaisseur de leur manteau.

Ces êtres ambigus sont loin d'être microscopiques; il y a des Balanes qui atteignent la grosseur d'une noix et on en cite même qui n'ont pas moins de neuf pouces de hauteur, comme le *Balanus psittacus*. Nous avons vu il y a quelques années sur un morceau de bois flottant, recueilli dans la mer du Nord par des pêcheurs, des Anatifes au bout de tiges de six à sept pieds de longueur. Les anatifes eux-mêmes avaient la grandeur ordinaire. Ces Cirrhipèdes sont de toutes les époques, on les trouve déjà dans les terrains siluriens, mais contrairement aux *Trilobites* leurs contemporains, ils traversent tous les âges et loin, de décroître, ils règnent aujourd'hui en maîtres dans les deux hémisphères.

C'est un naturaliste anglais, Thompson, qui le premier a fait connaître la vraie nature de ces singuliers organismes; on était si loin de comprendre leurs affinités avec les autres classes, que Blainville, même après les belles recherches du naturaliste de Belfast, doutait encore de leur exactitude et prétendait que ces animaux tiennent à la fois des mollusques et des articulés.

Nous voyons par là les immenses progrès que les études embryogéniques ont fait faire dans l'appréciation des affinités naturelles. Il n'est personne aujourd'hui, qui, ayant vu éclore un cirrhipède, puisse conserver encore un doute sur la place qu'il doit occuper. Ces crustacés pris dans leur ensemble mènent une existence dans laquelle nous trouvons plus d'un contraste : tous vivent en vagabonds au sortir de l'œuf et ils éclosent en si grande abondance sur les côtes que l'eau en devient littéralement trouble. A un corps souple et élégant ils joignent, à cette première époque de la vie, des nageoires admirablement découpées et la grâce de leur pose ne le cède en rien à celle du plus brillant insecte. Après avoir couru l'aventure, le dégoût de la vie nomade les prend, ils choisissent un gîte, s'y établissent à l'aide d'une amarre, qu'ils abandonnent ensuite, et s'abritent dans une géode pour le reste de leurs jours. Plusieurs cirrhipèdes choisissent le dos d'une baleine ou la nageoire d'un requin et font le passage de l'Atlantique ou du Pacifique en moins de temps que les meilleurs paquebots.

Chez eux, le développement récurrent, j'allais dire la dégradation, va quelquefois si loin, que la nature animale en est devenue problématique et plus d'un parmi eux, n'ayant plus même de bouche pour manger, se réduit à un étui qui abrite la progéniture. Le commensal est bien près de prendre rang parmi les parasites. Il y a aussi des cirrhipèdes qui vivent sur des genres différents de leur propre famille, et des espèces que l'on trouve toujours en société d'autres espèces. On en voit enfin qui sont commensaux les uns des autres, on cite même des Sabelliphiles où l'un des sexes serait parasite de l'autre sexe.

Les crustacés sont généralement dioïques mais à cause de leur genre de vie, les Cirrhipèdes réunissent parfois les deux sexes et assurent par là plus complétement la conservation de l'espèce. Toute la famille des *Abdominalia*, nom proposé, si je ne me trompe, par Darwin, a encore les sexes séparés et les mâles, comparativement fort petits, sont attachés par deux au corps de chaque femelle. C'est de la polyandrie que l'on voit réalisée chez les *Scalpellum*. Darwin a fait connaître l'existence de mâles supplémentaires, tellement petits et si peu développés, qu'on les découvre à peine et si mal partagés du côté de l'organisation qu'ils n'ont pas plus d'appendices pour se mouvoir que d'estomac pour digérer. Nous ne sommes pas à bout de bizarreries dans ce groupe particulier; il y en a qui vivent sans coquilles et sans pattes à l'intérieur d'autres cirrhipèdes et des mâles atrophiés, qui n'existent qu'aux dépens de leur propre femelle.

Il est presque inutile de faire remarquer qu'il existe ici surtout des nuances insensibles entre les parasites, les commensaux et les animaux libres, et nous en trouverons plus d'un exemple dans les crustacés qui nous occupent.

Les commensaux fixes les plus intéressants sont évidemment

ces Cirrhipèdes qui, sous le nom de *Tubicinella*, *Diadema*, ou *Coronula*, couvrent la peau des baleines. Ils sont, comme tous les autres, libres dans leur enfance, mais bientôt ils se casent sur le dos ou sur la tête de l'un de ces grands cétacés, qu'ils ne quittent plus, une fois qu'ils y ont élu domicile. Ce qui leur donne une haute importance, c'est que chaque baleine loge une espèce particulière, de manière que le crustacé commensal est un vrai pavillon, qui en indique en quelque sorte la nationalité, et il ne serait pas sans intérêt, pour les voyageurs naturalistes, de faire une étude de ces pavillons vivants ; la grande baleine du Nord, le *Mysticetus*, que nos voisins du Nord ont découvert en cherchant un passage aux Indes par l'Est, espèce qui ne quitte jamais les glaces, ne porte pas de Cirrhipèdes. Ce fait était déjà connu des pêcheurs islandais du douzième siècle. Les intrépides baleiniers de ces régions distinguaient une baleine du Nord sans plaques calcaires, et une baleine du Sud avec des plaques, c'est-à-dire, avec des Cirrhipèdes. Cette dernière est l'espèce célèbre des régions tempérées, le *Nord kaper* que les Basques chassaient, dès le sixième siècle, dans la Manche, et que plus tard ils allaient poursuivre jusqu'à Terre-Neuve. Les baleines de l'hémisphère Sud comme celles de l'Océan Pacifique ont toutes leurs espèces de Cirrhipèdes propres. Nous avons trouvé au Musée du Jardin zoologique d'Amsterdam une *coronule*, rapportée du Japon, par M. Blomhof, sous le nom de *Coronula reginæ*, qui caractérise sans doute la Baleine de ces parages. Une autre baleine du Nord, le *Keporkak* des Groenlandais, fort remarquable par ses longues nageoires qui lui ont fait donner le nom de *Megaptera*, se couvre de très-bonne heure de ces crustacés, à tel point que, aux yeux des Groenlandais, ils naissent avec eux. — Il y en a même, qui ont prétendu avoir vu des *Mégaptera* couverts de ces coronules avant la naissance. Eschricht a offert en vain une récompense à celui qui lui enverrait des coronules attenant encore au cordon ombilical ; il n'a reçu que des morceaux de peau couverts de bulbes à poil. Ce qui n'est pas douteux, c'est qu'on a vu de jeunes baleines, capturées à la suite de leur mère, et qui étaient déjà couvertes de ces crustacés.

Steenstrup a signalé la présence des *Platycyamus Thompsoni*, sur le corps des Hyperoodon, et le *Xenobalanus globicipitis*, sur le Globiceps des Iles Shetland.

Le *Cryptolepas* est un nouveau genre de Coronulide qui habite la côte de Californie sur le singulier mysticete signalé tout récemment sous le nom de *Rhachianectes glaucus*. Le *Platylepas bisexlobata* a été observé récemment sur un Sirénien, le *Manatus latirostris*. Les tortues marines sont également envahies par ces singuliers animaux et leur forme particulière, jointe à leur habitat, leur a fait donner le nom de *Chelonobia*. Il n'est pas rare de trouver à côté de ces Chelonobies et même sur elles, des Tanaïs, des Serpules et des Bryozoaires, formant ensemble une forêt animale sur la cuirasse de la tortue. La Tortue matamata des eaux saumâtres de la Guyane, se couvre d'un cirrhipède plus voisin des Balanes ordinaires que des Chelonobies. D'autres Reptiles vivants ne sont pas plus exempts de cirrhipèdes que les tortues marines ; le *Dichelaspis pellucida* et le *Conchoderma Hunteri* envahissent divers serpents de mer. Plusieurs Squales hébergent des genres particuliers, parmi lesquels nous pouvons citer : les *Alepas* du *Spinax niger*, des côtes de Norvége. On signale ce même *Alepas* sur le *Squalus glacialis* en même temps que l'*Anelasma squalicola*. On en connaît une demi-douzaine de variétés dont une habite un Echinoderme, une autre un crustacé décapodé. Ces Alepas sont tellement réduits quand ils sont adultes et si complétement dépouillés de leurs attributs distinctifs, qu'il a fallu les étudier avec un soin tout particulier dans leur première toilette pour reconnaître leur parenté.

D'autres cirrhipèdes s'établissent sur des voisins de leur propre classe et nous trouvons ainsi des crustacés sur crustacés. Un joli genre vit au Cap-Vert sur la carapace de la langouste et s'étale au milieu du dos comme un bouquet de fleurs. Mon fils en a recueilli de fort beaux échantillons qu'il fera connaître avec les autres matériaux qu'il a recueillis pendant sa traversée de l'Atlantique. M. John Denis Macdonald en a trouvé en abondance sur les branchies d'un crabe en Australie, le *Neptunus pelagicus*, et qu'il place entre les Lepas et les Dichelaspis.

Les plus singuliers, sinon les plus intéressants de tous ces cirrhipèdes, sont les *Galles* qui apparaissent sous la queue des crabes ou l'abdomen des Pagures et que les zoologistes désignent sous les noms de *Peltogaster* ou de *Sacculina*. On les rencontre dans les deux hémisphères. Le développement récurrent est si complet que l'on ne distingue plus aucun appareil si ce n'est celui de la reproduction et tout le corps est un véritable étui renfermant dans ses parois des œufs et des spermatozoïdes. On en voit très-communément sous l'abdomen des crabes de nos côtes ou sur les segments mêmes du corps des Pagures. M. A. Giard s'est occupé de ces animaux dans ces derniers temps. C'est pendant l'accouplement, selon lui, que les Peltogaster s'établissent sur les crabes. Le professeur Semper en a rapporté toute une collection de son voyage aux Iles Philippines dont il a confié l'étude à un de ses élèves, le docteur Kussmann. Nous avons entendu avec beaucoup d'intérêt, au dernier congrès de Wiesbaden, ce dernier exposer avec une netteté remarquable le résultat de ses savantes et consciencieuses observations. Nous ne croyons pas nous tromper, en ajoutant que d'ici à longtemps nous ne verrons rien de mieux ni de plus complet sur ce sujet. On désigne maintenant l'ensemble de ces cirrhipèdes qui s'implantent par la tête dans la peau de leur hôte au moyen de filaments, sous le nom de *Rhizocéphales*.

Une opinion curieuse exprimée tout récemment par un naturaliste, M. Giard, et qui est un signe du temps, c'est que le Peltogaster du Pagure est devenu sacculine sur le crabe; l'hôte s'étant transformé, son acolyte en a fait autant sous la même influence. Le professeur Semper a reconnu en outre, aux Iles Philippines, des crustacés Isopodes, commensaux à la façon des Peltogaster. Deux Cirrhipèdes de la famille des Peltogaster, le *Sylon hippolytes* et le *Sylon pandali*, ont été trouvés par M. Sars sous l'abdomen du *Pandalus brevirostris*.

Il y a des cirrhipèdes sur des mollusques gastéropodes. La *Concholepas peruviana*, cette belle coquille qui a été pendant si longtemps une rareté dans les collections, est hantée par le *Cryptophiolus minutus*, qui n'a qu'un sixième de pouce. Les Scalpellum habitent souvent des Sertulaires et d'autres polypes; des *Oxynasps*, des *Creusia*, des *Pyrgoma* et des *Lithotrya* hantent des Coraux. Certaines éponges sont régulièrement envahies par des *Acasta* de Leach, dont Darwin signale huit espèces. Comme on trouve ailleurs parasites sur parasites, ici nous trouvons également commensal sur commensal : sur des anatifes ordinaires on aperçoit des genres différents et sur des *Diadema* du nord du Pacifique, on voit presque toujours figurer des Otions et des *Cineras*. Il y a plus, le *Protolepas bivincta*, d'un cinquième de pouce de longueur, vit en commensal dans le manteau de l'*Alepas cornuta*, et les *Elminius* de Leach habitent également sur d'autres cirrhipèdes. L'*Hemioniscus balani*, que Goodsir avait pris il y a quelques années pour le mâle des Balanes, est commensal de ces cirrhipèdes. On trouve aussi des parasites dans des commensaux : le Pagure bernhardus loge des *Eustoma troncata* sexués dans son intérieur. Un crustacé macroure que nous croyons devoir citer ici, c'est le *Galathea spinirostris* de Dana qui hante une comatule, dont il prend les couleurs; il en est de même sans doute du *Pisa Styx* qui vit sur un polype connu sous le nom de *Melitœa ochracea*.

Si des crustacés nous passons aux mollusques, nous avons à signaler en premier lieu un élégant gastéropode, la *Phylliroe bucephale*, qui porte sur la tête un appendice singulier, dont la nature n'a été reconnue que dans ces derniers temps : J. Muller l'avait pris d'abord pour une méduse, puis il avait abandonné cette opinion, lorsque enfin M. Krohn l'a renvoyé définitivement parmi les polypes inférieurs; il ne diffère de ses congénères que par sa forme, ses cirrhes tentaculaires et son genre de vie; c'est le *Mnestra parasites*. Il y a un grand nombre de mollusques acéphales que l'on pourrait citer en qualité de commensaux; nous nous bornerons à signaler les *Crenella* que l'on trouve régulièrement dans l'épaisseur des éponges. La *Philomedusa Voglii* de Fr. Muller, qui vit sur l'*Halcampa Fultoni*, mérite sans doute également d'être mentionnée ici, comme commensal fixe. Plusieurs bryozoaires s'étalent sur des animaux marins et souvent même engagent une lutte à mort avec leur patron. Mais parmi tous ces bryozoaires nous avons à citer un animal très-commun sur la plage à Ostende et que l'on prendrait pour une feuille desséchée, la *Flustra membranacea*. Sur la surface de ces prétendues feuilles on trouve habituellement de petits bouquets d'autres bryozoaires, qui sont ou des *Crisies* ou des *Scrupocellaires*. Un autre genre qui a passé également pour une plante gélatineuse porte le nom de *Halodactyle*. Sans une étude microscopique, on ne peut se faire une idée de ces colonies. Un de ces *Halodactyles* s'étale sur une tige de sertulaire dont il a étouffé tous les habitants et c'est la victime même qui sert de tuteur à l'envahisseur. Ces *Halodactyles* sont excessivement répandus dans la mer du Nord et s'établissent souvent sur la grande huître pied-de-cheval. Michelin a signalé sous le nom de parasite un *cellepore* fossile des salines de la Touraine et de l'Anjou, qui enveloppe complétement une coquille de gastéropode ; pour empêcher son patron de mourir de faim, le bryozoaire se développe autour de la bouche en guise de galerie et prolonge le dernier tour de spire. Ce *Cellepora parasitica* a évidemment sa place ici.

Beaucoup de ces bryozoaires commensaux se trouvent à l'état fossile dans le crag du bassin d'Anvers.

Nous avons encore à citer parmi les commensaux fixes, plusieurs polypes dont quelques-uns sont fort remarquables. Ainsi plusieurs naturalistes parlent de vaste colonies de polypes dans lesquelles se logent divers animaux qui s'y abritent comme les Pagures dans leur épave. De ce nombre sont les colonies dont parle Forster, qui n'ont pas moins de quinze pieds de hauteur et trois pieds de diamètre avec une couronne de dix-huit pieds. Dana fait également mention d'*Astrœa* de douze pieds de hauteur, de *Porites* de vingt pieds et qui comptent au-delà de cinq millions d'individus, parmi lesquels viennent se réfugier une multitude d'animaux. Le Muséum d'histoire naturelle à Paris est en possession d'un superbe échantillon de *Porites conglomerata;* au milieu de la colonie loge un Tridacne (*Trid. corallicola, Val.*) comme un Pagure sous une forêt d'Hydractinies. Ce remarquable polype a été rapporté des îles Séchelles par M. L. Rousseau. Il n'est pas impossible que dans ce même Tridacne habitent des Pinnothères et que nous ayons là un nouvel exemple de commensal dans commensal. Dans la baie de Massachussetts, sur les côtes de New-Jersey, vit à de grandes profondeurs un autre curieux polype commensal : Dana l'a fait connaître dernièrement, sous le nom de *Epizoanthus americanus,* V. Il s'établit sur la loge de l'*Eupagurus pubescens.* La *Sertularia parasitica* du golfe de Naples, dont j'ai fait le genre *Corydendrium,* est un commensal à la façon d'une infinité d'autres polypes. Pour terminer, nous citerons un polype, du nom de *Halichondria suberea,* et l'*Actinia carcinopodus* d'Otto qui habitent un mollusque univalve ainsi que les *Heteropsammia* et les *Heterocyathus* de la famille des Turbinolides qui se logent sur une coquille trochoïde.

Les Éponges placées tour à tour par les naturalistes parmi les plantes ou sur les confins du règne animal sont généralement regardées aujourd'hui comme des polypes : c'est l'opinion exprimée par Haeckel qui veut en même temps remplacer le mot de Cœlentérés par celui de Zoophytes. Le savant naturaliste d'Iéna, en faisant cette proposition, aurait pu se souvenir, que nous avons placé en 1859 les éponges dans le groupe des *polypes* comme l'échelon le plus bas et que nous avons proposé, depuis le jour où les acalèphes étaient reconnus pour être des polypes adultes, de désigner tous ces animaux sous le nom de Polypes. Plus tard R. Leuckart a proposé le nom de Polypes cœlentérés qui a été généralement reçu. Le professeur Haeckel n'aurait rien perdu en reconnaissant, qu'en 1873, il arrivait à un résultat semblable à celui auquel j'étais arrivé vingt ans auparavant, et que ce n'est pas une innovation bien heureuse de changer le mot de polypes en celui de zoophytes. Il est d'autant plus étonnant que ce savant ait oublié de me citer, qu'au congrès des naturalistes à Hanovre en 1866, j'avais mis cette question à l'ordre du jour pour une séance ordinaire. Je soutenais, contrairement à l'opinion des savants les plus autorisés en cette matière, Osc. Schmidt entre autres, qui était présent, que les Éponges sont des polypes inférieurs, qu'on les considère au point de vue de leur développement ou au point de vue de leur organisation.

Ce groupe si remarquable de forme, si varié de couleur et d'aspect, nous montre très-souvent des exemples d'animaux qui vivent avec eux en véritables commensaux, et nous voyons les mêmes rapports s'établir dans les deux hémisphères. De même que nous observons les Rhizophales sur les crabes et les pagures, les Pinnothères sur des mollusques bivalves, nous constatons que les éponges de la mer des Indes ou du Japon hébergent les mêmes commensaux que l'on trouve sur elles dans la mer du Nord ou dans l'Atlantique.

Dans la mer du Japon il existe une éponge fort remarquable, généralement connue sous le nom d'*Hyalonema*. C'est un faisceau de spicules semblables à du verre filé, qui semblent liés ensemble artificiellement et à la surface duquel on trouve régulièrement un polype du genre *Polythoa*. Pendant plusieurs années on a discuté sur la nature de cette éponge et de ses rapports avec les polypes qui l'entourent. Ehrenberg avait bien reconnu le polype Polythoa autour des spicules, mais l'Hyalonema n'était pour lui qu'un produit artificiel. Les Polythoa n'étaient qu'un étui dans lequel on avait placé ce faisceau de spicules. Le savant micrographe de Berlin avait même cru trouver la preuve de cette opinion, dans la présence de bouts de laine qui se trouvaient dans un échantillon que M. Barbosa du Bocage lui avait envoyé de Lisbonne. Des fils de laine étaient en effet restés adhérents aux spicules d'Hyalonema, mais ils provenaient des pêcheurs qui, à la sortie de l'eau, mettent soigneusement cette éponge sur leur poitrine sous leur gilet de laine. Aux yeux du docteur Gray du British Museum, l'éponge est parasite du Polythoa, et le faisceau de spicules dépend, non de l'éponge, mais du polype. Le savant le plus versé dans la connaissance des éponges, M. Bowerbank, exprime une autre opinion : l'éponge et les spicules ne sont qu'un seul corps et les polypes ne sont qu'une dépendance de ce corps. Les prétendus polypes ne formeraient qu'un système cloacal à l'usage de la colonie spongiaire. Valenciennes, guidé sans doute par les observations de Philippe Poteau, a le premier reconnu la nature de l'éponge et de ses spicules, mais l'on doit à Max. Schultze d'avoir distingué la vraie nature de cette admirable production marine. Il a démontré que le faisceau est formé de spicules de l'éponge extraordinairement allongés et que le polype s'établit sur elle en formant un étui tout autour du faisceau. Ce fait n'est plus douteux pour personne, les longs spicules font partie de l'éponge et le polype s'établit sur une partie de la colonie. Mais la science marche rarement d'un seul coup et Max Schultze a pris, comme ses devanciers, le dessus pour le dessous ; c'est le professeur Lovèn qui a remis l'Hyalonema dans sa situation véritable d'après un Hyalonema de petite taille de la mer du Nord. Semper a trouvé une *Œga* nouvelle à laquelle il a donné le nom spécifique de *hirsuta*, dans un canal élargi de la nouvelle Hyalonema des Iles Philippines qu'il a dédiée à M. Schultze. L'Adriatique nourrit également une espèce de ce même genre *Polythoa* qui habite, comme celle de la mer de Chine, une éponge, à laquelle on a donné le nom d'*Axinella*. On ne trouve jamais ces Polythoa que sur les *Axinella*, dit Osc. Schmidt, qui a fait une étude particulière des éponges de cette mer et de la Méditerranée. Le professeur Gill a fait mention, à la dernière réunion du congrès scientifique à Portland (1873), d'un nouvel Hyalonema, trouvé sur la côte de l'Amérique du Nord par la commission de pêche des États-Unis d'Amérique. Au point de vue systématique un mémoire intéressant sur ces éponges est dû à la plume de Herklots et de M. Marshall.

Parmi les commensaux fixes nous croyons devoir placer un organisme bien problématique qui vit sur les sertulaires, surtout la *Sertularia abietina* et que Strethill Wright a désigné sous le nom de *Corethria Sertularia*. Claparède a donné à ce singulier animal le nom plus expressif d'*Ophiodendrum abie-*

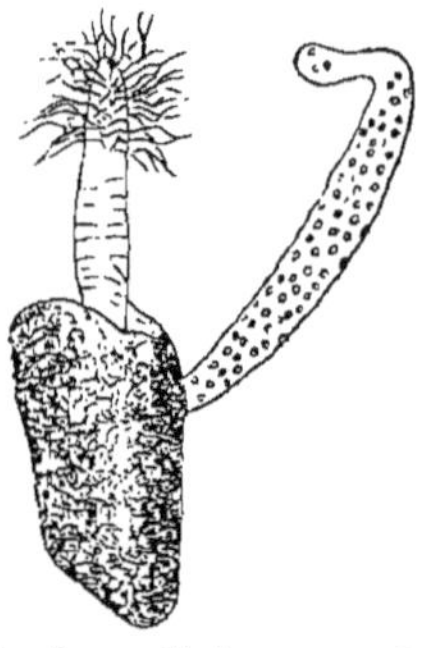

Fig. 1. — Ophiodendrum abietinum sur Sertularia abietina.

tinum. Nous l'avons trouvé régulièrement sur la *Sertularia abietina* à Ostende chaque fois que nous avons eu l'occasion d'observer ces polypes fraîchement sortis du fond de la mer. C'est un organisme dont les affinités ne sont aucunement établies.

LIVRE · II

MUTUALISTES

'Dans ce chapitre nous réunissons des animaux qui vivent les uns sur les autres, sans être ni parasites ni commensaux : plusieurs d'entre eux se remorquent, d'autres se rendent des services mutuels, d'autres s'exploitent, d'autres se prêtent un abri et enfin il en existe qui ont entre eux des liens sympathiques qui les rapprochent toujours les uns des autres. On les confond habituellement avec les parasites ou les commensaux.

Plusieurs insectes s'installent dans la fourrure des mammifères, ou dans le duvet des oiseaux, pour enlever aux poils et aux plumes les pellicules et les débris épidermoïdaux qui les encombrent. En même temps qu'ils entretiennent la toilette de leur hôte, ils lui sont d'une grande utilité sous le rapport hygiénique. Ceux qui vivent dans l'eau ont d'autres gardiens ; au lieu d'insectes nous voyons une quantité de crustacés s'établir sur les poissons et, si ce ne sont plus des plaques d'épiderme qui les gênent, ce sont des mucosités qui se renouvellent sans cesse pour garantir la peau de l'action incessante de l'eau. Nous en trouvons beaucoup à la surface des écailles et d'autres qui restent blottis au fond des canaux muqueux. Nous avons réuni seulement quelques exemples, mais il y en a un certain nombre qui figurent encore ailleurs et qui devront forcément prendre place ici.

Les insectes connus depuis longtemps sous le nom de *Ricins* et auxquels on a donné encore diverses autres dénominations, méritent de figurer au premier rang dans ce groupe. Ils ont de tout temps embarrassé les entomologistes, on voulait toujours voir en eux des parasites à côté des acarides et des poux. On sait cependant depuis longtemps qu'ils n'ont pas de trompe pour sucer, et qu'ils portent deux petites dents écailleuses qui leur servent plutôt à mordre. Depuis longtemps aussi l'examen de leur estomac a fait connaître qu'au lieu de sang il ne renferme que des débris de peau. C'est ce qui avait engagé quelques entomologistes à les placer dans le même ordre que les sauterelles, c'est-à-dire à en faire des Orthoptères. Lyonet en a figuré plusieurs qu'il a étudiés avec le soin qu'il savait mettre à ses travaux anatomiques et en 1818 un professeur de Gœttingue, Nitzsch, en avait réuni un nombre si considérable qu'il aurait fallu plusieurs jours pour visiter sa collection ; il avait commencé la publication de son catalogue mais il n'a pas eu le temps de l'achever. Plusieurs autres entomologistes et anatomistes s'en sont occupés depuis. Nous devons la description de plusieurs centaines d'espèces à M. Denny. Dans ces derniers temps, M. F. Rudow a fait connaître un grand nombre d'espèces qu'il a recueillies sur des peaux d'oiseaux provenant du Japon, d'Australie, d'Afrique et des deux Amériques. Le professeur Grube de Breslau a publié la description des insectes et des acarides du voyage de Middendorf en Sibérie. Ces descriptions se rapportent surtout à des Philoptères d'oiseaux, des *Pediculina* de mammifères, une puce de *Mustela siberica* et un acaride de *Lemmus*. Tout récemment un naturaliste américain, M. Packard, qui a entrepris l'étude de tant de sujets différents, a publié dans l'*American naturalist* la description accompagnée d'une figure de *Menopon picicola*, trouvé sur le *Picoïdes arcticus* au *Lower Geyser Basin*, Wyoming Territory, de *Goniodes Merriamanus*, de

Tétrao Richardsoni, de *Goniodes mephitidis*, trouvés sur un *Mephitis* de Fire-Hole Basin, Wyoming Territory, de *Nirmus buteonivorus*, d'un *Buteo Swainsonii*, et de *Docophorus Syrnii*, de *Syrnium nebulosum*. Un grand nombre de ces insectes vivent entre les plumes des oiseaux et on peut d'autant plus facilement les observer, qu'ils se détachent après la mort de leur hôte. On les retrouve aisément sur les peaux d'oiseaux préparés pour les musées. Les Ricins forment une famille sous le nom de Ricinidés et cette famille se partage en deux, les Liothéidés et les Philopt ridés.

Parmi les nombreuses divisions génériques, une des plus intéressantes a été désignée sous le nom de *Trichodectes* : elle comprend une vingtaine d'espèces, dont une vit sur le chien, une autre sur le chat, une autre encore sur le bœuf, en un mot on découvre une espèce distincte sur chaque mammifère domestique. On a déjà parlé de la *phtiriasis* du chat occasionnée par l'abondance des ricins. Le Trichodecte du chien a particulièrement attiré l'attention des naturalistes dans ces derniers temps. Voici à quel propos :

Il n'y a pas de Tenia plus commun chez le chien que le *Tenia cucumerina*. Mais d'où vient-il? comment est-il introduit? — C'était encore une énigme il y a quelques années, à l'époque où je faisais l'autopsie de chiens infestés de *Tenia serrata*, au Museum d'Histoire naturelle de Paris. A côté des *Tenia serrata*, dont je faisais connaître d'avance le nombre et l'âge, puisque je les avais *plantés*, se trouvaient dans l'intestin d'un d'entre eux des *Tenia cucumerina*. Mes chiens n'avaient cependant pris que du lait et des *cysticerques pysiformes*. Y avait-il des cysticerques de diverses espèces dans le péritoine du lapin? Le voile est tiré aujourd'hui. Le chien héberge comme nous venons de le dire un Ricin connu sous le nom de Trichodecte et c'est dans ce Trichodecte que se loge le scolex, on pourrait même dire la larve du *Tenia cucumerina*. Or les jeunes chiens surtout se lèchent constamment les poils et c'est par cette opération qu'ils s'introduisent le jeune Tenia. C'est par un procédé semblable que le cheval s'introduit les œufs d'œstre qui vont éclore dans son estomac.

Beaucoup de ces Ricins vivent abondamment sur des oiseaux et se multiplient rapidement. Le *Liothe pâle* vit sur le coq, le *Liothe stramineum* sur le dindon, le *Philoptere falciforme* sur le paon, le *Philoptère claviforme* sur le pigeon. Il est à remarquer que chaque oiseau peut nourrir plusieurs espèces différentes. La fig. 2 représente le ricin de l'aigle de mer appelé Pygargue.

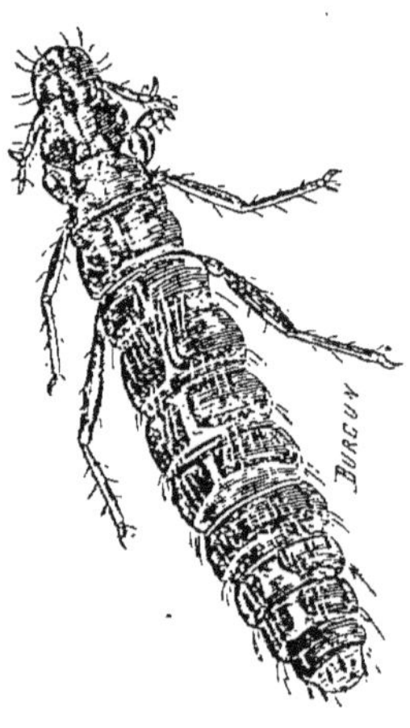

Fig. 2. — Ricin du Pygargue.

Les poissons hébergent des crustacés à la place des ricins, et le nombre n'en est pas moins considérable que sur les mammifères et les oiseaux, ces crustacés ont embarrassé plus d'une fois les naturalistes, par la raison que l'on ne pouvait voir en eux que des parasites. Ils vivent du produit des sécrétions cutanées et, s'ils entretiennent, comme les ricins, la toilette de leur hôte, ils ne sont pas moins utiles qu'eux sous le rapport hygiénique; car ils empêchent l'encombrement des produits cutanés. Au nombre de ces crustacés, nous devons citer les Caliges et les Argules qui ne deviennent jamais obèses, les Ancées et probablement d'autres genres. Au lieu de ces formes disgracieuses et insolites des vrais parasites, tous conservent, avec leurs outils de pêche et de voyage, leur physionomie propre et élégante. Les sexes mêmes ne diffèrent que par la taille. Ils restent pendant toute la vie ce qu'ils sont au début : c'est-à-dire, charmants de forme, à corselet finement pincé, à pattes nombreuses et délicates, aussi gracieux dans leurs mouvements qu'élégants pendant le repos. La plupart des poissons osseux logent des Caliges à la surface de la peau. Ils s'accrochent à l'aide de puissantes amarres, mais sans faire le sacrifice de leur liberté. On les appelle communément poux de poissons. Les pêcheurs, en revenant de la pêche du Nord, trouvent ordinairement leur vivier plein de cette gracieuse vermine. On peut dire que les Caliges sont communs partout et que chaque espèce a ses Caliges propres. Les poissons plagiostomes, malgré la dureté de leur peau, en nourrissent; ils se multiplient si rapidement parfois qu'ils recouvrent leur hôte comme s'ils devaient remplacer les écailles. La morue héberge une charmante espèce d'une fort belle taille qui, à son tour, sert de gîte à l'*Udonelle*. Elle est toujours attachée aux ovisacs et remplit sans doute le même rôle que les Histriobdelles, de manière que nous aurions les Caliges pour entretenir la toilette des morues, puis des Udonelles pour entretenir la toilette des Caliges.

On a donné le nom d'*Argules* à des crustacés qui ressemblent aux Caliges par la taille et le genre de vie, et qui fréquentent principalement les poissons d'eau douce. Un naturaliste suédois, M. Thorell, a récemment écrit leur histoire. L'*Argulus foliaceus* est le nom de l'espèce la plus anciennement connue et c'est en même temps la plus répandue. On la trouve sur nos brochets, nos carpes, nos épinoches et sur la plupart des poissons de rivière. Dans sa monographie, M. Thorell mentionne douze espèces d'argules véritables et quatre espèces dont il fait le genre *Gyropeltis*. On en trouve quatre en Europe, dont deux sur des poissons de mer et deux sur des poissons fluviatiles. Tout récemment le pro-

De grandeur
naturelle.

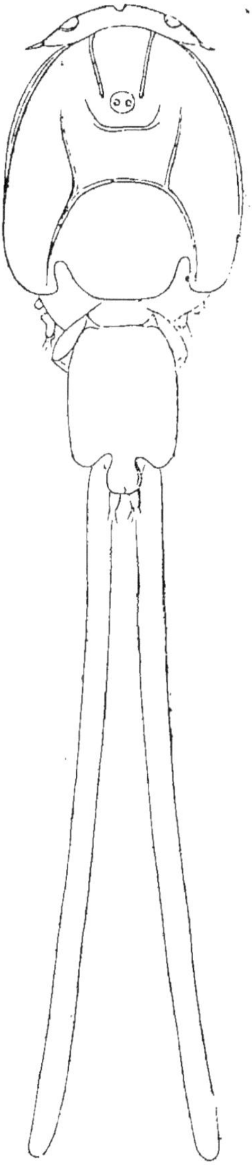

Fig. 3. — *Caligulus elegans*, femelle.

fesseur Leydig a fait connaître encore une espèce nouvelle sur le *Phoxinus levis*. On rencontre des Argules sur les poissons des Indes, comme sur des poissons d'Afrique et des deux Amériques. Comme les Caliges, ces animaux abandonnent spontanément leur hôte pour aller faire la toilette d'un autre.

Un autre animal qui a été pris pour un *Lernéen*, mérite de prendre place à côté des Caliges, du moins par son genre de vie; nous voulons parler de ce singulier être que Leydig a découvert en 1850 en Italie, en étudiant les canaux muqueux d'un Corvina, à Cagliari, et auquel il a donné le nom de *Sphœrosoma*. A en juger par la figure et quelques détails, ce *Sphœrosoma* dont on pourrait changer le nom en *Leydigia*, appartient, si nous ne nous trompons, au même groupe que les *Histriobdella*. Nous sommes persuadés que la première occasion confirmera l'exactitude de ce rapprochement par l'étude des embryons. Si nous n'avions pas étudié tout le développement des Histriobdella, plus d'un naturaliste aurait vu en eux des Lernéens, comme cela est arrivé au Congrès des naturalistes allemands à Carlsruhe.

Si nous voyons beaucoup de ces crustacés mener joyeuse vie dans leur jeune âge, il y en a aussi qui semblent faire des économies et s'émancipent dans leurs vieux jours. MM. Hesse et Spence Bate ont dévoilé dans ces dernières années le secret de ces existences.

Les naturalistes avaient reconnu quelques crustacés sous le nom d'*Ancées* et quelques autres sous le nom de *Praniza*, vivant les uns et les autres sur des poissons, mais avec des outils fort différents pour se livrer à la pêche et à la nage. Curieux de connaître la vie des Praniza, M. Hesse les observa dans un petit aquarium, et il s'aperçut que les pièces de la bouche étaient tout d'un coup transformées en mandibules formidables qui les faisaient ressembler à des *Ancées*. Comme il était arrivé déjà dans d'autres groupes que l'on avait pris pour des animaux différents le même crustacé aux diverses époques de son évolution, le naturaliste de Brest eut des soupçons sur leur identité et constata bientôt, par des observations directes, qu'il ne s'était pas trompé. Les Praniza deviennent donc des Ancées et vivent sous leur première forme sur les poissons, à la manière des Caliges et des Argules. On ne peut rien voir de plus curieux que ces crustacés qui sont à cheval sur le dos ou les flancs des poissons et y prennent toutes les attitudes possibles.

Les Pranizes se fixent dans la bouche, et sur les branchies, comme sur la peau. On en trouve sur les squales comme sur les poissons osseux. Ils ne redoutent ni la chaleur ni la lumière et se tiennent fort bien sous des fucus humides en attendant le retour de la marée. Ils courent et nagent avec la même facilité. A l'état d'Ancée, ils perdent leur agilité, et, sous cette forme, tout dénote en eux des habitudes sédentaires. Ils paraissent se loger de préférence dans des trous au fond desquels ils se défendent avec leurs puissantes mandibules. On a observé que la fécondation s'accomplit déjà, comme dans les Axolotls, avant l'évolution complète, mais la ponte des œufs ne se fait que lorsque l'animal affecte la forme d'Ancée.

Nous ferons remarquer que ces changements de robe s'opèrent seulement chez les femelles; les mâles conservent leurs vêtements et leur liberté. Quelques naturalistes prétendent qu'il ne faut accepter les faits de métamorphoses de l'un ou de l'autre sexe, que sous bénéfice d'inventaire. Tout tend à faire croire cependant que M. Hesse a fidèlement interprété les faits; mais il nous paraît probable que tout n'est pas connu dans l'histoire de ces étranges crustacés.

Les pêcheurs ont fait connaître depuis longtemps des poux de baleine, les Cyames des naturalistes dont nous avons déjà parlé à propos des commensaux libres. Ils vivent en liberté sur la peau de leur hôte et s'y multiplient avec une extrême rapidité. Ces cyames ont une forme régulière, mais complétement différente des autres, et ils ont donné, comme les Ricins et les crustacés précédents, de grands embarras aux zoologistes systématiques. On est loin d'être définitivement fixé sur la place qu'ils doivent occuper. En tout cas, on peut les considérer comme des Caprella raccourcis. De même que chaque baleine a ses cirrhipèdes qui lui sont propres, chaque baleine a aussi ses cyames particuliers. Le professeur Lütken de Copenhague a fait connaître dix à onze espèces, toutes provenant de cétacés des deux hémisphères. Le prétendu cyame représenté, par le docteur Monedero, comme vivant sur la baleine basque, est un pycnogonon.

Les Anilocres, les Nérociles, comme les cyames et d'autres genres, s'établissent sur le dos d'un poisson bon nageur. Jaloux de leur liberté, ils conservent leurs rames et leurs nageoires pour changer de convoi, quand l'envie leur en prend, et n'imitent pas les Bopyriens, qui vont s'installer dans l'étroite cavité branchiale de quelque crustacé décapode, et en y pénétrant se débarrassent de tout leur bagage de voyageur; il n'y a du reste pour eux aucun autre moyen de se caser; leur sort est identifié à celui de leur hôte; ils ne sauraient plus vivre sans lui. La femelle seule, il est vrai, aliène ainsi sa liberté; elle se sacrifie, comme toujours, pour assurer le sort de sa famille, tandis que le mâle, loin de s'enfermer, conserve ses pattes, ses armes et sa liberté.

Les crustacés appelés *Caprella* ne sont peut-être pas aussi indépendants qu'ils en ont l'air et il n'est pas impossible que leur place soit parmi les crustacés qui nous occupent. On les trouve souvent sur le corps de cétacés, de chéloniens, à côté des Tanaïs, de poissons Plagiostomes ou au milieu de colonies de Sertulaires. Ils s'établissent aussi sur les bouées quand elles sont bien habitées, et nous en avons découvert en nombre prodigieux sur un morceau de câble qui avait reposé au fond de la mer et dont toute la surface foisonnait d'animaux de tout genre.

Nous pouvons citer encore ici les Pycnogonons, les Saphyrina, les Peltidies et les Hersities; ces crustacés se traînent souvent sur la peau de leurs congénères, mais sans jamais renoncer à leur indépendance, et tous sont plus ou moins préposés à la toilette de leurs voisins.

Nous réunirons dans une seconde section quelques animaux qui ont également été placés parmi les parasites, plutôt à cause de leur séjour chez leurs voisins, que pour leur véritable genre de vie. Si, dans les ménageries, il faut des gardiens pour faire la toilette des différentes bêtes, il en faut aussi pour entretenir la cage et au besoin enlever les ordures et les immondices. Divers animaux remplissent ce rôle. Le rectum des grenouilles est toujours littéralement plein d'Opalines qui grouillent dans cette cavité, comme des fourmis dans leur fourmilière, et vivent sans doute du contenu de l'intestin.

Ces opalines sont de vrais infusoires qui n'attendent pas que les ordures soient déposées et que les eaux puissent se corrompre par leur présence, ils préviennent les accidents qui pourraient surgir, et s'y prennent à temps pour purger les eaux de ces déjections. On les a trouvées jusqu'à présent dans le rectum des grenouilles et dans des annélides divers, les Pachydriles, les Clitelis, les Lumbriculus et les Enchytreus. Nous en avons vu également dans des Planaires et des Némertiens. Il n'y a pas de spectacle plus curieux pour celui qui commence à s'exercer aux observations microscopiques, que l'examen du contenu du rectum de ces Batraciens. Van Leeuwenhoek connaissait il y a deux cents ans ces animalcules auxquels Bloch a donné plus tard le nom de *Chaos intestinalis*. Il y a aussi quelques Rotateurs, les *Albertia* par exemple, qui méritent de prendre place ici et que Dujardin a décrits et nommés. Ils vivent dans l'intestin des lombrics et des limaces et dans les larves d'éphémères. Dujardin a signalé d'abord : l'*Albertia vermiculus*; depuis lors M. Schulze a fait connaître l'*Albertia* du *Naïs littoralis*, et Radkewitz a reconnu dans le petit ver de terre de nos jardins, l'*Enchytreus vermicularis*. Depuis longtemps, Siebold a dit avec raison que ces animaux ne sont pas parasites, puisqu'ils ne se nourrissent pas aux dépens de leur hôte.

Il y a un ver aux îles Philippines, d'après ce que m'a raconté M. Semper, qui se loge dans l'intestin d'un poisson, la tête ordinairement penchée en dehors et qui guette les crustacés attirés par les déjections de son hôte; mais quoiqu'il choisisse pour abri l'intestin d'un voisin, ce n'est pas un parasite.

Au dire des pêcheurs, et les visites de l'estomac le confirment, le poisson *Cyclopterus lumpus* ne mange autre chose que les ordures des autres poissons. Aussi il n'est pas possible de compter le nombre de scolex que renferme le contenu de l'estomac et des intestins. On connaît du reste depuis longtemps le goût de certains insectes qui ne savent vivre que dans les ordures de tel ou tel animal, et on a vu l'exemple d'un de ces insectes, trouvé à l'état fossile, qui a fait prédire la découverte des débris du mammifère encore inconnu dans ces contrées. Les larves de la mouche *Scatophaga stercoraria* ne se repaissent que de matières stercoraires.

Il y a également des vers nématodes qui vivent dans ces conditions et qui se développent et se propagent dans les intestins comme au milieu de la terre humide. Les anguillules si abondantes dans la bouse de vache, s'y propagent; elles ne sont pas des parasites et se rapprochent de ceux dont nous parlons dans ce chapitre.

Après ces gardiens qui sont préposés à l'entretien de la toilette, nous en trouvons dont la charge est moins étendue et les soins plus limités. Plusieurs animaux portent un trop grand nombre d'œufs pour qu'ils puissent arriver tous à terme, et ceux qui se décomposent faute de fécondation, ou qui meurent dans le cours de leur évolution, ont les soins d'un gardien particulier, chargé de faire disparaître à temps les œufs gâtés ou les embryons mal venus. C'est ainsi que les homards logent au milieu de leurs œufs un ver que nous avions pris d'abord pour une Serpule et qui, après un examen complet, est une vraie Hirudinée; nous lui avons donné le nom d'Histriobdelle. Elle est aussi singulière par sa conformation que par ses allures, et son genre de vie se rapproche des Pontobdelles des raies, dont nous parlerons plus loin. Voici dans quels termes nous annoncions sa découverte, il y a quelques années :

On sait que les homards portent, comme les écrevisses et la plupart des crustacés, les œufs sous le ventre, et que ces œufs restent appendus sous l'abdomen jusqu'après l'éclosion des embryons. Au milieu d'eux vit un animal d'une agilité extrême et qui est bien l'être le plus extraordinaire qui soit encore tombé sous les yeux d'un zoologiste. On peut dire sans exagération que c'est un ver bipède ou même quadrupède. Que l'on se figure un clown de cirque le plus complétement disloqué possible, nous devrions dire entièrement désossé, faisant des tours de force et d'équilibre sur une montagne de boulets monstres qu'il s'évertue à escalader, posant un pied, sous forme de ventouse, sur un boulet, l'autre pied sur un autre boulet, balançant le corps ou le raidissant, se tordant sur lui-même ou se courbant comme une chenille arpenteuse, et on n'aura encore qu'une idée fort incomplète de toutes les attitudes qu'il prend et fait varier sans cesse. Son rang et ses affinités auraient pu être l'objet de longues discussions, si nous n'avions fait connaître en même temps son évolution et sa structure anatomique. Ce n'est ni un parasite ni un commensal : il ne vit pas aux dépens des homards, mais aux dépens d'un produit de ces crustacés, à peu près comme vivent les caliges et les argules. Le homard lui donne une place et le passager se nourrit aux dépens du chargement; c'est-à-dire qu'il mange les œufs et les embryons qui meurent et dont la décomposition pourrait devenir fatale à l'hôte et à la progéniture. Ces histriobdelles ont la même charge que les vautours et les chacals, qui débarrassent la plaine des cadavres. Ce qui nous fait penser que c'est là leur véritable rôle, c'est qu'ils ont un appareil pour sucer l'œuf, et que nous n'avons trouvé dans leur canal digestif, aucun reste qui ressemble à un organisme véritable. On trouve les fèces, sous forme de boudins, échelonnés dans l'intestin.

Les crustacés nourrissent encore d'autres hirudinées. M. Leydig a signalé une Myzobdelle sur la *Lupa diacantha*. L'écrevisse fluviatile, commune dans tous les fleuves d'Europe, en nourrit même deux, l'*Astacobdella rœselii*, qui se tient sous l'abdomen et aux yeux, et l'*Astacobdella Abildgardi*, qui se tient surtout sur les branchies. Deux astacobdelles sur la même écrevisse remplissent sans aucun doute un rôle différent. Nous oserions presque assurer a *priori* que l'espèce des branchies vit en parasite aux dépens du sang de l'hôte, tandis

que l'autre, logée sous l'abdomen, joue le rôle de l'histriobdelle du homard.

Au milieu des œufs du crabe ordinaire de nos côtes (*Cancer
mœnas*) on trouve communément un némertien qui joue probablement le même rôle. Il est logé de bonne heure dans une
gaîne assez solide qui est attachée aux appendices abdomi-
naux. Nous avons pu facilement étudier les premières phases
de son évolution. Nous lui avons donné le nom de *Polia involuta*.

Ce némertien avait été observé à Messine et décrit avant
nous sous le nom de *Nemertes carcinophilos* par Kölliker et il
vient d'être figuré et décrit de nouveau par M. Mac Intosh dans
une monographie des annélides britanniques, publiée par les
soins de la Ray Society. L'esturgeon paraît loger dans ses
œufs un polype qui joue le même rôle. En effet, au congrès
des naturalistes russes à Kiew, M. Owsjannikoff a fait connaître un animal, *Accipenser ruthenus*, qui vit dans les œufs
du sterlet. Certains œufs, placés dans l'eau pendant quelques
heures, montrent à l'extérieur d'abord des tentacules, puis
toute une colonie, et chaque partie consiste en quatre individus qui ont une cavité digestive commune et ne sont pas sans
ressemblance avec une hydre fendue longitudinalement en
quatre. Chacun possède six tentacules, dont deux sont terminés
par des corpuscules transparents, peut-être des Nématocystes ; la
cavité digestive s'étend dans les bras comme chez les hydres ;
la bouche n'est pas entre les tentacules, mais au pôle opposé.
Ils ne sont pas tous logés dans les œufs, on en trouve aussi
entre les œufs, d'après les dernières observations de M. Koch.
Cet animal ne remplit-il pas dans l'œuf du sterlet le même
rôle que l'histriobdelle dans l'œuf du homard ?

Les œufs de certains insectes sont attaqués par de tout petits
Ichneumons, les Proctotrupidés ; ils les vident et s'installent
ensuite dans la coque. M. Fabre a parlé d'un ver trouvé dans
un œuf, dans son histoire des mœurs des *Meloë*.

M. Barthelemy a fait l'étude d'un ver nématode (*Ascaroïdes
limacis*) qui habite en parasite dans l'œuf de la limace grise ;

n'est-ce pas le ver ordinaire des limaces qui s'est introduit dans les œufs ?

Plusieurs animaux s'établissent sur leurs voisins, non pour les exploiter, mais pour profiter de leurs nageoires; ils ne sont pas assez bien montés pour aller vite, ils enfourchent un bon coursier, s'établissent sur son dos et ne réclament de lui que le gîte sans les vivres. Mais il est souvent fort difficile de dire où le commensalisme finit et où le mutualisme commence; les cirrhipèdes par exemple s'établissent sur un morceau de bois flottant ou sur la coque d'un navire, sur un bloc de pierre ou sur un pieu d'estacade, sur un animal immobile comme sur un bon nageur.

Il y a une quarantaine d'années, Jacobson de Copenhague écrivit un mémoire intéressant pour démontrer que les jeunes bivalves que l'on trouve dans les branchies des Anodontes à certaine époque de l'année, sont des animaux parasites pour lesquels il proposa un nom nouveau. Or ces prétendus parasites ne sont que de jeunes Anodontes, qui, à l'aide d'une amarre fort longue qui naît au pied comme un byssus, s'attachent à leur mère ou à un poisson qui va les porter au loin.

Nous voyons des mollusques acéphales adultes comme les moules et les Pinna conserver des amarres sous le nom de byssus, pendant toute leur vie. Il y a aussi parmi les Distomiens des vers qui, tout en étant hermaphrodites, s'unissent deux à deux et joignent cette particularité, que l'un s'accroît rapidement tandis que l'autre s'atrophie. Un distome d'Égypte, qui vit dans l'homme, nous offre un exemple de cette particularité ainsi que le *Brama raii* qui habite un poisson. Les caliges qui vivent sur la peau des poissons, sont amarrés dans le jeune âge à l'aide d'un byssus qui part du bord antérieur de leur carapace; ils se mettent tout jeunes sous la protection d'un voisin complaisant et se font conduire par lui.

La *Tubulaire* nouvelle, que nous avons dédiée à notre savant confrère *Dumortier*, s'implante souvent sur la carapace des crabes ordinaires et se fait voiturer comme les Echeneis: la Tubulaire observée par Gwyn Jeffreys, près de l'œil de la

Rossia papillifera, un mollusque céphalopode, appartient peut-être à la même espèce. Chaque colonie de campanulaire ou de sertulaire loge un monde de commensaux et de mutualistes ; et il y a enfin une quantité de crustacés et de polypes de toutes les dimensions, qui servent de gîte à des Infusoires de tout genre. Les uns s'établissent sur la carapace ou les nageoires pour être voiturés, les autres sur une branchie qui leur rend la vie plus facile et les dangers moins grands. Un amphipode très-répandu sur tout notre littoral, le *Gammarus Marinus*, a ordinairement ses appendices couverts de *Vaginicola cristallina*.

LIVRE III

PARASITES

Le parasite est celui qui fait profession de vivre aux dépens
de son voisin, et dont toute l'industrie consiste à l'exploiter
avec économie, sans mettre sa vie en danger. C'est un pauvre
qui a besoin de secours pour ne pas mourir sur la voie publique, mais qui pratique le précepte de ne pas tuer la poule
pour avoir les œufs. On voit qu'il se distingue essentielle-
ment du commensal qui est simplement un compagnon de
table. Le carnassier tue sa proie pour s'en repaître; le parasite
ne la tue pas, il profite au contraire de tous les avantages dont
jouit l'hôte auquel il s'impose.

La limite qui sépare le carnassier du parasite est ordinairement bien tranchée ; toutefois, la larve d'ichneumon qui
mange sa nourrice, lambeau par lambeau, tient autant du
carnassier que du parasite; il en est de même de certains animaux qui profitent du bien-être de leur amphitryon mais lui

rendent en revanche de précieux services. Ainsi ceux qui vivent du produit des sécrétions ou qui débarrassent l'économie des matériaux inutiles en échange de l'hospitalité qu'ils reçoivent, ne sont pas de vrais parasites. Ces services sont même de nature fort différente, et les soins qu'ils se rendent parfois entre eux ne sont pas sans analogie avec les soins médicaux.

Chaque animal a ses parasites propres qui viennent toujours de l'extérieur. A quelques exceptions près, c'est par la pâture ou par la boisson qu'ils s'introduisent. Pour connaître leur origine, le naturaliste doit donc avant tout étudier les aliments, c'est-à-dire la proie ou la plante qui forme le menu habituel de l'hôte qui les loge.

Cependant le carnassier ne se contente pas en général d'une seule proie : tel animal vorace dévore tout ce qui lui tombe sous la dent; tel autre, plus gourmet que gourmand, choisit avec discernement. Mais au milieu de ce repas varié, il y a toujours une espèce quelconque qui fait la base du menu habituel, et c'est cette espèce qu'il s'agit de découvrir, si l'on veut poursuivre leur filiation ou leurs métamorphoses; c'est elle qui transporte le parasite à sa nouvelle destination. La souris est destinée au chat et le lapin au chien; de même chaque herbivore est destiné à un carnassier, sinon plus grand ou plus fort, du moins plus habile. Il est d'une grande importance de discerner l'animal qui doit introduire le nouveau venu dans la place. Quand on le connaît, on n'a qu'à le charger de l'hôte étranger, qu'il doit tôt ou tard introduire chez son amphitryon accoutumé.

Pour connaître ces populations sédentaires et vagabondes, il faut, non-seulement les étudier aux diverses époques de l'année et dans toutes les conditions de leur vie accidentée, mais il faut encore les suivre, dès leur sortie de l'œuf, jusqu'à leur évolution complète en observant de près tout ce qui se rattache à la reproduction. Dans la bouse de vache, à côté des élégants *Pilobolus*, vivent des phalanges d'anguillules nées dans la panse, qui se tordent et se replient comme des serpents microscopiques et ne demandent pas le moindre secours à l'organe qui les héberge. Leur éclosion a lieu dans l'intérieur de l'estomac, tout comme elle s'effectuerait dans la prairie. Ces anguillules n'ont évidemment que l'apparence de parasites, et il se pourrait qu'elles rendissent quelque service dans l'un ou l'autre organe qu'ils parcourent. Il en est de même encore de ceux qui vivent des fèces des autres ou qui, logés dans le rectum, guettent une proie attirée par l'odeur. Ceux-là, les derniers surtout, sont plus près des commensaux que des parasites. Les animaux dépendant complétement de leur voisin, incapables de se substanter eux-mêmes, nourris exclusivement aux dépens des autres, tels sont les parasites véritables. On croit généralement que les parasites sont des êtres exceptionnels exigeant une place à part dans la hiérarchie animale et ne connaissant du monde que l'organe qui les abrite. — C'est une erreur! Il y a peu d'animaux, quelque sédentaires qu'ils soient, qui ne vagabondent à une époque quelconque de leur vie, et il n'est même pas rare d'en voir qui vivent alternativement en grands seigneurs et en mendiants. Plusieurs d'entre eux ne méritent leur inscription sur la liste des pauvres, que pendant leur enfance ou aux approches de l'âge adulte, car ils ne réclament des secours qu'à la fin de leur carrière; ils sont même fort nombreux et plus d'un change si complétement de toilette qu'il en devient méconnaissable. Trouvant, chez leur voisin, la table et le logement, il se dépouille de son attirail de pêche et de course, s'arrange de son mieux sur l'organe qu'il a choisi, et, débarrassé de son bagage de la vie de relation, il ne conserve que les organes sexuels.

Quant au rang que les parasites occupent dans l'échelle des êtres, on peut dire qu'il n'existe pas de classe de parasites, et les vers ne se distinguent sous ce rapport que par un plus grand nombre d'espèces soumises à ce régime. Toutes les classes parmi les animaux sans vertèbres renferment des parasites.

C'est aussi une erreur de croire que l'espèce entière, c'est-à-dire les jeunes comme les vieux, les mâles comme les femelles, sont toujours parasites: souvent la femelle, seule chargée des soins de la famille, ne peut suffire aux nécessités de la vie et réclame le vivre et le couvert, pendant que le mâle continue la vie nomade. Il en résulte que la femelle endosse seule l'accoutrement du pauvre et, par un développement recurrent, prend parfois des formes si singulières que le mâle ne lui ressemble plus. On ne peut pas dire que les femelles forment le beau sexe dans ce groupe, puisque souvent elles sont si monstrueuses de forme et de taille que leur physionomie n'a plus rien de commun avec un animal achevé ; leur corps se dépouille de tous ses organes extérieurs et il ne reste souvent qu'une peau sous forme d'outre sans aucun caractère propre.

Ce qui est plus étonnant encore c'est de rencontrer des mâles qui, dans les conditions que nous venons d'exposer, viennent réclamer des secours auprès de leur propre femelle, de manière que celle-ci doit pourvoir à tout et l'animal charitable qui lui vient en aide, prend toute la famille à sa charge. Les secours sont du reste fort bien organisés dans tout ce monde inférieur : on trouve des voisins qui servent de crèche pour les indigents à la sortie de l'œuf, d'autres d'hospice pour les infirmes adultes ou pour les femelles et même certains jouent le rôle d'hôtellerie pour tout le monde, ou de lieu d'asile pour quelques privilégiés. Il y a peu d'animaux, s'il en existe, qui n'aient leurs parasites propres. De tous les poissons de nos côtes, nous n'en avons trouvé qu'un seul qui n'en connût pas ; encore faudrait-il voir si ce même poisson, en d'autres parages, n'a pas ses pauvres comme tous les autres.

Ainsi il n'y a pour ainsi dire pas un animal qui soit indemne sous ce rapport, et l'homme lui-même accorde régulièrement l'hospitalité à plusieurs d'entre eux. Nous en nourrissons de notre sang et de notre chair ; il y en a qui se logent à la surface de la peau, d'autres dans l'intérieur des organes ; les uns s'établissent de préférence chez les enfants, les autres chez les adultes. Le nom seul de quelques-uns fait frémir, tandis que d'autres vivent paisiblement dans quelque crypte, sans que nous nous doutions de leur présence. — Qui ne nourrit pas quelques *Acarus*, du genre *Simonea*, dans l'aile du nez ? En somme, l'homme donne asile à quelques douzaines de parasites, et la présence des plus redoutables d'entre eux constitue, dans certains pays, un état de santé qui est envié. Les Abyssiniens ne se regardent comme bien portants que quand ils nourrissent un ou plusieurs vers solitaires. Parmi les animaux auxquels l'homme prête involontairement secours, nous pouvons citer d'abord : quatre différents Cestodes ou vers solitaires, qui vivent dans l'intestin ; trois ou quatre Distomes qui logent dans le foie, dans l'intestin ou dans le sang ; neuf ou dix Nématodes qui habitent les voies digestives ou la chair. Il y a aussi quelques jeunes Cestodes du nom de Cysticerques, d'Echinocoques, d'Hydatides ou d'Acéphalocystes, qui trouvent en lui une crèche pour les abriter pendant la vie. Ceux-là choisissent toujours des organes clos comme le globe de l'œil, les ventricules du cerveau, le cœur ou le tissu conjonctif. Nous fournissons ensuite le vivre à trois ou quatre espèces de poux, à un cimex, à une puce et à deux acarides, sans parler de certains organismes inférieurs qui grouillent dans le tartre des dents ou dans les mucosités des membranes muqueuses.

Il y a des animaux qui hébergent peu de monde, à côté d'autres qui sont toujours remplis d'un nombreux personnel; et ce ne sont pas toujours, comme nous venons de le dire, ceux qui en logent le plus qui se portent le moins bien. Nous pouvons citer à l'appui de cette assertion un poisson connu de tout le monde, le turbot, que l'on ne recherche pas moins que la bécasse, quoique l'un et l'autre aient toujours les intestins littéralement obstrués par des vers solitaires et par leurs œufs. Nous n'en avons jamais ouvert un seul, grand ou petit, maigre ou gras, qui n'eût son intestin plein de vers cestoïdes. Ils sont si nombreux qu'ils forment un bouchon que l'on dirait fait exprès pour oblitérer le passage du pylore.

Quelques auteurs citent des cas remarquables d'abondance de parasites. Nathusius parle d'une cigogne noire qui logeait vingt-quatre *Filaria lobata* dans le poumon, seize *Syngamus trachealis* dans la trachée-artère, au-delà de cent *Spiroptera alata* entre les membranes de l'estomac, plusieurs centaines de

Holostomum excavatum dans l'intestin grêle, une centaine de *Distoma ferox* dans le gros intestin, vingt-deux *Distoma hians* dans l'œsophage et un *Distoma echinatum* dans l'intestin grêle. En dépit de cette affluence de locataires, l'oiseau ne paraissait pas du tout incommodé. Krause, de Belgrade, cite un cheval de deux ans, qui contenait plus de 500 *Ascarides mégalocéphales*, 190 *Oxyures curvula*, 214 *Strongles armés*, plusieurs millions de *Strongles tétracanthes*, 69 *Tœnia perfoliata*, 287 *Filaria papillosa* et 6 *Cysticerques*. Que l'on songe à la quantité d'œufs qu'un seul ver renferme, et l'on comprendra que peu d'animaux échappent à leur envahissement. On a compté jusqu'à 60 millions d'œufs dans un seul nématode, et dans un seul ver solitaire, ou plutôt dans une colonie, jusqu'à un milliard d'œufs. Les animaux même, qui vivent en parasites, en hébergent d'autres à leur tour. On trouve des parasites sur des parasites, comme nous trouvons des commensaux sur des commensaux. Presque tous les auteurs en fournissent des exemples : les uns chez les larves d'ichneumon, les autres chez des lernéens, et nous avons plus d'une fois rencontré des nématodes chez divers crustacés, attachés encore à leur hôte.

Pour bien connaître le mobilier vivant d'un animal, surtout d'un poisson, il est nécessaire de le visiter dans son jeune âge ; les fèces sont les *Kjökkenmöddings* de l'estomac, c'est par eux que l'on doit apprécier le menu de chacun. Cette étude de la pâture présentera un jour beaucoup d'intérêt, non-seulement sous le rapport scientifique, mais aussi sous le rapport de l'industrie de la pêche.

Il y a des animaux qui s'infestent à tout âge et en toute saison ; d'autres en plus grand nombre ne s'infestent que dans le jeune âge et font, au début de la vie, leur récolte pour le restant de leurs jours. La plupart des parasites, surtout ceux des poissons, s'introduisent déjà avec la première nourriture. Dès leur éclosion, les jeunes raies, comme les jeunes turbots, sont déjà farcis des vers qui encombrent plus tard les organes digestifs. L'estomac de chacun de ces poissons est semblable à

un filtre qui laisse passer tout ce qui est pâture, mais arrête au
passage, et sans rien altérer, tout ce qui est vivant. En visi-
tant l'estomac et en observant la pâture à ses divers degrés
de digestion, on voit distinctement les vers sortir de leur loge,
se vautrant dans ce que les physiologistes appellent chyle, et
choisir ensuite, à leur convenance, le lieu et la place où ils
doivent s'épanouir complétement. Au bout de quelques jours
le poisson peut avaler une innombrable quantité de petits animaux, et si chacun d'eux introduit quelques vers, on comprend
qu'en fort peu de temps l'intestin finit par être littéralement
rempli.

Il n'y a aucun organe qui soit à l'abri de l'envahissement
des parasites, ni le cerveau, ni l'oreille, ni l'œil, ni le cœur,
ni le sang, ni le poumon, ni la moelle épinière, ni les nerfs,
ni les muscles, ni même les os. On a trouvé des cysticerques dans l'intérieur des ventricules du cerveau, du globe de
l'œil, dans le cœur et dans l'épaisseur des os, comme dans la
moelle épinière. Chaque ver a même son organe de prédilection, et s'il n'a pas la chance de l'atteindre pour s'y épanouir,
il périra plutôt que d'émigrer dans une loge qui n'est pas la
sienne. Tel ver habite les voies digestives, soit à l'entrée, soit à
la sortie ; tel autre occupe les fosses nasales, le foie ou les reins.
On peut même répartir les parasites, d'après les organes qu'ils
choisissent, en deux grandes catégories : ceux qui habitent
un hôte provisoire s'installent presque toujours dans un organe clos, dans les muscles, dans le cœur ou dans les ventricules du cerveau; ceux, au contraire, qui sont arrivés à leur
destination et qui, contrairement aux précédents, ont de la famille, occupent l'estomac avec les dépendances des voies digestives, le poumon, les fosses nasales, les reins, en un mot, tous
les organes qui sont en communication directe avec l'extérieur, afin de laisser une issue à la progéniture. La famille
n'est jamais séquestrée. Le sang même n'est pas à l'abri, mais
il n'y a guère que des animaux en migration qui s'y logent.
En Égypte, le docteur Bilharz a signalé un distome dans le

sang de l'homme *(Distoma hœmatobium)* ; depuis longtemps on connaît le strongle du cheval, qui produit de graves accidents dans les vaisseaux *(Strongylus armatus)* ; le strongle du dauphin et du marsouin *(Strongylus inflexus)*, la filaire du chien *(Filaria papillosa)* ; on en trouve également dans le sang de plusieurs oiseaux, de reptiles, de batraciens et de poissons, de manière qu'il n'y a pas une classe de vertébrés qui échappe.

Il en existe qui, tout en réclamant, comme les sangsues, des secours à leur voisin, se contentent de saisir leurs vivres au passage et ne s'attachent que momentanément à l'hôte qu'ils dépouillent ; ils conservent leurs engins de pêche ou de chasse avec leurs organes de locomotion. Ces parasites, qui ne se logent jamais sur l'hôte qui les nourrit, n'ont pas plus tôt sucé le sang ou dévoré la chair, qu'ils reprennent leur vie indépendante. Ils ne se déforment pas et n'endossent pas, comme ceux qui réclament le logement, un costume spécial. La gloutonnerie n'est pas chez eux le seul mobile de l'existence : ils n'oublient pas ce qu'ils doivent au monde et conservent une toilette qui leur permet en tout temps de s'y présenter de nouveau.

Les parasites sont répartis dans diverses régions du globe, choisissent leurs places et observent, comme tout ce qui a vie, les lois de la distribution géographique ; tous n'habitent pas le règne animal. Certains vont demander du secours au règne végétal. Plusieurs insectes déposent leurs œufs dans des graines ou des fruits, et la progéniture, au moment de l'éclosion, trouve une pâture abondante dans la sève ou dans la farine en réserve pour la jeune plante ; d'autres entrent en une sorte de léthargie pendant que la graine se dessèche et reprennent de l'activité chaque fois qu'on leur donne un peu d'humidité. La femelle d'un insecte coléoptère dépose ses œufs dans la noisette, et à mesure que celle-ci croît, la jeune larve dévore le fruit. Quand on nous la sert à table, elle ne renferme souvent plus que la peau et les déjections de la larve. Un charançon s'établit de la même manière dans les céréales, et, tout petit qu'il est, il peut produire des calamités en se multipliant dans les greniers. Il y a même des vers qui se logent dans certaines graminées et se dessèchent complétement avec l'enveloppe qui les loge, sans cesser de vivre. La vie est suspendue jusqu'au jour où la graine est convenablement ramollie dans la terre ou dans l'eau.

Nous avons vu que chaque parasite a son hôte : il faudrait un mot particulier pour le désigner. Mais cela ne veut pas dire que, s'il ne trouve pas sa demeure, il doit périr. Il peut vivre quelque temps aux dépens d'un voisin et passer pour son parasite. Des naturalistes s'y sont parfois trompés. C'est ainsi que l'on a cru au passage du Schistocéphale des Épinoches dans l'intestin de certains oiseaux qui les mangent et dans lesquels ils ne se trouvent qu'accidentellement. Les Ligules des Cyprins, trouvées dans l'intestin du cormoran ou du harle, ne sont pas, à notre avis du moins, des vers propres à ces oiseaux. Ce sont des vers étrangers qui doivent ou émigrer de nouveau, ou mourir. On a trouvé des *Acarus* vivants sur l'homme, qui étaient originaires de mammifères et d'oiseaux, causaient des prurigo et même des accidents, sans que ces parasites puissent être regardés comme propres à notre espèce. On pourrait en citer d'autres exemples. Qui ne s'est impatienté contre la puce, qui abandonne pour un instant le chien, son hôte naturel ?

Parmi ces parasites libres, certains ne s'attaquent pas à une espèce déterminée et mériteraient bien le titre de parasites cosmopolites. C'est ainsi que nous voyons l'*Ascaride lombricoïde*, si commun chez les enfants, se loger également chez le bœuf, ou le cheval, l'âne ou le cochon. Le *Distoma hepaticum*, qui est bien le parasite propre du mouton, à en juger par son abondance dans cet animal, peut s'égarer dans le foie de l'homme ou dans celui du lièvre, du lapin, de l'écureuil, du cheval, de l'âne, du cochon, du bœuf, du cerf, du chevreuil et de diverses antilopes. Il est à remarquer que tous ces animaux sont à régime végétal. En buvant l'eau qui renferme des cercaires de cette espèce, ils s'infestent de ce singulier locataire. Le grand échi-

norhynque (*E. Gigas*) a été trouvé dans le chien, le cochon,
peut-être dans les phoques, et on cite des cas où il s'est même
égaré dans l'homme. Le *Gordius aquaticus* paraît vivre et se
développer dans le corps de différentes espèces d'insectes : et
parmi les parasites articulés, on rencontre l'*Ixodes ricinus*,
appelé communément *Tique*, sur le chien, le mouton, le chevreuil et le hérisson et l'on cite des exemples de sa présence
chez l'homme. On s'est depuis longtemps convaincu, dans les
ménageries et les jardins zoologiques, que l'*Acarus* du chameau
pouvait donner la gale à l'homme.

D'après ce que nous venons de dire, il y a pour plusieurs
parasites une étude à faire, afin de déterminer l'hôte propre
de chacun d'eux, quoique parfois des parasites se trompent
de chemin et s'introduisent chez le voisin, mais ils ne peuvent
y vivre que peu de temps. On connaît des cas où des larves de
mouches ont pénétré accidentellement chez l'homme par la
bouche ou par les narines. On a vu des reptiles vivre un certain temps dans l'estomac. Un physiologiste allemand, Ber-
thold, professeur de l'Université de Gottingue, a fait le relevé
de tous ceux qui ont été trouvés dans des circonstances pareilles, et leur nombre est assez grand : il a écrit un mémoire sur
le séjour des reptiles vivants dans l'homme. A propos du séjour
des reptiles dans l'homme, ce naturaliste cite le fait d'un garçon de douze ans, qui, en 1699, après de vives douleurs, rendit
par l'anus, à la suite de divers médicaments, près de 164 cloportes, 4 scolopendres, 2 papillons vivants, 2 vers semblables
à des fourmis, 32 chenilles brunes de différentes grandeurs
et un insecte coléoptère. Ces animaux vécurent de trois à douze
jours. Ce n'est pas tout : deux mois après, le même enfant
rendit 4 grenouilles, puis quelques crapauds et 21 lézards, et
l'on vit apparaître par moments au fond de sa bouche un ser-
pent vivant ! Heureusement pour la science, on ne voit plus
aujourd'hui des faits semblables sérieusement consignés dans
les livres.

La taille des parasites est très-variable : Boerhaave fait mention d'un bothricocéphale de trois cents aunes de longueur ; à

l'Académie de Copenhague, il a été question d'un ver solitaire (*Tœnia solium*) de huit cents aunes. On a vu des strongles femelles de 2 décimètres à 1 mètre, dit Dujardin ; des *Gordius* de 270 millimètres. Nous avons signalé un ver de poisson, qui vit enroulé comme une pelote sur lui-même, et qui mesure, lorsqu'il est déroulé, plus d'un mètre de longueur. Les parasites présentent une extraordinaire variété de formes, et les différences entre les sexes pour la taille comme pour la physionomie sont plus grandes que dans aucun autre groupe d'animaux. Le mâle de l'*Uropitrus paradoxus*, de l'urubu du Brésil, a la forme ordinaire du ver arrondi et long, tandis que la femelle ressemble à une pelote sans la moindre analogie avec les autres vers de l'ordre. Les Lernéens ont également des femelles excessivement variées de taille et d'aspect, tandis que les mâles en général se ressemblent par les caractères extérieurs. Ce qui n'est pas moins singulier, c'est que des vers hermaphrodites se réunissent quelquefois par couples, que l'un des deux semble faire seulement fonction de femelle et prend seul de l'embonpoint (*Distoma Okenii, Bilhartzia*). Il arrive même que la réunion est si complète que l'espèce semble formée de deux individus accolés l'un à l'autre. Les *Diplozoon* nous en offrent un curieux exemple. Les branchies des brêmes sont communément infestées de ces derniers vers. Rien n'est plus étrange que de voir ainsi tous les individus unis deux par deux, complétement soudés, conservant chacun leur bouche et leur canal digestif et produisant des œufs qui donneront naissance à des individus isolés. On voit des mâles se fondre si complétement dans leurs femelles, même sous le rapport anatomique, qu'ils ne représentent plus qu'un fragment d'appareil. Le mâle des *Syngames* s'efface si bien que, comparé aux autres mâles de son ordre, il n'est plus qu'un testicule vivant sur la femelle.

Un organe infesté de vers doit-il, par le seul fait de leur présence, être considéré comme malade ? Nous n'hésitons pas à dire qu'aussi longtemps que ces hôtes ne causent pas de désordres, il n'y a pas d'état pathologique. L'enfant qui a des ascarides lombricoïdes dans l'estomac n'est pas un enfant malade. Les animaux à l'état sauvage ont tous et toujours leurs parasites ; ils les perdent rapidement quand ils sont en captivité. Les Abyssiniens ne se traitent pas quand ils ont le Tœnia ; au contraire, ils se portent mieux. Ne voyons-nous pas la médecine prescrire l'application de sangsues et, par conséquent, appeler à son secours l'action parasitaire de certains animaux ? Cette action, loin d'être une cause de maladie, est donc plutôt un remède, et personne ne peut prévoir tout ce que la science est en droit d'attendre de l'action salutaire de certains vers parasites sur l'économie. Il y a, si nous ne nous trompons, bien des découvertes ménagées aux observateurs, dans cet ordre d'investigations.

Mais ici, comme en toutes choses, les excès sont nuisibles. Certains organismes, en se développant outre mesure, peuvent rompre l'harmonie nécessaire entre les parasites et l'hôte qu'ils fréquentent. On a reconnu, dans ces dernières années, que plusieurs affections morbides, comme la maladie des pommes de terre et de la vigne, n'ont pour origine que le développement anormal de certains êtres microscopiques, cachés dans l'organisme. Il est reconnu qu'en Égypte, un distome se développe dans le sang, et occasionne une maladie fort grave, que n'ont guère connue les médecins. En Islande, un cestode cause la mort du tiers de la population, des vers se développent dans l'œil et peuvent faire perdre la vue, le Cœnure du mouton cause le tournis et devient mortel pour l'animal qui l'héberge, la chlorose observée en Égypte et au Brésil doit être attribuée, paraît-il, à un développement trop considérable d'un ver nématode qui vit dans l'intestin grêle et que les naturalistes connaissent sous le nom de *Dochmius duodenale*, enfin les trichines ont mis l'Europe en émoi, et la trichinose était un instant plus redoutée que le choléra. Malgré tous ces accidents, nous pensons que l'animal doté de ses parasites ordinaires, loin d'être malade se trouve dans un état physiologique normal.

A considérer ces animaux parasites en général, on croirait que la ténacité de la vie est très-faible et qu'il ne faut, chez eux, que le plus léger dérangement pour les tuer. Il n'en est

pas ainsi, au contraire. Il y en a qui se dessèchent complètement et reviennent à la vie chaque fois qu'on les mouille, et
les œufs de quelques-uns résistent aux plus violents réactifs.
On a vu des œufs conservés depuis des années dans l'alcool,
dans l'acide chromique et dans d'autres agents qui détrui-
sent partout ailleurs la vie, donner naissance à des embryons
aussitôt qu'on les a placés dans de l'eau pure ou dans la terre
humide.

Il y a quelques années, on n'avait aucune idée des transmigrations des animaux. Comme nous l'avons dit ailleurs, si, il
y a un demi-siècle, Abildgard a expérimenté sur des vers de
poissons qu'il avait fait avaler à des canards, ces expériences
n'avaient donné aucun résultat et formaient plutôt un obstacle
aux progrès ultérieurs qu'un acheminement vers la vérité. On
avait vu des vers de poisson vivre dans des oiseaux; mais ces
vers n'étaient là que comme parasites étrangers. Les ligules
vivaient quelques jours dans les harles, mais elles ne s'y main-
tenaient pas.

Notre grand initiateur au monde des parasites, C. Siebold,
était arrivé aussi à un résultat qui ne pouvait aboutir. Ayant
observé avec sa sagacité habituelle que le cysticerque de la
souris est le même ver qui vit dans le chat, il avait écrit que les
œufs de ce Tœnia s'étaient égarés dans la souris, que les jeunes
vers y étaient devenus malades, et que, dans le chat seul, ce
ver pouvait se développer sainement et complétement. C'était
une plante perdue sur un sol où elle ne pouvait vivre et encore
moins fleurir. Qu'il me soit permis de dire de quelle manière
nous sommes arrivé à la connaissance de la transmigration des
vers.

J'avais commencé l'étude des Tétrarhynques enkystés dans
le péritoine des gades en 1837. Dix ans plus tard, peu de temps
après une visite que me fit mon savant ami, M. Kölliker, je dé-
couvris que ce monde parasitaire ne menait pas une vie aussi
monotone qu'il en avait l'air. Je m'assurai par des dissections
de poissons, que les tétrarhynques, ces prétendus déshérités de
la nature, savent aussi varier leurs plaisirs ; qu'au lieu de

passer la vie entière dans une prison cellulaire, ils changent de milieu à un certain âge et passent leurs vieux jours dans des habitations plus spacieuses. J'avais vu les Tétrarhynques agames habiter des kystes du péritoine dans les gades et j'avais rencontré les mêmes Tétrarhynques complétement développés et sexués dans l'intestin spiral des poissons voraces qui sont généralement connus sous le nom de Squales ou de Requins. C'est ce qui me faisait écrire à l'Académie de Bruxelles, à la séance du 13 janvier 1849, que l'ordre des vers vésiculaires, admis par tous les helminthologistes, devait être supprimé.

On a commencé à comprendre ces vers le jour où l'on a cessé de regarder ces cysticerques comme des individus malades. Siebold avait pris la crèche pour l'hôpital, et au lieu de voir dans le cysticerque un jeune animal plein de vie et d'avenir, il le considéra comme un podagre prêt à rendre le dernier soupir.

Les poissons m'avaient mis sur la voie : j'avais suivi de près certains vers très-caractéristiques qui vivaient sous une forme simple dans certains poissons, et qui, passant avec leur hôte dans l'estomac d'un autre, achevaient dans celui-ci leur toilette et leur évolution. J'avais assisté à tous leurs changements de forme depuis le berceau jusqu'à la tombe, en les poursuivant de poissons en poissons, ou plutôt d'estomac en estomac. En effet ces parasites sont perpétuellement en voyage et changent constamment d'hôte, et en même temps de vêtements et d'allures, de sorte que souvent, au terme du voyage, ils ne conservent plus que des haillons informes pour loger leurs œufs ou leur progéniture.

Ce qui ajoute encore à la difficulté de les reconnaître, c'est que souvent les jeunes sont enveloppés d'un maillot qui leur permet de vagabonder librement ; puis d'une robe simple en rapport avec la loge qui les abrite, et en dernier lieu, d'une robe de noce qui cache les œufs et l'appareil qui les produit. La nymphe dans son état virginal n'a aucun des attributs de la maternité future. C'est dans cette catégorie que nous trouvons

les distomes si communs dans toutes les classes du règne
animal. Ce n'est pas tout; souvent, sous ces formes diverses, les
jeunes font déjà des petits, qui ne ressemblent en rien aux autres; et ne se forment même pas de la même manière. Au sortir
du maillot, ils engendrent par gemmation et sans concours
de sexes, tandis que ceux qui naissent de gemmes engendrent
par voie sexuelle. C'est ainsi que la fille ne ressemble pas à
sa mère, mais à sa grand'mère. On a désigné ce phénomène
par le nom de génération alternante et nous l'avons appelé
digenèse.

Mais tous les parasites ne ressemblent pas à ces distomes
qui changent plusieurs fois d'hôte et de costume. Nous en
trouvons que la mère dépose avec soin dans l'intérieur d'un
voisin et qui passent toute leur première jeunesse dans les viscères d'une mère étrangère. Tels sont les Ichneumons, charmants insectes ailés, qui glissent perfidement leurs œufs dans
le corps d'une chenille vivante, dont les entrailles servent à la
fois de berceau et de pâture. La jeune larve dévore successivement organe par organe, en commençant par les moins importants, et les derniers servent à la formation des derniers
instruments de l'insecte ailé ! Plus malheureux sont ceux qui
sont fixés depuis leur jeunesse et passent l'âge mûr sous les
verroux de leur hôte ; ils ne participent en aucune manière au
grand banquet de la vie. à moins de ne voir dans ce banquet
que le plaisir de la table et de l'amour. Nous trouvons aussi
quelques parasites qui occupent dans le même animal des organes différents et qui sont diversement sexués d'après le milieu qu'ils habitent. Nous en connaissons enfin qui sont hermaphrodites dans le rectum ou dans la terre humide, et dont les
petits, à sexes séparés, vivent en parasites dans les poumons.

Les parasites ne se reproduisent généralement pas dans l'a-
nimal qu'ils hantent. Ils respectent le foyer qui les héberge, et
leur progéniture ne se développe pas à côté d'eux. Les œufs
sont évacués avec les fèces et semés au loin pour de nouveaux hôtes.

VAN BENEDEN.

7

Les parasites se partagent en plusieurs catégories :

On pourrait réunir dans une première catégorie un certain nombre d'animaux qui, sans être parasites véritables, demandent un abri, et soit par misère, soit par infirmité, ont besoin de cet abri pour vivre.

Dans une seconde, on placerait ceux qui passent la nuit à la belle étoile et qui n'ont besoin pour vivre que du superflu de leur voisin ; ils sont pleins d'égards pour la peau de leur hôte et l'exploitent avec parcimonie. On en trouve aussi qui ne sauraient vivre sans secours, mais ils le payent par un service quelconque. Souvent même ils s'associent avec leur hôte et vivent avec lui sur un pied de parfaite égalité ; à côté d'eux on observe des associations dans lesquelles l'égalité n'est aucunement reconnue, où des prolétaires et même des esclaves exercent les travaux dédaignés par les grands.

Dans une dernière catégorie nous rangerons les parasites véritables, qui prennent le logement et la nourriture. Et ici encore nous trouvons trois subdivisions distinctes :

La première renferme ceux qui voyagent d'hôtel en hôtel avant d'arriver à leur destination ; aujourd'hui ils logent dans une crevette, demain dans un goujon, puis dans quelque carnassier, comme la perche ou le brochet : ce sont des parasites nomades qui ne s'arrêtent et ne songent à la vie de famille que lorsqu'ils ont trouvé l'hôte auquel ils sont destinés.

Quelquefois le parasite est conduit dans un train contraire, et, ne pouvant rebrousser chemin, il reste dans une gare sans correspondance. Il est condamné à mourir dans une salle d'attente.

Enfin nous avons la subdivision des parasites parvenus, arrivés à leur destination et ne s'occupant plus que des joies de la famille.

Nous en trouvons ainsi qui sont véritablement chez eux, et d'autres qui sont en route, tantôt sur le bon chemin, tantôt égarés et perdus sur un hôte étranger. Les premiers sont des parasites *autochthones*, les autres sont des étrangers. On peut dire que chaque espèce animale a ses parasites propres et qui peuvent vivre seulement dans des animaux qui ont plus ou moins d'affinité avec leur hôte véritable. Ainsi l'*Ascaris mystax*, l'hôte du chat domestique, vit dans différentes espèces de *Felis*, tandis que le renard, si voisin en apparence du loup et du chien, ne nourrit jamais le *Tænia serrata*, si commun dans ce dernier carnassier.

Le même hôte n'héberge pas toujours les mêmes Vers dans les diverses régions du globe qu'il habite. Ceci s'entend des parasites de l'homme ou des animaux domestiques. Ainsi le grand et large ver solitaire de l'homme, que les naturalistes appellent *Bothriocéphale*, se trouve seulement en Russie, en Pologne et en Suisse. Un petit ver solitaire, *Tænia nana*, ne s'observe qu'en Abyssinie ; l'*Anchylostome* n'est connu jusqu'à présent que dans le midi de l'Europe et le nord de l'Afrique ; le *Filaire* de Médine, à l'ouest et à l'est de l'Afrique ; le *Bilharzia*, ver si redoutable, n'a été signalé qu'en Égypte. Il y a aussi des insectes parasites qui sont redoutables pour l'homme, comme la *Chique* (*Pulex penetrans*), qui ne sont heureusement connus que dans certains pays. Quelques-uns sont cependant devenus cosmopolites, parce que l'homme les a introduits partout où il s'est installé.

Les mammifères à régime végétal ont des tænia sans couronne de crochets, et l'homme, d'après ses dents, ne devrait nourrir que le *Tænia mediocanellata*. Nous trouvons dans un travail du docteur Cauvet sur le tænia algérien, que c'est le *Tænia inerme*, c'est-à-dire sans crochets, qui est l'espèce commune en Algérie. Sur quatorze tænia qu'il a eu l'occasion d'examiner, il n'y avait pas un seul *Tænia solium*. J'ai dit depuis longtemps que cette espèce doit être moins répandue que le tænia sans crochets. Le *Tænia solium* provient du cysticerque du cochon, l'autre du cysticerque du bœuf, et le docteur Cauvet s'est assuré que ce dernier, à l'état de cysticerque, est déjà privé de sa couronne.

On trouve des genres et des espèces fossiles perdus dans toutes les classes du règne organique. En est-il de même des vers et des animaux d'autres classes qui ne sont connus qu'à l'état de parasites ? Les Ichthyosaures et les Plesiosaures avaient-ils des vers dans leur cæcum spiral comme les poissons plagiostomes, qui leur ressemblent tant par le tube digestif ? Nous n'en doutons pas, et nous aurions voulu en donner une démonstration. A cet effet, nous avons recueilli des coprolithes de ces reptiles, mais nous n'avons pas réussi jusqu'à présent à faire des coupes assez minces et assez transparentes pour découvrir les œufs ou les crochets de leurs vers cestoïdes.

Il n'y a pas longtemps, les partisans de la génération spontanée trouvaient dans la classe des vers leur principal argument pour leur vieille hypothèse, et c'est même après la publication de mon mémoire sur les vers intestinaux que la question, qui semblait oubliée, a été reprise par Pouchet. Aujourd'hui, on semble avoir abandonné les parasites qui se reproduisent, en définitive, comme tous les autres animaux, pour se rejeter sur les Infusoires, le dernier retranchement qui restait aux partisans de la génération spontanée, et d'où M. Pasteur les a scientifiquement délogés. Il est évident pour tous ceux qui mettent les faits au-dessus des hypothèses et des préjugés, que la génération spontanée, tout comme la transformation des espèces, n'existe pas, du moins à ne considérer que l'époque actuelle. Nous sortons du domaine de la science si nous allons puiser nos armes dans les époques antérieures. Un fait, pour être reçu, doit pouvoir être vérifié.

PARASITES LIBRES A TOUT AGE

Cette première catégorie de parasites comprend tous ceux qui ne sont pas sequestrés et qui vivent aux dépens des autres, sans perdre les attributs et les avantages de la vie vagabonde ; ils sont aussi libres que le vautour ou le faucon qui poursuit sa proie. Nous ne comprendrons toutefois parmi eux, ni le milan parasite, de Daudin, arrachant des mains du voyageur, le lambeau de chair qu'il prépare en plein air, ni le petit Pluvier d'Égypte, entretenant le râtelier du Crocodile ; l'un est un véritable pirate, un voleur de grand chemin ; le Pluvier, au contraire, un voisin complaisant, un serviteur qui rend de véritables services. Nous sommes plus en droit de regarder comme parasites les Vampires (Phyllostomes), ces intrépides chauves-souris de l'Amérique méridionale, qui s'abattent sur le voyageur ou les bêtes endormis, et leur tirent du sang à l'aide des papilles aiguisées de leur langue. Ces animaux sont des sangsues ailées qui donnent une saignée en passant. Nous rangeons parmi les parasites libres, la plupart des sangsues, quelques insectes et un certain nombre d'arachnides, de crustacés et d'infusoires.

Comme nous avons signalé des commensaux libres, nous avons des parasites libres, qui exploitent leur hôte avec sagesse et économie, ne lui demandent que son sang et lui rendent parfois de véritables services. Plusieurs de ces animaux, commensaux et parasites, n'ont encore qu'une place provisoire et ne seront définitivement jugés qu'après de nouvelles observations. Il n'est pas toujours aussi facile qu'on le pense, de qualifier exactement les rapports de certains animaux entre eux. Il y a plus d'une indiscrétion à commettre avant de connaître les motifs qui font agir ce monde inférieur. C'est parmi les parasites libres que se trouvent ces organismes, qu'on appelle communément vermine, et qui semblent devoir contaminer d'autant plus facilement leurs voisins, qu'ils échappent plus facilement à la vue. Pour le naturaliste, cette vermine, quoi qu'en dise le nom, n'offre pas plus de répugnance que les autres œuvres de la création, et saint Augustin ne l'excluait pas de sa pensée lorsqu'il s'écriait : *Magnus in magnis, maximus in minimis.*

Les sangsues boivent le sang de leur victime, et quand elles en sont gorgées jusqu'aux lèvres, elles se laissent choir, mettant des semaines ou des mois à faire leur sieste. Prenant leurs repas à de très-longs intervalles, il leur est inutile de rester attablées ; ce n'est pas sans raison d'ailleurs qu'elles conservent généralement leurs moyens de locomotion, pour s'en servir après leur lente digestion. Comme les annélides, elles ne changent point de forme et, comme elles ne s'attachent que temporairement à un hôte, les naturalistes n'ont pas cru devoir les placer parmi les Vers parasites ou les Helminthes. Cependant, si l'on passe des sangsues supérieures à celles qui vivent aux dépens des poissons, des crustacés et surtout des mollusques, nous voyons que le besoin du logement se développe insensiblement, et que les dernières sont, par leur forme comme par leur organisation et leur genre de vie, aussi dépendantes que la plupart des Helminthes. Ainsi nous voyons des hirudinées sur des *Mya* (mollusques acéphales), incapables de se déplacer, collées sur les parois du ventre de leur hôte, et vivant tranquillement à ses dépens. On les appelle des *Mala-cobdelles*, et elles sont si maltraitées par la nature que l'on a dû se livrer à des investigations minutieuses pour reconnaître leur parenté.

Les sangsues les plus connues sont celles qui attaquent l'homme et les mammifères, mais on en trouve sur d'autres vertébrés et particulièrement sur les poissons. Leur organisation est toujours en rapport avec le degré d'élévation de l'hôte qu'elles exploitent, c'est-à-dire, que plus leur hôte est simple, plus leur organisation est inférieure. Le mollusque héberge ainsi des hirudinées bien moins élevées que le poisson et surtout le mammifère.

Les vampires se servent des papilles de la langue et des dents qui agissent comme autant de lancettes; les sangsues appliquent leurs lèvres dentelées, scient l'épiderme et, la bouche appliquée sur un réseau capillaire, sucent, puis tombent ivres de sang.

Nous représentons ici les différentes formes qu'affecte successivement la peau après la morsure d'une sangsue (fig. 4).

La figure 5 (1 et 2) représente les mâchoires : 1, les mâchoires en place; 2, une mâchoire isolée pour montrer son bord libre qui est découpé comme une scie.

La figure 6 montre une sangsue avec la coupe de son tube digestif; les lettres *d, d,* indiquent les diverses cavités de l'estomac qui se remplissent successivement. On voit en avant la ventouse antérieure avec la bouche, en arrière la ventouse postérieure avec l'anus. Sur le côté des estomacs on aperçoit les traces des glandes de la peau.

On trouve une très-grande variété dans le genre de vie de ces hirudinées, et, si on en rencontre parfois de sobres et de délicats, la plupart sont d'une voracité dont on se fait difficilement une idée. On connaît une sangsue au Sénégal, qui tire une quantité de sang égale au poids de son corps. Il y a des hirudinées qui dévorent des Lombrics entiers. Heureusement, les grandes espèces ne sont pas les plus voraces; on pourrait se trouver peu à l'aise devant des sangsues pareilles à celle que

Blainville a décrite sous le nom de *Pontobdella lœvis* et qui n'ont pas moins d'un pied et demi de longueur. On croit généralement que toutes les sangsues sont aquatiques : c'est une er-

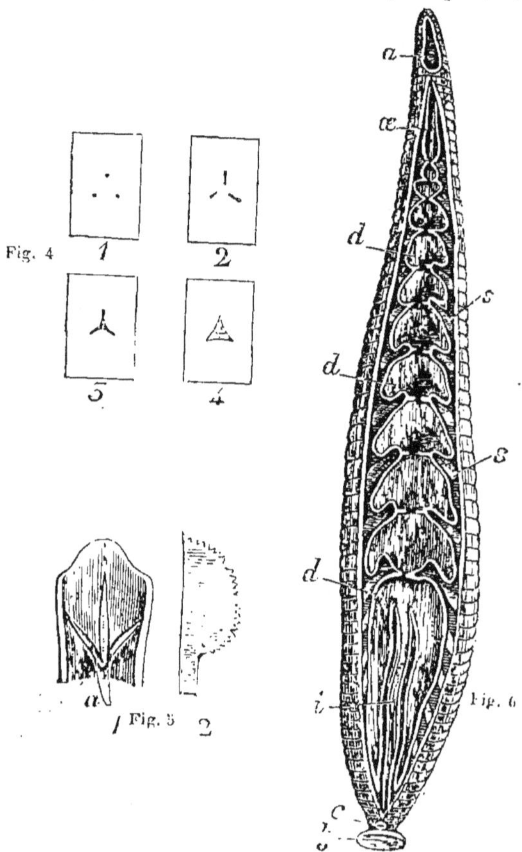

Fig. 4. — Différentes formes de la piqûre d'une sangsue.
Fig. 5. — 1, ventouse ouverte, *a* mâchoires ; 2, une des mâchoires grossie.
Fig. 6. — Sangsue ouverte : *a*, ventouse antérieure, *b*, ventouse postérieure, *c*, anus, *d*, estomacs, *œ*, œsophage, *i*, intestin, *s*, glandes de la peau.

reur. Dans les régions chaudes de l'ancien et du nouveau monde, vivent, au milieu des broussailles, des sangsues qui attaquent le voyageur, aussi bien que le cheval qui le porte et les sucent très-souvent l'un comme l'autre, sans qu'ils s'en doutent.

Hoffmeister fait le récit suivant au sujet de petites sangsues de l'île de Ceylan : Il s'était amusé un soir à recueillir des insectes phosphorescents qui voltigeaient autour de lui en quantité considérable ; en entrant ensuite dans une chambre éclairée, il s'aperçut qu'il y avait des stries de sang sur ses jambes, depuis le haut jusqu'en bas. C'était l'effet de la morsure des sangsues. Ces bêtes me firent, dit-il, une pénible impression dont le souvenir fut plus tard horrible. Cette même sangsue, qui porte le nom de *Hirudo tagalla* ou *Ceylanica*, vit dans les broussailles et dans les bois aux îles Philippines. Là aussi, elle attaque les chevaux aussi bien que l'homme. On a signalé également sa présence sur la chaîne de l'Himalaya, à 11,000 pieds au-dessus du niveau de la mer. Le Japon et le Chili possèdent aussi des sangsues terrestres. La *Cylicobdella lombricoïdes* est une sangsue aveugle qui a été trouvée au Brésil, dans la terre humide, par Fr. Muller.

Les sangsues aquatiques sont toutefois plus connues, et, à part quelques exceptions, les accidents qu'elles produisent sont peu à redouter. En Algérie, il n'est pas rare, disent les médecins militaires, de voir des soldats avaler, en buvant de l'eau de source, de petites sangsues, qui peuvent causer des accidents. Nous trouvons, dans des rapports officiels, que les soldats français eurent souvent à souffrir, pendant les campagnes d'Égypte et d'Algérie, d'une sangsue aquatique (*Hœmopis vorax*), qui envahit la bouche ou les fosses nasales, et ne respecte pas plus l'homme que les chevaux, les chameaux et les bœufs. La sangsue découverte par le Dr Guyon sous les paupières et dans les fosses nasales du Héron crabier à la Martinique, est probablement un monostome et non une hirudinée. On a signalé aussi des hirudinées sur les Reptiles et les Batraciens. M. Baird en a fait connaître une qui vit sur les Tortues marines sous le nom de *Eubranchella.* (*E. Branchiata.*) Say en a vu également une sur un Chélonien et d'autres sur des Tritons et des Grenouilles. Mais c'est surtout sur les poissons que ces vers sont communs, et on ne peut refuser la qualification de vrais parasites à la plupart d'entre eux.

Nous en avons décrit toute une série qui hantent les poissons marins, surtout le bar, le loup de mer, le flétan, la barbue et différents gades. A. E. Verrilz a publié l'année dernière la description de plusieurs espèces d'Hirudinées américaines, parmi lesquelles nous en voyons deux qui habitent un poisson (*Fundulus pisculentus*) du West-River, près New-Haven. On trouve aussi une grande et belle espèce sur les Raies, et que l'on connaît sous le nom de Pontobdelle. Un naturaliste fort habile, M. Vaillant, en a fait dernièrement l'objet de ses études. M. Baird a fait connaître, en 1869, quatre nouvelles Pontobdelles, une de la côte d'Afrique, deux du détroit de Magellan et une d'Australie, provenant d'un Rhinobate. Mais les plus intéressants, sous tous les rapports, sont les *Branchellions* qui hantent les poissons électriques connus sous le nom de *Torpilles* et qui ne craignent pas de choisir une batterie électrique pour séjour. Ces branchellions s'attachent toujours, paraît-il, à la face inférieure du corps, et non aux branchies, comme on l'a cru, et ils se distinguent de tous leurs congénères, par des houppes de filaments, le long des flancs, que l'on a comparés à des branchies lymphatiques. Plusieurs naturalistes distingués ont jugé ces curieux vers dignes de leur attention, et en ont fait l'objet d'observations intéressantes. Un des plus beaux mémoires sur ce sujet est celui de M. A. de Quatrefages. Ce que nous pouvons signaler ici sur leur genre de vie, c'est que ni Leydig ni de Quatrefages n'ont trouvé de globules de sang dans leur cavité digestive. Les branchellions se nourrissent de produits muqueux de la sécrétion de la peau et, au lieu de parasites, nous nous trouvons en présence de vers payant largement la place qu'ils occupent chez leur hôte, en entretenant la propreté de sa peau. Ils doivent être rangés plutôt parmi les animaux qui rendent des services, c'est-à-dire, parmi les mutualistes.

Dans les eaux douces d'Europe, une petite hirudinée charmante de forme et de couleurs, se fixe sur les Carpes, les Tanches et d'autres Cyprinoïdes; c'est la *Piscicole géomètre*, qui vit également sur le *Silurus glanis*. On la trouve parfois en si grand nombre, qu'elle forme autour des branchies, une espèce de moisissure vivante, qui finit par faire périr le poisson. Il y a différentes sangsues qui hantent des animaux sans vertèbres : Rang a fait mention d'une petite hirudinée du Sénégal, vivant en parasite dans l'appareil respiratoire d'une Anodonte; Gay a découvert au Chili une hirudinée dans la poche pulmonaire d'une Auricule, et une autre sur les branchies d'une Écrevisse (*Branchiobdella Chilensis*). M. Blanchard a mentionné une Malacobdelle dans les branchies de la *Venus exoleta*; et l'on sait, depuis le siècle dernier, que la *Mya truncata* de nos côtes loge également une Malacobdelle toujours couchée sur le pied de l'animal. C'est l'hirudinée dont nous avons parlé plus haut, et qui fait la transition aux *Trématodes*.

A côté des Hirudinées on trouve des vers de fort petite taille, transparents, hérissés de lames et de piquants de toutes les formes et qui sont excessivement répandus partout dans l'eau douce. On les a désignés sous le nom de *Naïs*. Leur transparence est si complète que l'on peut voir fonctionner tous leurs organes à travers l'épaisseur de la peau. — Ils ont été l'objet de plusieurs travaux remarquables.

Ils vivent librement entre les feuilles de Lemna ou d'autres plantes aquatiques; mais il y a une espèce, moins bien partagée que les autres, qui réclame le secours des Limnées et vit à leurs dépens. — C'est à cause de cette espèce, dont on a fait le genre *Chœtogaster*, que nous les citons ici. Leurs longues soies sont de véritables hallebardes qu'ils dirigent avec une rare habileté pendant l'attaque comme pendant la défense.

Parmi les parasites libres se trouvent plusieurs animaux articulés fort importants, que le naturaliste, pas plus que le médecin, n'est en droit de négliger. Quelques-uns pullulent avec une rapidité effrayante sur la peau qui les héberge et leur nom seul suffit à inspirer du dégoût, sinon de l'horreur; d'autres vivent comme les sangsues aux dépens de divers animaux, sans cependant les habiter. Il y en a même plusieurs qui ont

suivi leur hôte partout et que l'on redoute non sans raison.
— De ce nombre sont les Cousins, les Puces, les Poux, les
Punaises et un grand nombre d'autres, parmi lesquels nous
ne devons oublier ni les Acarides, ni ces singuliers parasites
des Chauves-Souris, qui ne ressemblent pas mal à des araignées nageant au milieu des poils. Il y aurait des volumes à
écrire sur l'organisation et les mœurs de ces parasites; pour
le naturaliste, cette engeance n'inspire pas plus de dégoût que
le ver de terre de nos plates-bandes, ou les Salamandres des
endroits marécageux. Chacun remplit son rôle selon sa conformation, et le plus abject en apparence n'est pas toujours le
moins utile.

Nous choisirons au milieu de ces parasites quelques diptères
parmi lesquels il y a plusieurs buveurs de sang. Ceux que
l'on appelle communément mouches se divisent en deux
groupes sous le nom de *Nemoceres* et de *Brachycères*; plusieurs ne vivent que de sang et sont plus redoutables que le lion
et le tigre: il y a plus d'une contrée où l'homme tient tête
à ces redoutables carnassiers, mais
où il est complétement impuissant
et sans armes contre ces insectes.
C'est dans les *némocères* que se
trouvent les cousins (*Culex pipiens*)
ces brillants enfants de l'air, à
pattes grêles et déliées, à ailes mem-
braneuses et délicates, dont la tête

Fig. 7. — Cousin, antenne.

porte des antennes plumeuses d'une rare élégance. Ils sont
connus dans l'ancien comme dans le nouveau monde et, dans
les pays méridionaux, on est obligé de se garantir contre leur
atteinte nocturne par des moustiquaires. Aux Antilles ils portent le nom de *maringouins* et dans les pays chauds on ne
les connaît guère que sous le nom de *moustiques*. Ils sont
encore désignés sous les noms de *Gnats*, *Midges*, *Black-flies*,
Mosquitos, *Zanzare*, etc. d'après les localités; mais, comme
on le pense bien, ces noms ne désignent pas toujours le
même insecte. Les moustiques des colonies françaises sont

souvent des *Similies*. A Madagascar et à l'Ile de France vit le cousin *Bigaye*.

Dans le détroit de Davis, au soixante-douzième degré, le docteur Bessels, à bord du *Polaris*, fut obligé d'interrompre ses observations à cause de ces insectes. On en a vu en grand nombre jusqu'au quatre-vingt et unième degré. Indépendamment des cousins on trouvait, à cette même latitude, des *Chironomus*, des *Corethra* et des *Trichocera*. Comme le docteur Bessels a pu sauver du *Polaris* quelques petites collections d'insectes, on saura bientôt le nom des espèces qui vivent à ces hautes latitudes. On prétend que les Esquimaux, les Lapons, s'enduisent la peau d'une couche de graisse, autant pour se soustraire à la piqûre des cousins que pour atténuer l'effet du froid.

« Le cousin est un fléau depuis juin jusqu'aux premières gelées, dit M. Thoulet, en parlant de son séjour parmi les *Chippeways*. Il rend le pays inhabitable, et l'on est tellement épuisé par ce supplice, qui ne cesse ni jour ni nuit, et par la perte de sang, suite de leurs piqûres, qu'on arrive à accomplir sa tâche quotidienne par habitude; on ne peut plus ni parler ni penser. Quand les moustiques disparaissent, les Black-flies arrivent; le moustique pompe une goutte de sang et s'envole; la mouche noire mord et taille une blessure qui saigne. »

De Saussure a signalé des rapports curieux qui existent au Mexique entre un oiseau, un mammifère et un insecte. Les taureaux s'enfoncent dans le limon, dit ce savant voyageur, pour se soustraire aux attaques des cousins, ne laissant à l'air que le bout des naseaux sur lequel s'établit un charmant oiseau, le Commandeur; dans cette position le Commandeur guette au passage le *Maringouin* assez hardi pour fondre dans les narines du ruminant.

Les cousins sont parasites au même titre que les sangsues, puisqu'ils sucent comme elles le sang et se nourrissent aux dépens des autres. Il y a toutefois cette différence que les femelles seules sont avides de sang; à son défaut, elles

vivent comme les mâles du suc des fleurs. Une autre différence, c'est que ces insectes sont complétement innocents
jusqu'à ce qu'ils aient des ailes, et, s'ils vivent pendant assez

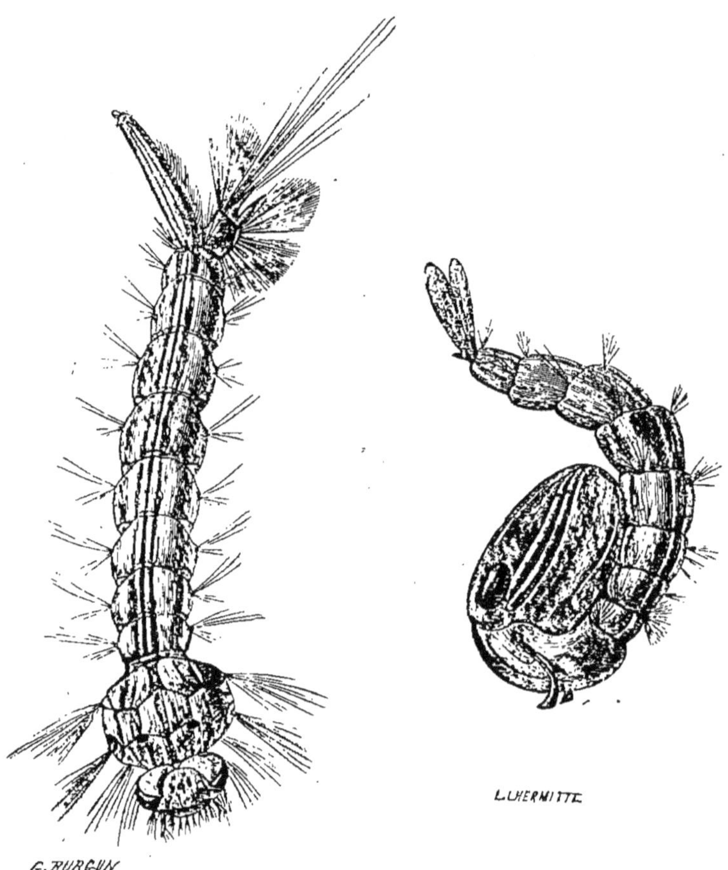

Fig. 8. — Cousin (*Culex, pipiens*), larve et nymphe. (Blanchard.)

longtemps, sous leur première forme, dans la terre humide
ou dans l'eau, la durée de la vie comme insectes parfaits est
de courte durée. Nous n'avons à nous inquiéter ni de ces
larves mobiles qui pullulent dans les eaux stagnantes ni de
ces chrysalides qui flottent immobiles dans leur sépulcre

naturel. Nous reproduisons ci-dessus la figure d'une larve de cousin. Les femelles seules percent la peau à l'aide d'une tarière dentelée au bout, sucent le sang et, avant de s'envoler, distillent un liquide vénéneux au fond de la plaie. Cette morsure paraît avoir un effet anesthésique qui se fait sentir seulement quelque temps après. — La petite région mordue paraît chloroformée.

Ces parasites paient par une méchanceté le secours qu'ils ont exigé.

A côté des cousins, qui appartiennent à la famille des *Culicidés*, se trouvent encore des *Ceratopogon* et surtout le *Simulium molestum*, connu dans l'Amérique du Nord sous le nom de *black-flies*, *the tormenting black-flies of this country*, disent les Américains. Certains Némocères, connus sous le nom de *Rhagio*, font également fuir l'homme et les animaux; ils sont fort petits, s'introduisent dans les narines et aveuglent en s'introduisant dans les yeux des animaux. A côté de ces insectes nuisibles, nous en trouverons de dangereux pour la vie des animaux et qui sont un fléau véritable dans certains pays. — Les nombreux voyageurs qui explorent l'intérieur de l'Afrique, nous ont presque tous parlé d'une mouche qui s'attaque aux bêtes de somme et les fait périr en quelques heures de temps; c'est le Tsetsé, *Glossina morsitans*. Plus d'une expédition a manqué par la présence de ce diptère. C'est lui qui obligea Green d'abandonner son plan de gagner Libédé en lui faisant perdre successivement toutes ses bêtes de somme et de trait. C'est surtout le cheval, le bœuf et le chien que cette terrible mouche attaque entre le 22° et le 28° longitude et du 18° au 24° de latitude sud. Elle ne produit heureusement pas d'effet sur l'homme. Il y a une autre mouche au Mexique qui n'est pas sans danger pour l'homme; elle est connue sous le nom de *Musca hominivora*, ou mieux Lucilie hominivore. Vercammer, médecin militaire de l'armée belge, rapporte qu'un soldat a eu au Mexique la glotte enlevée, les piliers déchiquetés et le voile du palais échancré comme si un emporte-pièce avait été placé sur ces organes. Ce soldat avait craché plus de deux cents larves de cette mouche. Nous donnons ci-jointe la figure de la larve et de la mouche. Il avait trouvé cet homme malade dans le Michoacan, à 1,866 mètres d'altitude, entre Mexico et Morelia.

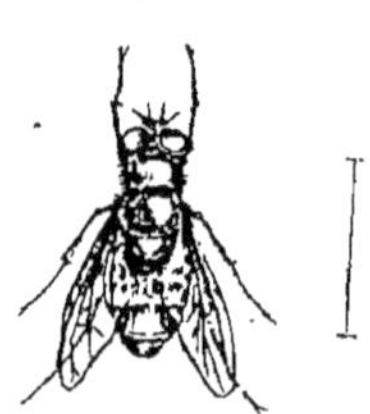 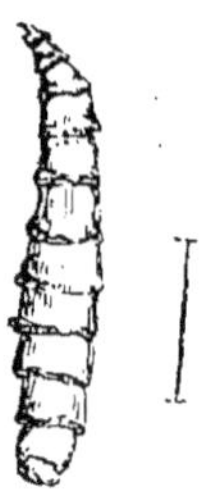

Fig. 9. — Lucilie hominivore.   Fig. 10. — Lucilie hominivore, larve.

Mon gendre le docteur Vanlair m'indique l'acide citrique ou le jus de citron comme un moyen efficace de détruire ces insectes. On en fait des injections dans les fosses nasales.

Au Brésil, dans la province de Minas Geraes, on donne le nom de *Berne* à une mouche qui attaque l'homme et le bœuf depuis le mois de novembre jusqu'au mois de février. — Elle dépose, sans qu'on s'en aperçoive, ses œufs dans les lombes, les bras, les jambes ou même le scrotum, et sa présence détermine bientôt de la rougeur, puis une démangeaison et du gonflement avec apparition de pus.

Parmi ces insectes buveurs de sang, il s'en trouve un qui est connu de tout le monde, c'est le Taon, *Tabanus bovinus*. — Heureusement il ne s'attaque guère qu'aux bœufs et aux chevaux. Nous reproduisons ici la figure de l'insecte, les pièces de la bouche et une antenne.

C'est dans ce même ordre de diptères que se trouvent les mouches ordinaires, parmi lesquelles on distingue facilement les trois espèces que nous représentons ici et qui diffèrent autant par leurs caractères extérieurs que par leur genre de vie.

Une autre mouche s'attaque également aux bœufs et aux chevaux, quelquefois même à l'homme, l'Asile crabroniforme, dont les blessures font parfois jaillir le sang. Les martinets,

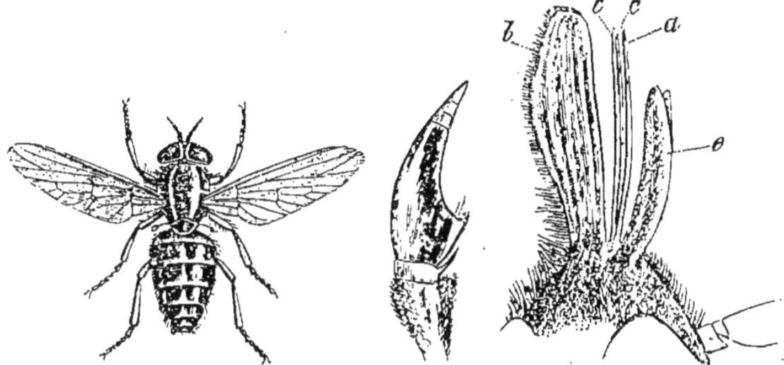

Fig. 11. — Taon des bœufs.   Fig. 12. — Antenne du taon des bœufs.

ces oiseaux crépusculaires, qui volent par bandes au-dessus

Fig. 13. — Mouche bleue.

des maisons, en décrivant des cercles et poussant des cris aigus,

Fig. 14. — Mouche carnassière.

Fig. 15. — Mouche domestique.

logent habituellement une nombreuse vermine parmi laquelle

on reconnaît une mouche assez grande qui a tout l'air d'une araignée, c'est l'*Ornithomya hirundinis*. Elle circule entre les plumes avec une désinvolture rare et n'est pas confinée sur le même oiseau ; elle quitte son hôte pour s'établir sur un autre et se jette quelquefois sur l'homme pour sucer son sang. Il y a quelques années, ces insectes avaient pénétré au milieu de la nuit par les fenêtres ouvertes, dans une salle de l'hôpital militaire de Louvain, et le matin la peau de plusieurs malades et surtout les draps de lits, étaient couverts de taches de sang. Le médecin m'envoya quelques-uns de ces insectes, ne sachant trop d'où ils venaient ni s'ils étaient cause des accidents qui étaient survenus. Pendant la nuit, ces ornithomyes avaient quitté leurs hôtes pour s'abattre sur les soldats.

Il y a un de ces insectes, le Syrphe ceinturé, *Syrphus balteatus*, qui à l'état de larve saisit les pucerons du rosier et les suce avec une rare avidité. Mais cela n'est pas plus précisément du parasitisme, que ces plaies de blessés qui se couvrent de larves, comme on en a vu de tristes exemples pendant la guerre de Crimée. Ce sont des mouches qui déposent leurs œufs dans le pus, comme elles le font dans toute substance animale en décomposition. On dit même que ces insectes, trompés par l'odeur des fleurs de l'Arum, vont déposer leurs œufs sur le pistil de ces fleurs. On a donné le nom de *Myasis* à la présence de ces larves dans une plaie.

Tout le monde sait que les chauves-souris sont souvent littéralement couvertes de vermine. Parmi les divers parasites qui hantent ces petits mammifères, se trouve, outre les Acarides, un *Pteroptus* d'une agilité extrême, qui a l'air de nager entre les poils et offre l'aspect d'une petite araignée ou d'un crabe microscopique. Il y a peu de chauves-souris sur lesquelles on n'en trouve quelques-uns, et nous en avons vu quelquefois en telle abondance, qu'on n'aurait pu atteindre un poil sans en toucher. Cette espèce commune a été appelée *Pteroptus vespertilionis*. Elle est constamment en mouvement et se glisse entre les poils comme une taupe dans un terrain sablonneux.

A côté de ces Pteroptus, vit un parasite d'une taille de géant, qui se faufile entre les poils avec une dextérité non moins grande et porte le nom de *Nyctéribie*. Cet insecte a de longues pattes comme une araignée et plonge profondément dans la fourrure. Les Nyctéribies ne sont connues que sur les chauves-souris. Elles sont souvent associées sur ces animaux à des puces et à des Acarides. M. Westwood a fait leur monographie. Tout récemment, notre confrère, M. Plateau, en a fait connaître une espèce nouvelle dans les bulletins de l'Académie de Belgique.

Parmi les insectes que l'homme redoute avec beaucoup de raison et qui le poursuivent partout, se trouve un Hémiptère connu de tout le monde sous le nom de Punaise, *Cimex lectularia*. On prétend qu'avant l'incendie de Londres, en 1666, cet insecte était inconnu dans la capitale de la Grande-Bretagne. D'après quelques entomologistes, il a été introduit en Europe avec des bois venus d'Amérique. Il suffit de faire mention ici des *cimex;* leurs congénères sont généralement parasites de plantes et vivent de sève.

Fig. 16. — Punaise des lits.

C'est à ce même ordre d'insectes qu'appartient le singulier hémiptère de nos étangs, connu sous le nom de *Notonectes*. Il a des pattes pour nager et d'autres pattes pour courir et il nage avec rapidité le ventre en l'air. C'est un voisin dangereux pour tout ce qui a vie. Toujours avide de sang, il attaque les grands comme les petits, et suce le sang de sa victime jusqu'à la dernière goutte ; il faut le surveiller de près quand on le met dans un aquarium.

Les poux dont nous allons dire quelques mots et qui sont aussi des parasites libres se rattachent à une autre catégorie d'insectes. Leur bouche est formée d'un suçoir en gaîne non articulée, armée à son sommet de crochets rétractiles, dont l'intérieur porte quatre soies. Ils ont les pieds grimpeurs, terminés par une pince avec laquelle ils saisissent les poils des animaux sur lesquels ils vivent; leurs œufs sont connus sous le nom de *lentes*. Nous représentons fig. 17, 18, 19 l'insecte complet, la tête, le suçoir et une patte plus fortement grossie.

Les poux éclosent au bout de cinq à six jours, et se reproduisent au bout de dix-huit jours. Leeuwenhoek a calculé que deux femelles peuvent devenir grand'mères de 10,000 poux en huit semaines de temps. Ils sont tous parasites de mammifères, et trois espèces vivent aux dépens de l'homme, le pou de la tête dont Swammerdam a donné une description détaillée dans son ouvrage intitulé *Biblia naturæ*. Le pou du corps vit sur le corps des gens malpropres, et forme une espèce distincte; enfin, la troisième espèce est le pou des malades, qui occasionne la maladie dite pédiculaire ou *Phtiriasis*. Anciennement ces insectes étaient beaucoup plus répandus qu'ils ne le sont aujourd'hui. En 1825, le docteur Sichel en a publié une monographie, et en 1871 a paru dans la *Gazette médicale* un long article sur l'histoire de la *Phtiriasis*.

Fig. 17. — Pou de la tête.

On cite de grands personnages qui auraient succombé à leur invasion, mais ces observations datent d'une époque où l'on croyait à leur formation de toutes pièces. Il est en effet difficile d'admettre que l'on ait jamais vu, comme on l'a dit sérieusement, sortir les poux du corps de l'homme, comme une source qui sort de terre. Un médecin du xvie siècle, Amatus Lusitanus parle d'un grand seigneur portugais tellement couvert de poux, que deux de ses serviteurs n'étaient occupés qu'à les recueillir pour les porter à la mer. Andrew Murray a écrit un mémoire sur les poux des différentes races humaines.

On avait proposé le nom d'Helminthiase pour la maladie des vers en général, et d'Helminthiase téniacée ou lombricoïdienne, d'après l'espèce qui avait fait son apparition. Ces parasites étaient censés s'être formés spontanément, et leur présence constituait un état pathologique, deux erreurs qui ont été reconnues dans ces derniers temps et dont la médecine fait son profit.

Le *Phtirius du pubis* est une autre espèce qui n'a été signalée que sur la race blanche et s'attache surtout aux poils des organes sexuels. Leur corps est plus large et plus court que celui des autres espèces. M. Grimm a publié dans les

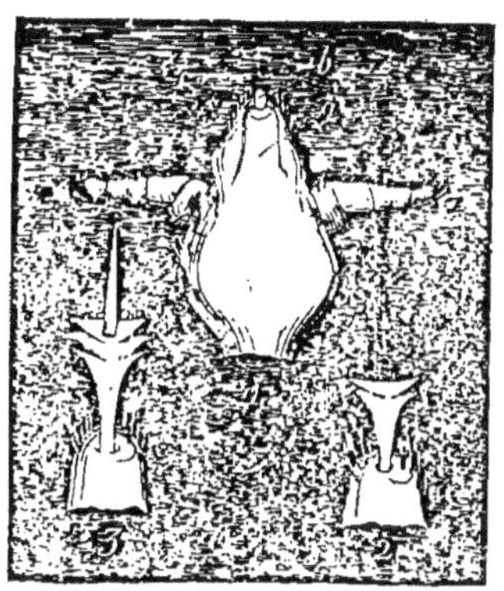

Fig. 8. — Pou de la tête; 2, 3, suçoir.

Fig. 19. — Pou de la tête, patte.

Bulletins de l'Académie de Saint-Pétersbourg, un travail intéressant sur l'embryogénie de cet insecte, et plus récemment, M. L. Landois, de Greifswald, en a fait une étude complète.

Nous allons nous occuper maintenant d'insectes parasites dont le nom est ordinairement associé au précédent ; ils sont bien connus de tous et attaquent avec non moins d'acharnement l'homme et les mammifères : nous voulons parler des Puces, qui diffèrent des Cousins en ce que le mâle est tout aussi avide de sang que la femelle, et que l'un comme l'autre se bornent, comme la sangsue, à le boire ; en outre, les larves des puces ne vivent que de ce que les adultes leur apportent, tandis que les larves des cousins vivent de leur industrie : la puce mère suce pour elle d'abord, puis partage avec ses larves sans pattes. Pendant fort longtemps on a pensé que les puces des divers animaux appartenaient à une seule et même espèce et que par conséquent la puce de l'homme ne différait en rien de la puce du chien ou du chat. Daniel Scholten, d'Amsterdam, a fait connaître dès 1815, par des observations microscopiques, les différences que présentent ces parasites entre eux, et c'est en 1832 que Dugès, de Montpellier, s'est occupé de la distinction de ces espèces. Nous trouvons les observations de Scholten dans les *Matériaux pour une faune de la Néerlande*, par R. T. Maitland.

La puce ordinaire est appelée *Puce irritante*, et attaque particulièrement l'homme en Europe et dans le nord de l'Afrique; c'est pour ainsi dire une mouche sans ailes; elle forme avec ses congénères une famille distincte sous le nom de *Pulicidés*. Van Helmont a parlé de ces insectes, et a publié une recette pour en composer, tout comme s'il s'agissait de préparer une pommade. A cette époque, les naturalistes croyaient que certains poissons pouvaient encore se former, de toutes pièces, et qu'il suffisait d'une fermentation, pour faire sortir un monde vivant de cette désagrégation moléculaire. Les puces auront peut-être un jour une place dans l'officine des pharmaciens à côté des sangsues; nous ne voyons pas pourquoi l'on ne ferait pas de saignées homœopathiques, puisqu'on a des médicaments homœopathiques ; nous aurions certainement plus de confiance dans les effets de morsures de puces que dans l'efficacité de remèdes divisés par millionièmes.

Les puces diffèrent beaucoup sous le rapport de la taille, d'après les endroits qu'elles habitent. Dugès, de Montpellier, nous en a cité un exemple curieux. Il s'est livré à des recherches sur les caractères zoologiques du genre, en faisant une étude des quatre espèces les plus connues, *Pulex irritans* de l'homme, *Pulex canis*, du chien, *Pulex muscule* de la souris et *Pulex vespertilionis*, de la chauve-souris. On rencontre communément sur la plage sablonneuse de la Méditerranée, du moins au voisinage de Cette et de Montpellier,

des puces d'un brun presque noir et d'une énorme grosseur ;
la mouche commune n'a pas le double de leur taille. Ce sont
des puces humaines, et leur présence à la plage pendant les
chaleurs de l'été n'est due qu'au grand nombre de baigneurs et
de baigneuses de toute classe qui y déposent leurs vêtements.
Si un jour ces insectes étaient placés au rang des espèces offici-
nales, il faudrait choisir ces plages, et il est à supposer, qu'en
les croisant avec intelligence, on parviendrait bientôt à créer
des races qui pourraient rendre de véritables services ; mais jusqu'à présent la thérapeutique n'a tiré parti que des sangsues.
Depuis que nous avons vu ces insectes attelés et faisant des
exercices en public, on ne peut pas dire que l'avenir ne nous

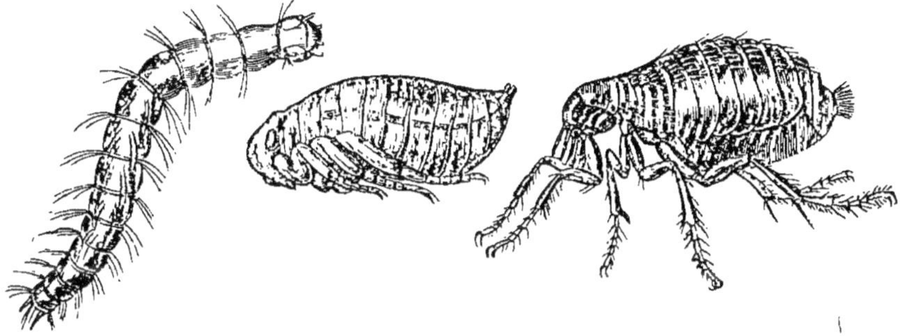

Fig. 20. — Puce de l'homme. *Pulex irritans*, d'après Blanchard.

réserve pas quelque surprise. Personne de nous n'a oublié cette
exhibition de puces savantes faite par une demoiselle, qui avait
eu la patience de les dresser. Walckenaer les a vues à Paris et les
a examinées avec ses yeux d'entomologiste ; il raconte que trente
puces faisaient l'exercice pendant des soirées pour lesquelles on
payait la somme de 60 centimes ; que ces puces se tenaient de-
bout sur leurs pattes de derrière, armées d'une pique qui était
un petit éclat de bois très-mince ; quelques-unes traînaient
une berline d'or, d'autres un canon sur son affût, et toutes
étaient attachées avec une chaîne d'or par leurs cuisses de derrière. Il est fort curieux de voir Leeuwenhoek écrire, il y a
deux siècles, l'histoire de la puce avec des détails que l'on

saurait à peine surpasser. Il a observé toute leur anatomie, telle qu'on pouvait la faire avec des instruments de son époque (1694), et ses descriptions sont accompagnées de fort bonnes figures ; il les a vues s'accoupler, pondre des œufs, et a suivi leur développement.

Les plus belles puces pour leur taille comme pour leurs formes habitent les chauves-souris. On trouve souvent des puces sur les chevaux. En 1871, un colonel de cavalerie, à son retour de la frontière, me fit parvenir de ces insectes, avec prière de les examiner. Il ajoutait que les chevaux de son régiment étaient littéralement mangés par eux. C'était l'*Hematopinus tenuirostris*. Il y en a une espèce particulière sur les singes, que M. Paul Gervais a fait connaître sous le nom générique de *Pedicinus*.

Au commencement du siècle dernier, un médecin a attribué la cause de la plupart des maladies à des insectes microscopiques, et donné la figure de 90 espèces qui sont supposées produire, les unes la rougeole, les autres le rhumatisme et la goutte, la jaunisse et le panaris. Presque toutes ces figures représentent des êtres fantastiques. Dans ces derniers temps, cette doctrine a reparu, et combien n'a-t-on pas vu de personnes fumer du camphre pour se préserver de l'invasion des animalcules. Je ne parle pas des appareils que l'on a préconisés, pour ne respirer que de l'air tamisé et dépouillé de ses germes vivants.

Il y a des articulés à quatre paires de pattes, des araignées microscopiques qui doivent prendre rang ici ; ce sont les nombreux Acarus qui hantent en parasites divers animaux. Parmi eux, les uns vivent librement à la surface de la peau, les autres dans des galeries sous-épidermiques, et plusieurs passent sans changer de forme ou de genre de vie d'un animal à l'autre. Le nombre en est considérable ; aucune classe du règne animal ne leur échappe, pas plus les animaux aquatiques que les animaux terrestres, pas plus les vertébrés que les invertébrés. Ces parasites appartiennent pour la plupart à la même famille et causent par leur présence une maladie que l'on a longtemps regardée comme spéciale à la peau. Un naturaliste anglais, M. Georges Johnston, a fait une étude par-ticulière des acarides parasites et libres du Berwickshire. M. Ehlers a écrit sur les Acarides des oiseaux un travail fort intéressant accompa-gné de belles figures, dans les Ar-chives de Troschel. Il y a plus d'une espèce qui vit aux dépens de l'homme, et une d'elles produit une maladie connue dans tous les pays et de tout temps sous le nom de gale. Jusqu'en 1830, on en ignorait encore la vraie

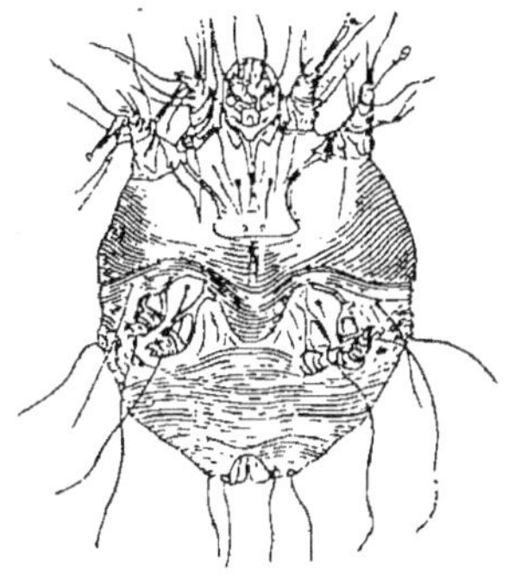

Fig. 21. — Sarcopte commun ou acarus mâle de la gale, vu par sa face inférieure.

nature; ce n'est pas une affection de la peau, comme on le croyait, mais uniquement le résultat de la présence de ces

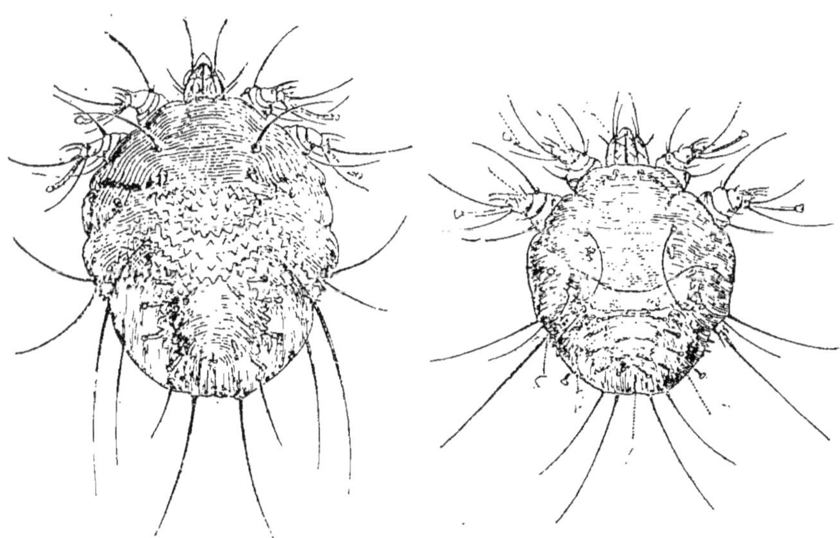

Fig. 22. — Sarcopte commun femelle vue par sa face dorsale.

Fig. 23. — Sarcopte commun mâle vu par sa face dorsale.

animalcules. Le directeur de l'hôpital spécial des maladies de la peau à Paris était si convaincu que les acarides ne sont pas la cause de la gale, qu'il avait offert un prix à celui qui aurait montré ces insectes. Un élève en médecine, Corse de naissance, avait eu l'occasion de voir faire la chasse des galeux dans son pays et montra le premier, en 1834, la véritable cause de la maladie. Un élève interne avait figuré, dans une thèse qu'il avait soutenue à Paris devant la faculté de médecine, l'acarus du fromage pour celui de la gale, et cette erreur avait fait supposer que l'espèce propre de la gale n'existait pas. Nous reproduisons fig. 21, 22, 23 le dessin fort grossi du mâle et de la femelle (1). Comme on le pense bien, tout le traitement pour se guérir de la gale consiste à faire disparaître les animalcules et leurs œufs, et à nettoyer la peau et les habits. On a préconisé, et avec raison, l'huile de pétrole pour détruire les acarus, mais le remède qui semble avoir le plus d'efficacité est le Baume du Pérou.

La plupart des mammifères ont leurs espèces d'acarus propres et le cheval en porte même deux qui donnent naissance à deux gales différentes. Puisque la présence de ces animaux constitue la maladie, celle-ci peut facilement se transmettre et l'homme peut la communiquer à des animaux domestiques, comme les animaux domestiques peuvent la lui communiquer. L'acarus de la gale de l'homme porte le nom de *Sarcoptes scabiei* et seules les espèces du genre Sarcopte peuvent se communiquer des animaux à l'homme. Ces animalcules ont fait, à diverses époques, l'objet de recherches suivies de la part de plusieurs naturalistes, et dernièrement le docteur Fücstenberg a publié un in-folio, sous le titre de *die Krätzmilben der Menschen und Thiere*, avec grandes planches lithographiées et des figures dans le texte. Il n'est pas impossible que la maladie pustuleuse qui règne à Sierra-Leone ait pour origine un acaride particulier.

Un autre acaride parasite de l'homme, l'*Argas de Perse*,

(1) Hardy, dans ses *Leçons sur les maladies de la peau* (Paris, 1863), consacre un chapitre spécial aux maladies parasitaires et fait l'historique complet de l'acarus de la gale.

est heureusement inconnu en Europe. Il est commun, dit-on, à Miona et attaque de préférence les étrangers. Ses piqûres produisent de vives douleurs et des voyageurs assurent qu'il peut donner la mort. Il reste peu en place et c'est surtout pendant la nuit qu'il fait son apparition. On l'appelle aussi Punaise de Miona. Fischer de Waldheim a publié une notice fort intéressante sur ce parasite. Justin Goudot a observé un autre argas (*A. Chinche*) qui tourmente également l'espèce humaine, en Colombie, dans la région tempérée.

Ces arachnides, car ce sont des articulés à quatre paires de pattes, apparaissent souvent là où l'on ne croirait pas trouver un organisme vivant, et, dans plus d'une circonstance et de la meilleure foi du monde, des naturalistes ont cru observer de ces mites formées directement sans parents. Nous en avons vu un exemple remarquable dans l'*Acarus marginatus* de Hermann. Le 18 Thermidor an II, on fit à Strasbourg l'autopsie d'un individu mort d'une fracture du crâne, et, en ouvrant la dure-mère, on vit courir sur le corps calleux un acarus qui devint le type de l'espèce. L'apparition de cet acarus dans ces conditions fit, comme on le pense, grand bruit à cette époque, mais nous ne serions pas surpris qu'il eût été introduit là pendant l'autopsie, par une mouche qui cherchait à déposer ses œufs.

C'est encore dans ce groupe que se trouve un acaride qui nous intéresse, puisqu'il se développe chez l'homme dans les cryptes sébacés des ailes du nez. On lui a donné le nom de *Simonea* à cause du docteur Simon de Berlin qui en a fait une étude spéciale. Ce genre conduit par sa forme aux Linguatules, dont la structure a été pendant si longtemps douteuse. Le *Simonea folliculorum* appartient à la famille des *Démodicides*. Le chien nourrit un demodex (*D. Caninus*) qui fait tomber les poils. Il y a quelques années, les moutons ont été attaqués en Belgique par un acaride, l'*Ixodes reduve* qui avait été introduit d'un pays voisin et s'était multiplié avec une rapidité effrayante. Packard a fait connaître également un *Ixodes bovis* sur l'*Erethizon epixanthus* et sur le

Lepus Bairdii, et un *Argas americana* sur du bétail, venant du Texas, dans le sixième rapport de l'United States geological Survey. (1873.)

D'après les observations de M. Megnin, les Tyroglyphes, les Hypopus, les Homopus et les Trichodactyles sont des formes transitoires qui ne doivent pas être conservées comme divisions génériques parmi les acariens. Nous avons trouvé sur la petite chauve-souris (Pipistrelle) un acaride (*Caris elliptica*) et un *Ixodes* nouveau, dont nous avons fait mention dans un mémoire spécial sur les parasites des Chéiroptères. M. Lucas a recueilli un Ixode d'une chienne et l'a tenu assez longtemps en vie pour le voir pondre très-distinctement des œufs qui sont sortis par un oviducte. Ces œufs formaient des masses attachées à l'abdomen de la mère. Il y a aussi sur les oiseaux, un acarus (*Dermanyssus avium*) qui se propage avec une si grande rapidité qu'il épuise complétement ceux sur lesquels il s'établit. On l'a vu accidentellement sur l'homme. On cite l'exemple d'une femme qui ne pouvait se débarasser de ces parasites, par la raison qu'elle passait tous les jours devant son poulailler pour se rendre à la cave, et ces oiseaux effrayés faisaient tomber sur elle une pluie d'acarides. Il n'y a pas longtemps, on a parlé à l'Académie de Médecine de Paris d'un sarcopte (*S. mutans*) qui produit une maladie chez les oiseaux de basse-cour, surtout le coq et la poule, et qui se transmet de la volaille au cheval et à d'autres animaux domestiques. Ce sarcopte se loge de préférence sous l'épiderme des pattes. Les reptiles ne sont pas à l'abri de ses attaques, car on en voit assez souvent sur les lézards et les serpents. Nous en avons trouvé un fort curieux sur la peau d'un gecko du midi de la France.

Plusieurs insectes sont toujours couverts de certaines espèces d'acarides. Il n'y a pas un entomologiste qui ne sache que le corps du Bousier en possède toujours sous la forme de petites perles vivantes qui s'agitent surtout sous l'abdomen. Il en est de même d'un petit coléoptère que l'on voit toujours en abondance partout où il y a quelque matière en décomposition.

Léon Dufour s'est livré à l'étude de quelques parasites d'insectes et cite entre autres une espèce de muscide, la *Limosina lugubris*, qui n'atteint pas tout à fait une ligne de longueur, et qui héberge jusqu'à quinze ptéroptes sous son abdomen.

Les abeilles qui nous donnent leur cire et leur miel, en échange de l'abri que nous leur offrons, trouvent leur ennemi mortel dans un acarus, qui s'attache à elles, non pour les exploiter, mais pour leur donner la mort. Ce n'est plus un parasite c'est un assassin, et nous pouvons nous dispenser d'en parler. Nous avons trouvé des acarides sur les polypes campanulaires et sertulaires de nos côtes et nous en avons décrit, il y a quelques années, un fort curieux, qui habite la baleine australe au milieu de Cyames et de Tubinicelles. Les Anodontes de nos étangs ainsi que les *Unio* ont, com-

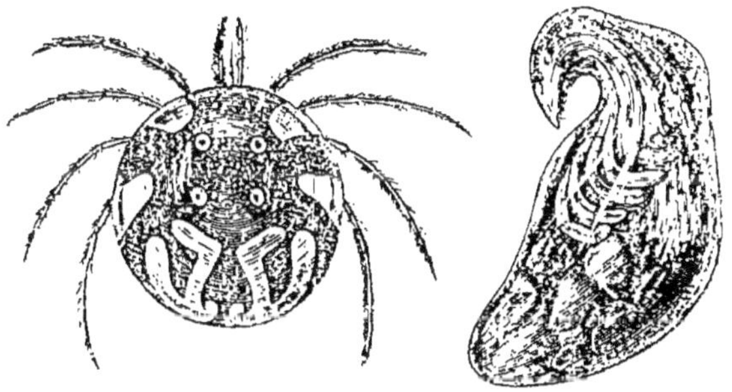

Fig. 24. — Hydrachne géographique.

munément, la peau du pied et celle du manteau incrustées d'acarus de tout âge auxquels on a donné le nom d'*Atax ypsilophora*. Les espèces qui habitent les Anodontes ne sont pas les mêmes que celles qui habitent les Unio, et M. E. Bessels, le même qui est si heureusement revenu de son voyage au pôle nord, à bord du Polaris, a vu l'espèce des Anodontes se croiser avec l'espèce des Unio.

Il y a aussi des Arachnides qui ne sont parasites que dans le jeune âge, comme les *Trombidions* et certains *Hydrachnes* (fig. 24) qui fréquentent des animaux aquatiques. Le *Lepte automnal*, connu en France, du moins dans quelques localités, sous le nom de Rouget, est un acarien qui se jette sur l'homme et s'attache surtout à la racine des poils. Il n'est heureusement connu qu'à la campagne; l'*Acarus (Cheyletus) eruditus* (fig. 25) vit sur des livres, sur des collections, sur des fruits et toutes sortes de corps plus ou moins humides, placés dans des lieux obscurs; il a été étudié par Van der Hoeven. M. Leroy de Méricourt a trouvé dans le pus, qui s'écoulait de l'oreille d'un marin, des acarides que

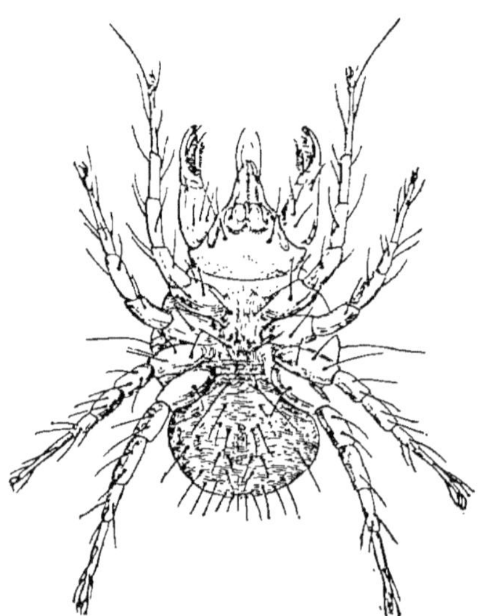

Fig. 25. — Cheyletus eruditus.

M. Robin rapporte au genre *Cheyletus*, plutôt qu'à celui des Acaropses.

PARASITES LIBRES DANS LE JEUNE AGE

Nous avons réuni dans le chapitre précédent les animaux qui
vivent aux dépens de leurs voisins, sans réclamer autre chose
que le couvert. Ils pillent leur proie au passage, se nourrissent
du sang de leurs voisins, mais ne songent, à aucune époque de
la vie, à s'installer dans leurs organes. Ils sont presque aussi
carnassiers que parasites et ne diffèrent des premiers, que parce
qu'ils laissent la vie sauve à leur victime. Ils diffèrent des
parasites ordinaires en ce qu'ils se contentent du vivre, et leur
toilette, dès leur entrée dans le monde, est celle des animaux
libres. Ceux dont nous allons maintenant esquisser l'histoire
vivent librement comme les précédents pendant toute la durée du jeune âge; comme eux, ils sont complétement indépendants à la première époque de la vie; mais, arrivés à l'âge
adulte, quand surviennent les soins sans fin que réclame la
progéniture, ils s'installent chez un voisin, changent de
costume, et s'accommodent de leur mieux du nouveau logement qu'ils ont choisi. Entre le jeune âge et l'âge adulte on
ne trouve souvent plus la moindre ressemblance. Tous ces
parasites ont mené joyeuse vie avant de choisir l'hôte qui va
leur servir de cellule : mais, si dans plusieurs espèces on voit
les deux sexes se cloîtrer, on en connaît aussi dont la femelle
seule réclame du secours, ce qui n'étonne guère, puisqu'elle

seule porte toutes les charges de la famille qui seraient au-dessus de ses forces, et compromettraient la vie de sa progéniture si elle ne recevait aide et protection.

L'hôte n'est pas sans ressemblance avec un hospice de maternité, surtout quand la femelle réclame seule, et pour elle, le gîte et les vivres; ce qui n'arrive pas toujours. On voit, en effet, dans un assez bon nombre de Lernéens, le mâle microscopique passer inaperçu sur sa femelle, et, s'il renonce à sa vie de garçon, celle-ci va le nourrir de son propre sang. Il ne peut y avoir d'époux plus fidèle puisqu'il ne remplit plus que le rôle d'un spermatophore. Nous trouvons un exemple plus curieux encore sous ce rapport et où la dignité du mâle n'est pas moins compromise; nous voulons parler des Bonellies, vivant librement dans le sable et dont les mâles s'installent parasitiquement dans les organes sexuels de la femelle. Celle-ci vit de sa propre industrie, nourrit son mâle et pourvoit seule à toutes les exigences de la maternité.

Plus loin nous mentionnerons des vers qui vivent librement dans la terre humide et dont la progéniture directe, toute formée de femelles ou d'hermaphrodites, ne saurait exister qu'en parasites. Ces vers ne ressemblent pas à leur mère, mais à leur grand'mère, et si on n'avait suivi leur filiation, on les eût sans doute pris pour des espèces fort distinctes les unes des autres. Ainsi, ce n'est pas toujours toute la descendance qui se modifie; souvent le mâle conserve tous les attributs de son sexe et du jeune âge, pendant que la femelle change complétement d'aspect et d'allure, surtout à l'approche de l'époque où l'intérêt de l'espèce domine l'intérêt de l'individu.

On ne peut voir de formes plus gracieuses et plus régulières, pendant toute la durée de la première jeunesse, que celles de plusieurs de ces parasites, pas d'allures plus disgracieuses, nous allions dire plus bouffonnes, que celles de la plupart de ces parasites adultes. On les prendrait alors pour quelque excroissance difforme ou pour quelque lambeau de chair perdu sur le corps de l'hôte. On trouve un certain nombre d'insectes qui mènent ce singulier genre de vie; mais c'est plus parti-

culièrement parmi les Crustacés, surtout les crustacés copépodes.
Chez presque tous, on rencontre les formes récurrentes les plus
bizarres : en effet, ces animaux au lieu de continuer leur évolution, comme la chenille qui devient papillon, reculent plutô
qu'ils n'avancent, et acquièrent un aspect et des caractères
qu i empêchent de reconnaître leur origine. On en connaît plusieurs aujourd'hui dont la gracieuse conformation est si complétement changée, que, sans recourir à l'étude de l'âge embryonnaire, on ne saurait plus à quelle classe ils appartiennent. Il ne reste de tous leurs organes que les appareils sexuels
et une peau déformée. Ces curieux parasites vivent aussi à la
surface du corps et quelquefois dans la cavité de la bouche,
mais le plus souvent chez les poissons sur les lames branchiales.
Ils ont l'air d'un séton naturel et il n'est pas impossible que
parfois ils n'en remplissent les fonctions.

Nous passerons d'abord en revue quelques Insectes ; puis
certains crustacés *Isopodes*, ordre auquel appartiennent les
Cloportes, et dans lequel plusieurs réclament un secours non
interrompu ; puis nous nous occuperons des *Lernéens* qui sur-

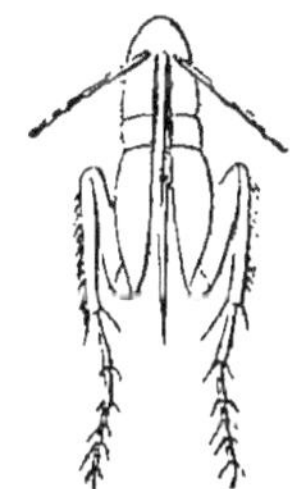

Fig. 26. — Puce chique mâle.   Fig. 27. — Puce chique, tête.

passent tous les autres par leurs transformations bizarres et
infinies.

Nous avons à parler d'abord d'un insecte, la *Puce chique*,
dont la femelle seule réclame le logement avec les vivres, le
mâle se contentant, comme ceux du chapitre précédent, de
piller sa victime au passage. Ce parasite de l'espèce humaine
habite l'Amérique méridionale, et a reçu le nom de *Pulex penetrans* ou, d'après la dernière nomenclature, de *Rhyncoprion*

penetrans. C'est une très-petite espèce qui perce les chaussures et les vêtements avec son bec pointu (fig. 27) et pénètre dans l'épaisseur de la peau ; le mâle (fig. 26) se contente de sucer le sang et redevient vagabond comme les parasites dont nous avons parlé dans le chapitre précédent, tandis que la femelle se choisit un gîte, et prend un embonpoint tellement monstrueux, que l'insecte tout entier n'est plus qu'une dépendance de son

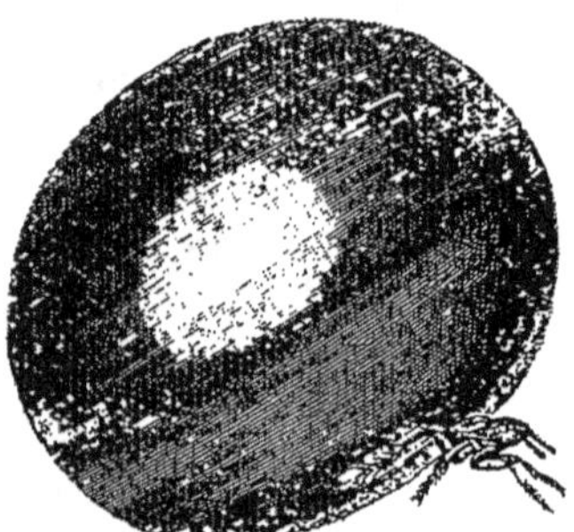

Fig. 28. — Puce chique femelle.

ventre comme on peut le voir par la figure ci-jointe. Cet être est connu surtout parce qu'il s'attaque à l'homme et s'établit communément aux orteils ; mais il se fixe au besoin de la même manière sur le chien, le chat, le cochon, le cheval et la chèvre. On en a vu également sur le mulet. M. Guyon s'en est beaucoup occupé ; mais nous devons les dernières observations à M. Bonnet, médecin de la marine française, qui a fait un séjour de trois ans à la Guyane, et a constaté que la chique ne s'étend heureusement pas au delà du vingt-neuvième degré de latitude sud. Un autre parasite, connu surtout des chasseurs, est la *Tique.* Ce n'est pas un insecte comme la puce, mais un arachnide, une espèce d'acarus, qui parcourt également les dernières phases de son évolution sur la peau d'un mammifère. On l'appelle *Ixodes ricinus* et le professeur Pachenstecher a soigneusement étudié son organisation. Les tiques attaquent particulièrement le chien, mais se trouvent aussi sur le chevreuil, le mouton, le hérisson et même les chauves-souris. Il y a quelques années, il s'était extraordinairement propagé dans les bois du duc d'Arenberg aux environs de Louvain, sur les chevreuils. On les trouve aussi quelquefois sur l'homme. Nous en connaissons deux exemples. Le premier est celui d'une dame d'Anvers qui portait une petite tumeur sur l'épaule, que l'on a enlevée et qui renfermait une tique encore vivante. Leeuwenhock cite l'exemple d'une femme du peuple qui portait une tique au milieu du ventre. Moquin-Tandon rapporte que Raspail en a trouvé sur la tête de sa fille âgée de trois à quatre ans. Il cite aussi l'exemple d'un jeune homme qui, au retour de la chasse, avait une tique sous le bras, et, sur l'emplacement d'un marché aux moutons, un domestique en trouva, un matin, trois attachées à la peau de son mamelon. Delegorgue parle de très-petites tiques roussâtres, en Afrique, qui couvrent les vêtements par milliers et produisent d'atroces démangeaisons. On en connaît du reste sur tout le globe et on en compte jusqu'à quatre-vingts espèces. Plusieurs Ixodes américains nouveaux ont été signalés dernièrement par M. Packard, sur le cerf, la marmotte monax, le lepus palustris, etc. Ces arachnides vivent d'abord librement dans les broussailles; mais, après la fécondation, la femelle attaque le premier mammifère qui se trouve sur son passage et s'y établit; c'est en furetant dans les broussailles que les chiens s'en infestent.

L'*Argas reflexus* vit sur les pigeons, et se rapproche des Ixodes. R. Buckholz a étudié dans ces derniers temps plusieurs acarides nouveaux provenant de divers oiseaux.

Si les formes ne sont pas aussi variées chez les Isopodes qu'ailleurs, plusieurs d'entre eux ne présentent pas moins l'aspect le plus bizarre, le facies le plus inattendu. La plupart des Isopodes parasites s'installent dans la cavité thoracique sous la carapace d'un confrère, et se contentent du peu d'espace qui reste. Après avoir déposé leur bagage, ils se disposent scrupuleusement d'après l'étendue de la loge qu'ils occupent et, plutôt que de gêner les branchies, ils soulèvent les parois du céphalothorax en formant une sorte de tumeur qui trahit la présence de l'intrus. Mais on en voit aussi qui ne se contentent pas des cavités naturelles; ils soulèvent des écailles de la peau d'un poisson, perforent ou labourent le derme, ou percent même les parois de l'abdomen, pour s'établir au milieu des intestins en conservant toutefois une communication avec l'extérieur. Une espèce de cette catégorie, excessivement commune, porte le nom de *Bopyre*. Chez les marchands de comestibles , on voit souvent exposées aux vitrines de jolies Salicoques, qui se font remarquer ordinairement par leur belle couleur rosée. En les examinant on aperçoit dans certaines saisons, et en France surtout, que la carapace d'un côté est soulevée, et, si on l'enlève avec quelque précaution , on découvre au-dessous, un corps irrégulièrement aplati , que les pêcheurs prennent, à cause de sa forme, pour une jeune sole. C'est la femelle du *Bopyre*. Les appendices nombreux du thorax, la division en anneaux , la symétrie du corps, tout a disparu ; et les pattes, dont on trouve à peine les traces, ne sont plus les mêmes à droite et à gauche. Le mâle reste petit et indépendant, et conserve la livrée de l'ordre auquel il appartient. Sur la côte du Labrador, un Bopyre se comporte de la même manière à l'égard d'un Mysis. Nous avons trouvé sous la carapace d'un Pagure, une femelle de Bopyre, chargée d'œufs, tellement aplatie, qu'on aurait pu la prendre pour une feuille introduite accidentellement dans cette cavité.

Fritz Muller a divisé les Bopyrides de la façon suivante :

1° Ceux qui se fixent sur les appendices ou dans la cavité branchiale des décapodes, ce sont les Bopyres, Jones, Phryxus, Gyge, Athelgus, etc.

2° Ceux qui vivent dans la cavité thoracique de quelques Brachyures, comme l'*Entoniscus*.

3° Ceux qui vivent dans les Cirripèdes comme le Cryptoniscus, ainsi que les Liriopes.

4° Ceux qui vivent sur les Copépodes en vrais parasites, comme les *Microniscus* (M. *Fuscus*).

Les *Jones thoraciques*, les *Cepes distortus*, les *Gyge branchialis* et tant d'autres habitent, comme les Bopyres, dans la cavité thoracique de divers crustacés décapodes, et les femelles se débarrassent à la fois de leurs organes de sens et de tout leur attirail de pêche et de voyage.

Un savant professeur de Kœnigsberg, Rathke, a observé le premier un Isopode, connu sous le nom de *Phryxus paguri*, qui vit sur le ventre du Pagure, attaché par le dos, de manière que le ventre du parasite regarde, comme celui du Pagure, les parois de la coquille. La queue avec les appendices branchiaux est toujours tournée vers l'orifice de la coquille. Le mâle est fort petit et ne quitte pas la femelle. L'Athelgue cladophore est un autre Bopyrien de la région abdominale d'un Pagure, qui choisit toujours des coquilles hantées par des Alcyons. Un autre Bopyrien, le *Pristhète cannelé*, vit sur l'abdomen d'un Pagure ordinaire.

M. Bucholz a fait connaître tout récemment un nouveau genre d'Isopode, voisin des Lyriope, qui vit sur l'*Hemioniscus*. Cet Isopode s'établit sur une Balane (*Balanus ovularis*) et la femelle ne conserve que quatre segments avec leurs appendices. Elle en avait quinze dans son jeune âge. Elle se dépouille ainsi presque complétement de ses appendices, qui sont devenus inutiles. On ne connaît pas encore le mâle de cet Isopode qui habite

Fig. 29. — Phryxus Rathkei. Sur le côté on le voit de grandeur naturelle.

la baie de Christiansand. Un autre parasite de ce groupe a été observé par Fr. Muller à Desterro, sur les côtes du Brésil. Il porte le nom de *Entoniscus porcellanæ*. Le parasite qu'il a découvert à côté de lui sur le même animal et auquel il a donné le nom de *Lernœodiscus*, pourrait bien être son introducteur. Nous avons vu de ces exemples dans les Insectes. Parmi les riches matériaux que le professeur Semper a rapportés de son voyage, se trouve une *Porcellana* qui héberge à l'extérieur un Isopode fort remarquable, dont le développement récurrent est au moins aussi prononcé que celui des Peltogaster. C'est le docteur Kossmann qui a fait connaître récemment ces curieux organismes auxquels il a donné le nom de *Zeuxo*. Un autre Isopode à développement récurrent non moins prononcé a reçu, du même naturaliste, le nom de *Cahira Lerneodiscoïdes*.

Mais voici un Isopode qui vise plus haut : il trouve sans doute que les écrevisses et les crabes ne marchent pas assez vite. Il s'adresse à un poisson, le *Puntius maculatus* qui habite la rivière Tykerang (Bandong) à Java. Cet Isopode s'appelle *Ichthoxenus Jellinghausii*. Ce crustacé Isopode, vivant d'abord comme tous les autres, avise un petit poisson cyprinoïde, s'enfonce comme un trocart derrière les nageoires abdominales, à travers la peau écailleuse, et pénètre tout entier dans la cavité abdominale. Le mâle accompagne toujours sa femelle. Il est à remarquer que celle-ci, contrairement à ce qui se voit chez beaucoup d'autres, conserve tous les attributs de son sexe. Elle ne se déforme pas plus que les autres crustacés libres de son ordre et ne diffère guère du mâle que par la taille. On sait que, dans tous ces animaux, le mâle est toujours plus petit que la femelle. M. Jellinghaus, qui a le premier fait mention de ce crustacé, a observé que tous les poissons qu'il a fait pêcher, avaient, sans exception, les grands comme les petits, un couple de ces parasites dans le ventre. Nous en parlons ici, mais on pourrait tout aussi bien voir dans cet *Ichthoxenus* un commensal qu'un parasite.

Sur les côtes de Bretagne, parmi les nombreux *Labres*, qui se distinguent par la vivacité et la variété de leurs couleurs, se trouve une petite espèce (*Labrus Cornubiensis*) sur laquelle on voit communément un Isopode qui n'est pas moins curieux; il est habituellement cramponné aux flancs de ce poisson, non loin de la tête, au fond d'une cavité creusée sous les écailles. Les naturalistes connaissent ce curieux acolyte par les travaux de M. Hesse. Ce *Leposphile*, c'est le nom qu'on lui a donné, sans qu'il aime les écailles plus que les autres organes, se taille une loge dans les flancs de ce petit labre, et s'y installe avec sa famille. On ne peut dire que c'est sans esprit de retour que le Leposphile a choisi ce refuge, puisque les deux sexes conservent leurs organes de locomotion.

Au dernier congrès des naturalistes allemands, à Wiesbaden, le docteur Kossmann, qui a eu l'avantage d'étudier les riches matériaux rapportés des îles Philippines par le professeur Semper, a exposé, avec distinction, le résultat de belles observations sur d'autres crustacés plus remarquables encore, les *Peltogaster*, dont nous avons parlé plus haut. A ce sujet il a fait connaître un *Isopode* à développement aussi complétement récurrent que celui des Peltogaster, dont le rang parmi les Cirripèdes est parfaitement établi.

La plupart des crustacés inférieurs réclame des secours ; parmi eux, quelques-uns pourraient à la rigueur prendre place au nombre des commensaux, mais toute la catégorie des Lernéens se dégrade tellement que Cuvier les a rangés à côté des helminthes. Ces êtres jouissent en naissant de tous les attributs de leur classe et portent la robe de crustacés libres ; aux approches de l'âge mûr, ils choisissent un voisin, s'installent aussi commodément que possible dans un de ses organes et se débarrassent de tous leurs engins de pêche et de chasse. Les sexes sont ordinairement séparés et comme la femelle est spécialement chargée des soins à donner à la progéniture, c'est elle qui fait le plus vite le sacrifice de sa liberté. Parfois le mâle, non content de laisser toute la peine à sa femelle, réclame encore d'elle la nourriture quotidienne, et s'établit comme spermatophore sur les organes sexuels de celle-ci. Il est juste de dire que, dans ce cas, le sexe mâle est loin d'être le sexe fort car il n'a souvent que le dixième et même le centième de la grandeur de sa femelle. Enfin on voit aussi la femelle perdre ses pattes et ses nageoires tandis que le mâle conserve sa carapace avec tous ses appendices sensitifs et locomoteurs. La différence entre les sexes est si grande chez quelques espèces qu'il serait impossible sans une observation commencée dès leur sortie de l'œuf, de se douter qu'un frère et une sœur puissent affecter des formes aussi dissemblables. La femelle est une sorte de ver bouffi et le mâle ressemble à un acarus atrophié. C'est ce qui explique comment la femelle était connue bien longtemps avant le mâle dont le rôle est uniquement celui de la fécondation. Nordmann, pendant son séjour à Odessa, s'est le premier occupé de ces recherches qui ont été continuées par MM. Metzger et Claus.

On sait que les *Lernéens* s'attachent à leur hôte par des liens indissolubles, ne deviennent parasites qu'après avoir

passé leur jeunesse dans une indépendance complète et ont
tous possédé les formes si gracieuses et si caractéristiques du
Nauplius et de la *Zoë*. Au sortir de l'œuf ils nagent librement,
mais un jour la femelle, songeant à la famille, avise un voisin
capable de lui porter secours, elle s'implante dans sa peau, se
développe rapidement jusqu'à devenir deux ou trois cents fois
plus grosse que le mâle ; sa tête, son corps et son ventre deviennent monstrueux et dès lors captive, une partie de sa tête
s'ankylose souvent dans les os de son hôte ; le *Lernéen* reste
suspendu comme une sorte de feston auquel viennent se joindre
ensuite deux ovisacs qui se remplissent d'œufs. La fig. 30 est

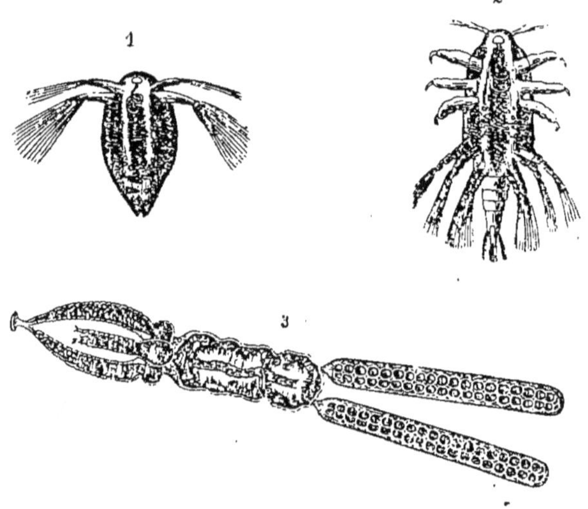

Fig. 30. — Trachelyaste des cyprins. 1, larve au sortir de l'œuf ; 2, larve plus avan-
cée ; 3, femelle adulte s'attachant en avant et portant en arrière les deux sacs à œufs
(Nordmann.)

un Lernéen, de poisson d'eau douce, représenté à diverses pé-
riodes de son existence.

Les Lernéens sont de tous les parasites les plus remarquables
sous le rapport de la dégradation physique. On en rencontre
sur tous les animaux aquatiques à commencer par les cétacés et
jusque sur les échinodermes et les polypes, mais c'est sur les

poissons qu'ils sont le plus abondants. Ils vivent sur la peau ou les branchies et s'établissent parfois aussi dans les narines et sur le globe de l'œil. Souvent ils pendent à l'extérieur, mais on en voit aussi qui se cachent dans l'épaisseur de la peau et n'ont de communication avec l'extérieur que par un étroit orifice.

On nomme *Penella* d'élégants Lernéens qui ressemblent assez à une plume vivante; leur tête se divise en plusieurs branches qui plongent comme des racines dans les tissus et même dans les os, de sorte que cette tête et tout le corps restent suspendus ainsi que les tubes ovisacs à un cou grêle et peu flexible. Ils habitent sur le corps et sur l'œil de certains poissons; on en trouve de fort grande taille dans la mer des Indes, mais les plus remarquables sont ceux que l'on a signalés sur la peau de quelques cétacés. La *Penella crassicornis* vit sur un Hyperoodon, la *Penella balœnopteræ* sur un Balœnoptera *musculus* aux îles Loffo-

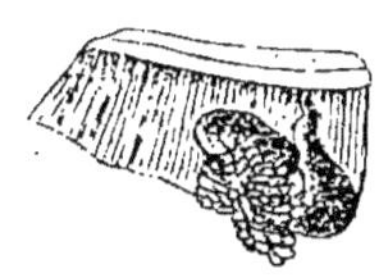

Fig. 31. — Lernea branchialis, attachée à la branchie de Morrhua luscus.

den, le *Lernœoniscus nodicornis* sur un dauphin; le grand squale des côtes d'Islande (*Scimnus glacialis*) porte communément un Lernéen sur l'œil. Mon fils a rapporté de Rio de Janeiro des Scomberoïdes dont la peau est couverte de Penellas, enfin les charmants poissons si abondants sur les rivages belges et appelés *Sprot* par les pêcheurs du pays, ont souvent autour des yeux des cordons que l'on pourrait prendre pour des plantes marines et qui ne sont en réalité que des Penellas. Nous avons trouvé quelquefois plusieurs individus sur le même poisson, s'étalant depuis la tête jusqu'à la région caudale au moyen de leurs tubes ovifères qui, en certaines saisons, offrent une nuance vert-pâle.

Les Lernéens véritables tels que la *Lernea branchialis*, espèce la plus anciennement connue sur différents gades et que nous avons observée sur le *Callionyme lyra*, ressemblent beaucoup aux Penellas, mais leur corps et leur tête sont fortement tordus sur eux-mêmes et avec les tubes entortillés qui logent les œufs on les confondrait avec une pelote de fil (fig. 31). Les Sphyrions nommés *Leistera* présentent aussi une forme des plus singulières et on en a récemment signalé une nouvelle espèce sur un poisson du détroit de Magellan. Le *Conchoderma gracile* vit sur les branchies du *Maïa Squinado*, l'araignée de mer de l'Adriatique, et à Naples, M. W. Salensky de Charkow a trouvé un crustacé copépode, le *Sphœronella Leuckarti*, dans la poche incubatrice d'un *Amphitoë*. Ce dernier parasite offre des caractères tout particuliers de conformation et d'évolution embryonnaire.

Parmi les Mollusques, les Tuniciers logent le plus grand nombre de Lernéens; dans la cavité qui précède la bouche, et où passent les aliments, on en observe qui sont à peine reconnaissables, et jouent là le rôle de pique-assiettes. L'*Aplidium* des côtes de Belgique en loge de fort curieux que nous avons nommés *Enterocola fulgens* à cause de leurs couleurs. Le *Notopterophorus* s'établit sur le corps de la *Phallusia mamillaris* et on trouve encore un certain nombre de ces parasites sur les Annélides. Le professeur Sars de Christiania et Claparède les ont décrits avec soin et ce dernier a vu sur le *Spirographis Spallanzani* de la baie de Naples une femelle qu'il a appelée *Sabelliphilus Sarsii*. Les genres *Selius*, *Silenium*, *Terebellicola*, *Chonephilus*, *Sabellacheres*, *Nereicola*, etc., hantent tous des annélides; l'*Eurysilenium truncatum* vit sur le *Polinoe cirrata*, le *Silenium crassicornis* sur le *Polinoe impar*, le *Melinnacheres ergasiloïdes* sur le *Melinna cristata*. Les Echinodermes et les Polypes ne sont pas plus à l'abri des Lernéens; ainsi l'*Asterochœres Lilljeborgii* s'installe sur l'*Echinaster sanguinolentus* et nous avons trouvé une fort jolie espèce en Bretagne sur une Ophiure; la *Lœmippa rubra*, voisine des Chondracanthes, hante la *Pennatula rubra*; la *Laura Girardiœ*, d'après M. Lacaze Duthiers, se nourrit d'une Antipathe; une Lœmippe (*Proteus*) se loge dans la cavité du corps de la *Lobularia digitata* de Delle Chiaie et enfin l'*Enalcyonium rubicundum* est hébergé par l'*Alcyonium digitatum*.

Il existe un certain nombre de vers qui sont libres dans le jeune âge et ne deviennent parasites qu'à une certaine époque de leur évolution. Nous allons en citer quelques exemples.

Le ver de Médine (*Filaria medinensis*, *dracunculus*, dragonneau) (fig. 32) est l'effroi des voyageurs qui visitent la côte de Guinée ; commun non-seulement sur la côte occidentale d'Afrique, mais encore dans plusieurs autres parties de ce vaste continent, on l'a signalé récemment dans le Turkestan et la Caroline du Sud (Mitchell). On croyait que la filaire pouvait s'introduire directement par la peau à l'état d'embryon microscopique ; mais M. Fedschenko, d'après des observations faites sur les lieux et corroborées expérimentalement ensuite par Leuckart, est d'avis que ce ver se transmet par l'intermédiaire des *Cyclops*, petits crustacés d'eau douce. Ainsi c'est en buvant qu'on s'en infeste et cette remarque est d'autant plus précieuse qu'il suffira désormais pour se mettre à l'abri de ne se servir que d'eau soigneusement filtrée. Au bout de six semaines, la présence de l'animal se révèle par des tumeurs dont on n'apprécie pas toujours de prime abord la véritable nature, puis surviennent des plaies causées non pas directement par le ver mais indirectement par suite de la dissémination de ses œufs. La filaire finit par s'atrophier si complétement que le professeur Jacobson, après l'avoir vue vivante sur un de ses malades à Copenhague, écrivait à Blainville : « Ce ver de Médine n'est pas un ver, c'est une gaîne à œufs. » En effet tous les organes disparaissent dans l'intérieur et il n'existe, pour ainsi dire, plus rien que des œufs avec leurs embryons.

Fig. 32. — Jeune filaire de Médine ; 1. Extrémité céphalique, c. bouche ; 2, Extrémité caudale, d. anus ; 3, coupe du corps.

La filaire n'est pas, comme on l'a cru, voisine des *Mermis*, son organisation est différente et ses organes s'atrophient tout autrement. Le *Gordius ornatus* rapporté des Philippines par M. Semper, a donné lieu à diverses observations anatomiques qui ont permis de relever quelques erreurs, surtout relativement à l'appareil digestif (Grenacher). La *Filaria immitis* est une espèce trouvée par M. Krabbe dans un chien mort de la maladie à laquelle ces animaux sont sujets; elle habitait le cœur et douze individus, dont dix femelles et deux mâles, s'y trouvaient logés. M. Bap. Molin a publié une monographie des filaires comprenant l'indication de 152 espèces rencontrées dans des mollusques, des poissons, des amphibiens, des reptiles, des oiseaux et des mammifères; il semble évident que plusieurs espèces ont été confondues sous le même nom.

Un petit ver, de la grosseur d'une fine épingle, mais beaucoup plus court, mène un genre de vie qui n'est pas sans analogie avec celui qui précède. Il est connu sous le nom de *Leptodera*. Pour le voir il suffit de prendre la première limace venue, que l'on rencontre dans les bois, et qui se distingue par sa couleur orange ou noire; on donne quelques coups d'épingle dans le pied charnu du mollusque, et on voit sortir des torrents de vers arrondis qui grouillent comme des serpents microscopiques. Ces vers abandonnent également leur retraite, si on fait contracter le pied par le contact de quelque acide ou si l'on place la limace dans l'eau. Les Leptodera sont surtout remarquables par deux franges qui flottent à côté de la queue et qui leur ont valu le nom qui leur a été donné par le professeur Schneider. Ces franges tombent avec tant de facilité, que la plupart des individus devenus libres n'ont déjà plus ces appendices; placés dans des matières animales fraîches ou gâtées, dans l'eau ou dans la terre humide ces vers, d'agames qu'ils étaient dans le pied, deviennent rapidement sexués et complets. Ainsi la limace leur sert de crêche, et le ver adulte n'a plus besoin de secours dans ses vieux jours.

Le professeur Pagenstecher a trouvé à Ostende sur le Nicothoë du homard des nématodes qu'il a rangés parmi les Leptodera. C'est encore un parasite de parasite.

A propos de ces vers, je citerai un petit nématode que j'ai observé dans des circonstances bien singulières. J'avais un assez grand nombre de squelettes ou, pour mieux dire, des os séparés exposés au soleil sur un toit pour les faire blanchir; parmi ces squelettes se trouvaient ceux de plusieurs hyperoodons et d'autres cétacés. Tous ces os avaient séjourné un certain temps dans du fumier de cheval afin d'accélérer la décomposition des parties molles. Ils étaient au grand air depuis plusieurs semaines et blanchissaient lentement ; il pleuvait presque tous les jours. Vers la fin du mois d'août, j'examine quelques vertèbres et je les trouve toutes noires en dessus. En dessous, je découvre une masse d'apparence sirupeuse, légèrement jaunâtre, semblable à du pus récemment sorti d'une plaie. Le soleil donnait en ce moment en plein sur les os; en regardant ceux-ci de près, je vis ce pus sortir par les trous nourriciers du corps des vertèbres; il semblait que l'intérieur de l'os était en pleine fermentation. En examinant avec quelque attention, je m'aperçus que toute la surface était en mouvement; un grouillement ondulatoire le couvrait comme si une peau ciliée avait été tendue au-dessus des orifices. J'enlève un peu de matière avec la pointe du scalpel, je l'observe au microscope, et quel n'est pas mon étonnement en voyant toute cette masse frétiller comme si elle eût été sous l'influence d'une baguette magique. En comprimant ensuite légèrement entre deux lames de verre, il ne me restait sous les yeux que des vers nématodes de très-petite taille se tortillant au milieu de leurs semblables ; je trouve des individus mâles à côté de leurs femelles; dans le corps de celles-ci des œufs prêts à être pondus et des millions d'embryons de tout âge grouillant et se débattant au milieu des adultes. Est-ce une espèce de ver nouvelle pour la science? Est-ce un ver qui vit librement ici, parasitiquement ailleurs? La première femelle qui se présente permet de répondre à cette question. Ce n'est pas un ver parasite, du moins sous cette forme, parce que dans chaque femelle nous ne trouvons qu'un ou deux œufs. Les parasites ont trop peu de chances

d'arriver à leur destination pour que deux jeunes suffisent. Il
en faut des centaines ou des milliers, et encore les chances ne
sont pas égales. Ce ver est évidemment un *Rhabditis*, mais
est-ce le terricole ou une espèce voisine? Des recherches ulté-
rieures permettront sans doute de répondre bientôt à ces questions. Nous ne croyons pas que ces êtres aient été apportés
avec les os des îles Shetland; ils viennent plutôt du fumier de
cheval, et ils se sont multipliés outre mesure au milieu du
tissu spongieux des os où ils ont trouvé bonne chère et bon
gîte. Il existe en abondance dans la bouse de vache un ver,
très-voisin de celui-ci et sur lequel notre regretté confrère,
l'abbé E. Coemans, avait fixé mon attention, à l'époque où il
s'occupait de l'étude des *Pilobolus cristallinus*.

Ce qui nous a décidé surtout à faire mention du nématode
des os, c'est l'histoire si singulière d'un ascaride de la grenouille, dont les petits ne ressemblent aux parents ni pour la
taille, ni pour la conformation, ni pour le genre de vie. Il y
a une génération qui peut se suffire et qui se compose de
mâles et de femelles et une génération qui a besoin de secours
et qui n'est composée que de femelles, à moins que le sexe
mâle ne soit caché au milieu des œufs : nous voulons parler
de l'*Ascaris nigro-venosa* dont le professeur Leuckart a fait
connaître les phases principales. Cet *Ascaris* est un vrai parasite qui, tout en étant parvenu à sa destination, où il trouve
logement et nourriture, quitte le poumon pour aller habiter
un autre organe. Il n'y a rien d'étonnant que certains vers
passent des intestins à l'estomac, remontent de l'estomac à
l'œsophage et sortent quelquefois par la bouche; mais ici nous
avons de vrais changements de logis dans le même animal;
ce qui montre du reste que ce n'est pas un simple accident,
c'est que l'animal est différemment sexué selon l'appartement
qu'il occupe; ici il est hermaphrodite, là il est mâle ou femelle.
Les Linguatules émigrent bien du péritoine des lapins dans
les fosses nasales du chien; mais l'*Ascaris nigro-venosa* vit
dans les poumons de la grenouille, puis va habiter le rectum
du batracien ou la terre humide. Dans le poumon il est fort

petit, vivipare, et engendre des jeunes qui deviennent plus forts que leurs parents; la génération qui habite les poumons est hermaphrodite, l'autre est dioïque; c'est-à-dire que les mâles et les femelles ont pour parents des hermaphrodites. Nous avons donc une mère, simple femelle ou hermaphrodite, fort petite, qui pond, non des œufs, mais des petits tout formés; et, au lieu de vivre comme la mère dans le poumon et y respirer plus ou moins à l'aise, ceux-ci vont se loger dans le rectum, pour devenir non pas comme leur mère vivipares et hermaphrodites, mais ovipares et à sexes séparés. Ils engendrent à leur tour une race de géants et, au lieu de suivre l'exemple de leur père ou de leur mère, ils vont tous comme leur grand'mère se loger dans les poumons. Si alternativement l'*Ascaris nigro-venosa* hermaphrodite engendre des individus à sexes séparés, c'est-à-dire si les monoïques engendrent des dioïques et les dioïques de nouveau des monoïques, on ne peut s'empêcher de comparer ce phénomène à la génération digenèse. C'est une des jolies découvertes faites au laboratoire de Giessen, sous la direction de Rud. Leuckart. Depuis, le professeur Schneider, successeur de Leuckart à l'Université de Giessen, s'est également occupé de ces vers. Le professeur Leuckart m'écrivait quelques jours après cette découverte : « L'*Ascaris nigro-venosa* présente ce phénomène particulier, que, sous la forme parasitaire, il produit des œufs féconds sans présence de mâles. Les embryons sortis de ces œufs deviennent, au bout de vingt-quatre heures après leur sortie du corps, des vers sexués. Ce fait a été observé en premier lieu par M. Mecznikow, pendant qu'il travaillait dans mon laboratoire et qu'il prenait part à mes recherches. L'expérience qui a donné ce résultat, a été provoquée et dirigée par moi, pour continuer mes travaux sur le développement des Nématodes. »

Nous ne savons pas si c'est le lieu de parler d'un animal qui a fait grand bruit il y a quelques années, et que l'on croyait fournir la preuve de la transformation des animaux les uns dans les autres. C'est un parasite qui, sous la forme d'un gastéropode, vit dans des conditions singulières. Il est connu sous le nom d'*Entoconcha*. Découvert par J. Müller dans un échinoderme du genre Synapte, on a cherché depuis en vain à en connaître le développement complet. C'est évidemment un mollusque gastéropode, voisin des Natices, qui vit dans l'intérieur du corps d'un synapte mais dont on ne connaît pas encore toutes les phases d'évolution. On a cru un instant avoir sous la main un Echinoderme en voie de transformation. J'ai écrit à J. Müller immédiatement après la découverte qu'il s'empressa de m'annoncer, qu'à mon avis, il n'y avait là qu'un exemple nouveau de parasitisme; du reste, les parasites sont si rares dans cette classe d'animaux et leur genre de vie est si exceptionnel, que l'on ne doit aucunement s'étonner si l'on n'a pas songé à donner immédiatement à ce fait sa véritable signification. Le professeur Semper a trouvé aux îles Philippines dans l'*Holothuria edulis* une seconde espèce d'Entoconcha qui paraît s'attacher au cloaque de cet Echinoderme. Il lui a donné le nom de *Entoconcha Mulleri*. Nous avons en lui un nouvel exemple des rapports de certains parasites avec leurs hôtes qui sont les mêmes dans les deux hémisphères.

Les Licnophora sont des infusoires, voisins des Vorticelles dont ils prennent la forme; ce sont des *Mimic Species* ou *Mocking form* des Trichodines. Une espèce, la *Licnophora Auerbachii* vit sur la *Planaria tuberculata*, l'autre, la *L. Cohnii*, sur les branchies du *Psyrmobranchus protensus*.

Les associations dans les rangs inférieurs jouent un rôle de la plus haute importance, les uns pour maintenir l'harmonie et la santé de tout ce qui a vie, les autres pour semer la mort dans des régions entières. Il y a en effet des associations dans les rangs des infiniment petits qui ont tantôt pour effet d'assainir et d'épurer, tantôt de détruire. C'est dans ces êtres, invisibles à l'œil nu, que nous devons chercher la cause de certaines maladies épidémiques. Nous avons ici un exemple de ce que peuvent accomplir certains groupes d'animaux. Les crustacés font partout l'office de vautours pour

purger l'eau des cadavres grands ou petits et ils sont généralement en nombre pour faire cette police. On peut dire que sans
leur concours, les eaux, le long des côtes et à l'embouchure des
fleuves, se corrompraient rapidement et seraient bientôt im-
propres à la vie. Aussi arrive-t-il parfois, que le nombre de ces
êtres est insuffisant, et, la matière putrescible étant en excès,
on voit périr successivement les poissons, les mollusques et
même les crustacés.

Les derniers parasites de cette catégorie sont connus sous le
nom de Grégarines. Il paraît que c'est Gœde qui les a observés
le premier. Léon Dufour leur a donné le nom qu'ils portent
encore. Ils ont une organisation excessivement simple, et ne
sont formés que d'une cellule dans laquelle on trouve le noyau ;
ils habitent dans l'intestin de plusieurs animaux sans vertèbres,
surtout celui des articulés. Que l'on se figure un corps allongé,
plus ou moins transparent, à surface unie, assez semblable à
un fuseau, qui glisse dans l'intestin au mi-
lieu du liquide qu'il renferme, sans que
l'on devine par quel mécanisme il se meut
(fig. 33). Dans le jeune âge ils sont enkystés

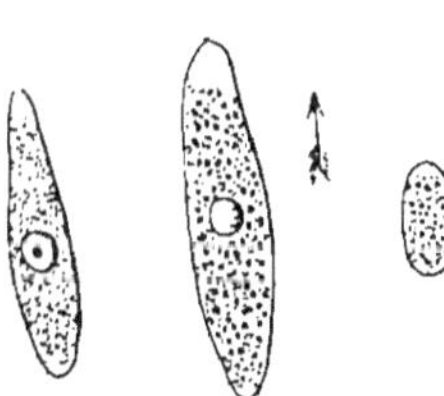

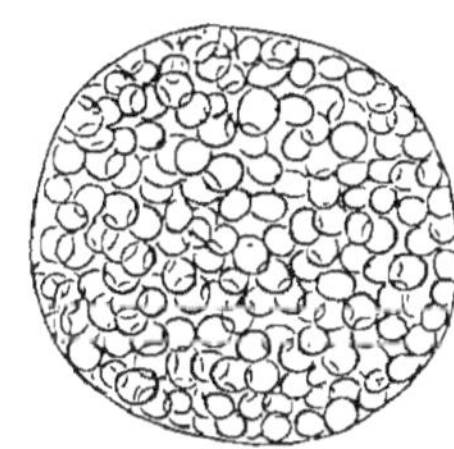

Fig. 33. — *Gregarina* de   Fig. 34. — Sac à psorosper-   Fig. 35. — *Stylorhynchus*
Nemertes gesseriensis.   mies, de *Sepia officinalis.*   *oligacanthus*, de larve
                                                                                                         d'agrion.

et portent le nom de *Psorospermies*. La figure 34 représente
un de ces sacs à Psorospermies de céphalopode.

Les Grégarines vivent complètes principalement dans les insectes, les crustacés, les vers. La figure 35 représente une gré-
garine très-commune dans les libellules. La plus grande espèce
vit dans l'intestin du homard. Mon fils en a fait une étude suivie

dont il a consigné les résultats dans les bulletins de l'Académie de Belgique.

Schneider a signalé un parasite que l'on devra sans doute réunir aux grégarines et qui habite le testicule, ainsi que les cellules salivaires, d'une planaire, le *Mesostomum Ehrenbergii*. Schneider représente les diverses phases de son développement. En automne de 1871, presque tous les mésostomes périrent par la présence de ces organismes parasites; l'année suivante ils furent rares.

Depuis plusieurs années déjà, Kölliker a découvert sur les corps spongieux des mollusques céphalopodes certains parasites dont la nature paraît encore aussi énigmatique qu'au premier jour de leur découverte. Le professeur de Würzbourg leur a donné le nom de *Dicyema*. Nous avons nous-même depuis longtemps des observations en portefeuille et plus loin, à la page 221, nous représentons un Dicyema que nous avons trouvé en abondance sur la *Sepia officinalis* de la côte de Belgique.

PARASITES LIBRES PENDANT LA VIEILLESSE

Nous allons étudier, dans ce chapitre, des animaux demandant du secours dans le jeune âge et qui peuvent se suffire complétement dans leurs vieux jours. On peut comparer les hôtes qui les logent, à des crèches qui ne reçoivent que les nouveaux-nés. On pense généralement que les animaux connus sous le nom de parasites sont des animaux qui ont besoin du secours de leurs voisins à tous les âges de la vie (1). C'est une erreur. Il y en a bien peu qui ne se suffisent à l'une ou l'autre époque de leur développement et mènent pendant ce temps une vie indépendante. Nous en avons cité un certain nombre, dans le chapitre précédent, qui ne réclament du secours que pendant la vieillesse; dans ce chapitre nous réunissons au contraire ceux qui réclament du secours au début de la vie et vivent largement de leur propre industrie en faisant leur entrée dans le monde. Il y en a plusieurs parmi eux qui sont même richement doués, et on ne se douterait pas qu'ils aient pu recourir à des étrangers pour élever leur progéniture.

1. La découverte d'un botriocéphale libre, au fond d'un fossé, fit sensation il y a quelques années dans le monde des naturalistes. Le parasite était censé ne pouvoir exister que dans le corps d'un animal ; on ne pouvait se le représenter que cloîtré au fond d'une geôle.

Généralement toute la petite famille est confiée à la garde d'une nourrice, qui vit tout juste assez longtemps pour les élever; elle leur donne un abri convenable sous son toit et souvent leur prodigue jusqu'à la dernière goutte de son sang. Une fois que cette jeunesse a abandonné ce premier gîte, elle change de toilette et de genre de vie, songe sérieusement à l'hyménée et ne réclame plus aucun secours jusqu'à l'époque de la ponte. Parmi les animaux élevés de cette manière, les plus remarquables sont les *Ichneumons*, qui ont de tout temps attiré l'attention des entomologistes. Ces êtres charmants, dont la taille est coquettement pincée, dont les ailes diaphanes s'agitent avec grâce, ont une jeunesse moins orageuse que leur hardiesse ne semble le faire supposer. Comme le coucou dépose ses œufs dans un nid étranger, la mère Ichneumon dépose les siens dans quelque chenille pleine de santé, à l'aide d'une tarière longue et effilée, de sorte'que les larves, au moment d'éclore, se trouvent dans un bain de sang et de viscères qui leur sert de nourriture. Les divers organes palpitent sous la dent de ces intrus, et la jeune larve croît et grandit pour éclore sous la peau de la nourrice; cette peau est le berceau de l'Ichneumon. Le jeune Ichneumon dévore sa nourrice lambeau par lambeau, organe par organe, et, de crainte que la mort n'arrive trop vite, la mère a eu soin de chloroformer d'avance la victime pour la faire durer plus longtemps. La manière dont plusieurs d'entre eux s'y prennent pour se débarrasser de leur progéniture, rappelle fort le tour dans lequel on allait autrefois déposer les enfants qu'on voulait faire élever par la charité publique; avec cette différence, que les jeunes Ichneumons ne sont pas seulement élevés et nourris par quelque bonne voisine, mais que son corps lui-même leur sert de pâture. Il est arrivé plus d'une fois, que des entomologistes, au lieu de voir sortir de beaux papillons, des chenilles qu'ils avaient élevées, en ont vu naître des Ichneumons. Comment alors ne pas songer à la transformation des espèces, quand on voit sortir de la peau d'une chenille, qui se transforme ordinairement en une belle chrysalide, un essaim de petites mouches ailées qui se dispersent avec la rapidité de l'éclair. Ces Ichneumons découvrent avec une habileté rare la chenille qui doit élever leurs petits et ils l'atteignent souvent de leur tarière au fond d'un fruit ou dans l'épaisseur d'une branche d'arbre. Tout le monde connaît les *Vrillettes*, ces petits coléoptères qui attaquent le bois et ne vivent qu'au fond de leurs obscures galeries. L'Ichneumon mère sait parfaitement découvrir ce taret de nos meubles et on a vu plus d'une fois sortir des Ichneumons ailés du milieu de bois vermoulu. Ce ne sont du reste pas seulement les chenilles que les Ichneumons recherchent pour leur progéniture ; plusieurs larves de coléoptères et d'hémiptères, des pucerons et des charançons, sont infestés par les mères Ichneumons qui plongent leur tarière entre les articulations. Ces corsaires ailés connaissent parfaitement le défaut de la cuirasse.

Les Ichneumons sont donc franchement parasites à cette première époque de la vie. A l'approche de la puberté, qui varie plus ou moins d'après les espèces, chaque ichneumon prend la clef des champs, butine pour son compte, et accomplit les dernières phases de la vie au grand air de la liberté. Rien n'est beau comme cet insecte dans la plénitude de la vie. Le nombre d'espèces d'Ichneumon est considérable. M. Wesmael a consacré une partie de sa vie à leur étude.

On se demande assez souvent, à propos de ces animaux, à quoi bon ces animalcules, à quoi bon cette vermine qui déplait si fort aux gens du monde? Michelet a répondu à cette question en écrivant l'*Insecte*. « Les oiseaux, dit le brillant historien, assassinent de préférence les insectes qui nous sont le plus nuisibles. » Nous pouvons en dire autant de ceux qui nous occupent. La chenille la plus commune et que l'on redoute le plus à cause de sa grande fécondité, est précisément celle qui est convoitée par le plus grand nombre d'Ichneumons. On compte jusqu'à trente-cinq petits assassins ailés qui fondent sur certaines espèces pour les faire servir de curée à leur progéniture. Le *Bombyx pini* est un des insectes les plus dangereux et les plus nuisibles de nos bois. Les Ichneumons vont tenir en respect la trop grande fécondité de ce lépidoptère, et, au lieu d'une espèce, comme c'est souvent le cas, trente-cinq espèces différentes en font leur point de mire. Il sera bien difficile à cette mère de soustraire ses petits à la tarière de tant d'ennemis, mais il en restera toujours assez pour maintenir l'harmonie dans ce petit monde; la gravité du danger pour les plantes est contre-balancée par le nombre d'Ichneumons qui arrêtent la propagation des chenilles. Ces insectes contribuent plus puissamment à la destruction des chenilles que tous les moyens employés par l'homme. Pour arrêter la pyrale de la vigne, on propage la chalcide petite (*Chalcis minuta*) et on a préconisé tout récemment l'acaride qui attaque le *Phylloxera*, pour arrêter ce nouveau fléau. Les Pucerons ne contribuent-ils pas aussi à arrêter le développement trop rapide de certaines plantes, et l'espèce noire qui vit sur les fèves de marais, n'a-t-elle pas indiqué au jardinier que l'on devait couper la tête des plantes quand les fleurs apparaissent?

On cite encore d'autres hyménoptères, par exemple les *Evaniadés* et les *Chalcididés* ainsi que les *Tachinaires*, qui se font remarquer par ce genre de vie. Au moment où les Hyménoptères fossoyeurs introduisent dans leurs souterrains les insectes dont ils se sont emparés et qu'ils destinent à leurs petits, des Tachinaires s'introduisent furtivement et déposent leurs œufs sur ces victuailles. Chaque race de Tachinaire s'attache à des insectes particuliers. Une différence essentielle qu'ils présentent avec les Ichneumons, c'est que les femelles de ces derniers perforent la peau de leur victime avec un stylet et font pénétrer leurs œufs jusqu'au fond des entrailles, tandis que les Tachines mères, moins cruelles, se contentent de déposer leurs œufs à la surface de la peau et abandonnent à la larve le soin de pénétrer à l'intérieur.

Dans le département de l'Aude, non loin de Lézignan, croît abondamment le *Tithymale*, et l'hôte naturel de cette plante, est un sphynx. Quand le sphynx est encore chenille, un diptère tachinaire l'avise pour nourrir ses petits. A cette fin la mouche va s'établir sur le dos de la chenille et, en chevauchant, sans que la chenille se doute le moins du monde du danger qu'elle court, la mouche échelonne ses larves au nombre de dix ou de douze. La ponte terminée, la mouche va à la recherche d'une autre chenille comme le coucou à la recherche d'un nouveau nid, chaque fois qu'il a déposé un œuf.

Les jeunes mouches abandonnées à elles-mêmes percent la peau de leur hôte et prennent tous place au banquet, dit M. Barthelemy.

Après trois mues, la mouche s'épanouit complétement, dévore l'intérieur de la larve qui l'a nourri, perce la peau, et le cadavre de son hôte, qui aurait pu être son tombeau, devient au contraire son berceau.

Non loin des débris de son festin, sa propre peau se durcit pour devenir une véritable coque et l'insecte parasite se réveille muni d'ailes, prêt à recommencer, après une minute d'amour, le cercle dans lequel se passent les phases toujours les mêmes de son évolution.

Les femelles de Scolies attaquent la larve du grand scarabée (*Oryctes nasicornis*) qui est dans le tan, en les piquant de son aiguillon en même temps qu'elle dépose un œuf sur le corps de la gigantesque larve. La larve qui sortira de l'œuf humera les parties fluides de l'*Oryctes* en herbe et la peau de sa victime servira au printemps de berceau pour sa transformation en nymphe.

Des scolytes s'attaquent également à de grands *Oryctes* qui ruinent les cocotiers aux îles Seychelles. Il en est de même d'une grande espèce de Madagascar.

Il y a autour de nous, jusque dans l'intérieur des villes, des insectes connus sous le nom de *Scolytes* et qui ont fait beaucoup parler d'eux il y a quelques années. Les arbres des grandes routes et même ceux de nos boulevards étaient attaqués par eux et on eut peur un instant, de ne pouvoir arrêter ce nouveau fléau, qui paraissait à côté de l'oïdium des vignes et du parasite des pommes de terre.

Les boulevards de Bruxelles étaient plantés de beaux ormes

et ces arbres disparaissaient les uns après les autres. Le mal sévissait également en France, dans les environs de Paris. M. Eug. Robert s'en était occupé et il avait annoncé à l'Académie des Sciences un remède pour arrêter le mal. La régence de Bruxelles invita M. Eug. Robert à venir mettre en pratique les moyens de destruction des scolytes, qu'il avait préconisés ; mais si j'ai bon souvenir, la mort des arbres a suivi de près la mort des scolytes. La nature, au lieu d'employer le goudron pour arrêter le mal, a des moyens plus simples et plus expéditifs : c'est de faire paraître un autre insecte également petit, qui se multiplie suffisamment pour tenir le terrible scolyte en respect. Tel est le rôle qui est dévolu au *Bracon iniator*. Il dépose simplement ses œufs dans le corps des larves de scolytes et les fait périr.

Wesmael a communiqué un fait curieux de ce genre, concernant cet ennemi de nos plantations.

Laissez faire à ce petit monde son propre ménage. Cet hyménoptère devine avec un instinct admirable la place où les larves des scolytes se trouvent, et de sa longue tarière flexible, il darde un œuf dans le corps de sa victime.

Ce ne sont pas seulement les chenilles qui sont assaillies par des ennemis mortels, les œufs eux-mêmes sont guettés par quelques hyménoptères qui percent la coque et y déposent leurs propres œufs. A l'éclosion des larves, le vitellus et les jeunes tissus du légitime propriétaire servent de pitance à l'usurpateur.

C'est ainsi que les Ophioneurus vivent, à l'état de larve, dans l'œuf de *Pieris brassica*, ce papillon si abondant dans les jardins ; sans cette police de sûreté, il se multiplierait outre mesure, et nos potagers auraient encore plus à souffrir des ravages de ces chenilles.

Les insectes ont beau cacher leurs œufs au milieu des fruits ou dans l'intérieur d'une feuille ou d'une branche, il y aura toujours quelque hyménoptère qui, guidé par son merveilleux instinct, les percera de sa tarière et les atteindra sans même les apercevoir.

Dans l'épaisseur de ces belles feuilles de nénuphar, qui couvrent nos étangs en été, on voit souvent un charmant insecte, connu sous le nom d'*Agrion virgo* ou de *Demoiselle*, à cause sans doute de la grâce de ses poses et de l'élégance de sa toilette, on voit souvent, disons-nous, cet insecte déposer ses œufs avec beaucoup de prudence, bien persuadé qu'ils sont en sûreté au milieu de l'eau ; mais le pauvre névroptère compte sans son hôte. Un hyménoptère, du nom de *Polynema*, est là qui guette chaque mouvement de l'agrion ; et, aussitôt que celui-ci a déposé un œuf, le *Polynema* fond dessus comme un oiseau de proie sur sa victime, le perce et dépose son propre œuf dans son intérieur. L'œuf de l'agrion blessé laissera sortir un polynéma. Le coucou agit avec moins de cruauté, puis-qu'il se contente de déposer ses œufs à côté de ceux qui occupent le nid.

Il y a des exemples remarquables de raffinement de cruauté et de gloutonnerie dans ce petit monde animal. Il ne suffit pas que quelques-uns d'entre eux se repaissent des entrailles de leurs jeunes voisines, il y a des guêpes qui, pour faire durer l'agonie, placent, à côté des œufs qu'elles pondent, des mouches chloroformées, qui attendront patiemment le moment où elles pourront se donner toutes palpitantes à ces jeunes tyrans. Les jours, les heures, peut-être même les minutes sont scrupuleu-sement comptés pour la préparation de cette becquée vivante. A mesure que l'éclosion s'effectue, le pâté acquiert des pro-priétés de plus en plus en rapport avec l'âge des jeunes guêpes.

Les *Sphex* ne sont pas moins cruels. On signale de ces hymé-noptères américains, qui ne s'en prennent pas aux jeunes, mais aux adultes et enlèvent les araignées de leurs toiles comme les chasseurs d'esclaves enlèvent les nègres des bois ; ils les ga-rottent et les calfeutrent dans des cellules étroites, après les avoir chloroformées pour mieux les conserver. Ces araignées conservant assez de vie pour ne pas perdre leurs qualités nutri-tives, deviennent également la proie facile des larves de sphex. La mère de ces hyménoptères a eu soin de déposer ses œufs ainsi que le butin vivant, de manière à ce que les larves, au moment de l'éclosion, vivent dans l'abondance.

Ces jeunes larves, blanches et apodes, sont assez friandes pour repousser toute autre pâture.

C'est un acte de cruauté qui se rapproche de celui des ichneumons avec lequel on peut très-bien le comparer.

Les *Platygaster*, autres insectes hyménoptères, exercent encore leur cruauté d'une autre manière : ils vivent dans le corps des larves de *Cecidomyes*, qui sont logées dans les feuilles enroulées des *Salix* et, pour vivre, elles sucent le sang de leur victime.

D'autres insectes, connus sous le nom de *Méloïdes*, s'y prennent tout autrement. On a connu depuis longtemps les larves sous le nom de *poux d'abeille* ; mais on ne connaissait pas l'état parfait. C'est que les larves ne ressemblent aucunement aux parents.

Ces insectes subissent quatre mues différentes avant de devenir nymphes, et, à chaque mue, leur robe change complétement. On comprend qu'il a fallu du temps pour connaître ce petit monde derrière ses masques. Voici comment ils ravagent nos parterres.

Pendant qu'ils ont encore le costume de larves, ils se cramponnent à certaines femelles d'hyménoptères qu'ils connaissent fort bien, et, persuadés qu'on leur fermerait la porte au nez s'ils se présentaient eux-mêmes, ils entrent, sur le dos de leur voisine, dans les galeries où se fait le ménage et, au moment où l'hôte femelle dépose un œuf dans une loge à miel, le jeune meloë s'y glisse avec lui et s'y fait enfermer. Pendant ce temps il continue sa métamorphose, étalé sur un lac de miel, dévore tout à son aise et sans être inquiété la provision qui était destinée à l'hyménoptère qui l'a introduit. C'est un brigand qui s'installe dans la voiture d'un riche voisin, qui s'introduit sur ses épaules dans la chambre d'enfants, les assassine et s'engraisse avec les provisions destinées à ses victimes.

Les *Sitaris*, les *Méloës*, et apparemment d'autres Méloïdes, simon tous, sont, dans leur premier âge, parasites de certaines hyménoptères, dit M. Fabri qui a épié, avec une rare sagacité, les mœurs si obscures et si intéressantes de ces assassins microscopiques.

Le *Sitaris humeralis* a un développement progressif d'abord, récurrent après, puis de nouveau progressif.

. Les pucerons qui ne sont pas déja fort grands et arrêtent la végétation exubérante de certaines plantes, sont à leur tour attaqués par un insecte qui n'y va pas de main morte. — Une petite espèce de cynips (*Allotria victrix*) dépose, comme un ichneumon, ses œufs dans le corps du puceron des rosiers et se multiplie rapidement à leurs dépens. (Westwood.)

Il y a des mouches dont le genre de vie n'est pas plus délicat que celui des insectes précédents. Nous voulons parler des œstres. Nous figurons ici l'espèce du cheval.

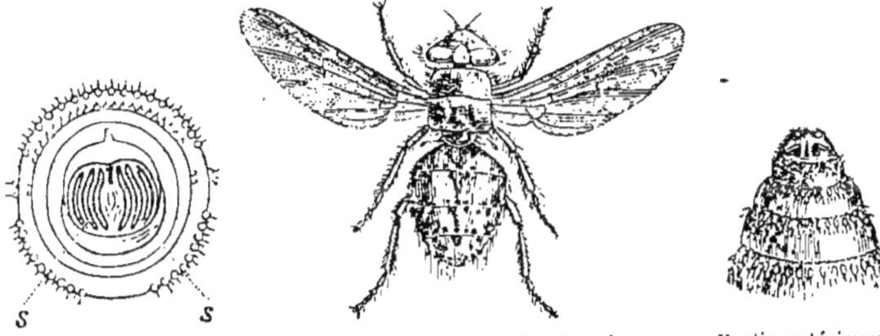

<table>
<tr><td>Partie postérieure.</td><td>Fig. 36. — Œstre du cheval.</td><td>Partie antérieure.</td></tr>
</table>

Au lieu de s'en prendre à des gens de leur classe, les œstres s'installent de préférence sur les mammifères et quelquefois même sur l'homme. Heureusement que leurs besoins ne sont pas si grands et qu'ils se contentent de peu de chose. C'est tout au plus si leur présence peut causer quelque malaise ou de légers troubles fonctionnels.

Les œstres sont des diptères comme les mouches ordinaires ; mais, au lieu de passer leur jeunesse sur quelque débris organique, elles vivent dans les fosses nasales ou dans l'estomac de quelque animal à poil et subissent dans l'intérieur du corps toutes leurs métamorphoses.

Ils passent ainsi leur jeunesse à la crèche ; mais à l'âge adulte, ils vivent librement de leur propre industrie.

Les œstres attaquent surtout les mammifères herbivores, et les dénominations de *gastricoles*, *cuticoles* et *cavicoles* indiquent assez les lieux qu'ils habitent, les premiers se logeant dans l'estomac, les seconds hantant la peau et les troisièmes s'installant dans certaines cavités du corps.

Le docteur Livingstone a sans doute voulu parler de certains œstres, en faisant mention des nombreux vers intestinaux qui infestent les animaux dans l'Afrique australe.

« Tous les animaux sauvages, dit le célèbre voyageur, sont sujets aux vers intestinaux. On voit souvent des vers sur la conjonctive du rhinocéros. J'ai trouvé chez le même animal des paquets de vers semblables à de gros fils, en même temps que de très-courts qui étaient beaucoup plus volumineux. Il est rare que le zèbre et l'éléphant n'en aient pas ; on voit souvent un ver filiforme sous le péritoine de ces animaux ; des larves courtes et rouges qui produisent des picotements quand on les pose sur la main, entourent chez l'éléphant l'orifice de sa trachée ; d'autres larves se trouvent dans les sinus frontaux des antilopes ; et l'on rencontre dans l'estomac des *léchés* (espèce nouvelle d'antilope) certains vers plats qui ont des yeux noirs et qui ressemblent à des sangsues. »

Une espèce, propre au cheval, en Europe, habite communément en été son estomac ; et quand son développement est complet, l'insecte ailé suit le chemin des aliments et sort par l'anus pour aller respirer le grand air. La mouche mère, poussée par le sentiment de la maternité, vole autour du poitrail du premier cheval venu, y dépose ses œufs sur quelques poils qui ne sont pas hors de la portée de la langue. Agissant comme des corps étrangers, le cheval veut s'en débarrasser, en se léchant, ils sont introduits dans la bouche, et de la langue passent dans l'estomac. Au milieu du suc gastrique ces œufs éclosent, les larves sortent, et les jeunes œstres trouvent dans le suc de l'estomac le lait qui doit les nourrir.

Ces larves subissent dans l'estomac leurs métamorphoses, et

quand la jeune mouche a pris sa forme définitive, avec ses ailes délicates, son suçoir et ses yeux taillés en facettes, elle abandonne l'estomac, suit le chemin tracé par les aliments, et, après un séjour plus ou moins long dans les intestins, arrive un beau jour au rectum, se présente devant l'anus et prend son vol.

La mouche peut faire le voyage de l'intestin transportée sur un crottin.

Une fois qu'elle a pris son vol, elle est bien près du terme de la vie, puisqu'il suffit d'un moment d'amour pour céder sa place à d'autres.

Il y a un autre œstre qui trouve sa crèche dans le mouton ; mais au lieu de se loger dans l'estomac, il s'installe dans les fosses nasales qui sont plus faciles à investir. C'est dans ce vestibule que cette seconde espèce subit son évolution.

C'est elle qui s'introduit quelquefois chez l'homme. On en connaît déjà plusieurs exemples, et feu notre confrère Spring en a cité un fort intéressant dont il a fait mention dans les Bulletins de l'Académie de Belgique.

Fig. 37. — Ver macaque.

On désigne sous le nom de ver macaque à Cayenne, une larve d'œstre qui appartient au genre Cuterèbre et attaque communément la peau des bœufs et des chiens de l'Amérique méridionale. Accidentellement on le trouve sur l'homme. C'est le *Cuterebra noxialis*. Nous en reproduisons ici une figure.

Il y a aussi un œstre du bœuf.

Le professeur Joly s'est livré à des recherches zoologiques sur les œstrides en général.

En Hollande le professeur Schroeder Vander Kolken s'en est occupé avec succès, en Autriche M. Brauer.

L'hippobosque est une mouche fort avide de sang qui se tient sur les chevaux et les bœufs, de préférence sous la queue, dans les régions les moins poilues. Il se jette parfois aussi sur l'homme.

L'hippobosque vit sur le cheval et une espèce voisine, dont on a fait un genre différent, hante les chauves-souris (*Strebla vespertilionis*) de l'Amérique méridionale.

M. von Baër a signalé la présence des hippobosques sur les Elans pendant son séjour à Königsberg.

Plusieurs autres insectes vivent et se développent aux dépens de leurs plus proches voisins.

Des voyageurs depuis Azara prétendent que l'Uruguay a peu de bœufs et de chevaux, parce qu'il existe dans ce pays une mouche qui dépose ses œufs dans le nombril de ces animaux au moment de leur naissance. Dans le Paraguay, au contraire, ces mammifères abondent. Pour les répandre dans l'Uruguay il faudrait pouvoir multiplier les oiseaux ou les insectes qui font la guerre à ces mouches, soit à l'état de larve, soit à l'état sexué.

Des diptères connus sous le nom de *Conops*, passent leurs trois premiers âges dans la graisse de Bourdons. Dumeril avait soupçonné d'après la courbure du ventre que le conops dépose ses œufs dans le corps de quelque autre insecte.

Lachat et Victor Audouin en ont cité un exemple dans le Journal de Physique.

Ainsi les Conops, à l'état de larves, habitent l'abdomen de bourdons ou d'autres hyménoptères; les *Echinomyes* se développent à l'intérieur de différents lépidoptères à l'état de chenilles ou de chrysalides; il y en a même qui vivent dans les chairs, de préférence dans celle qui subit un commencement de putréfaction.

Nous pouvons citer également dans cette catégorie d'animaux, qui vont chercher du secours, dans le jeune âge, chez des voisins qu'ils exploitent pendant leur vie et utilisent encore après leur mort, des insectes de divers ordres. Ils sont en général plus cruels que le carnassier qui lutte souvent à armes égales avec sa proie; ici c'est un ennemi qui s'introduit furtivement chez le voisin et la victime est aux trois quarts sucée qu'elle ne se doute pas du danger. Elle héberge, sans le savoir, l'assassin qui doit l'égorger. C'est le raffinement de là cruauté.

Le mélophage du mouton est un diptère sans ailes comme le Leptotène du cerf. Nous reproduisons ici ces deux curieux insectes du mouton et du cerf.

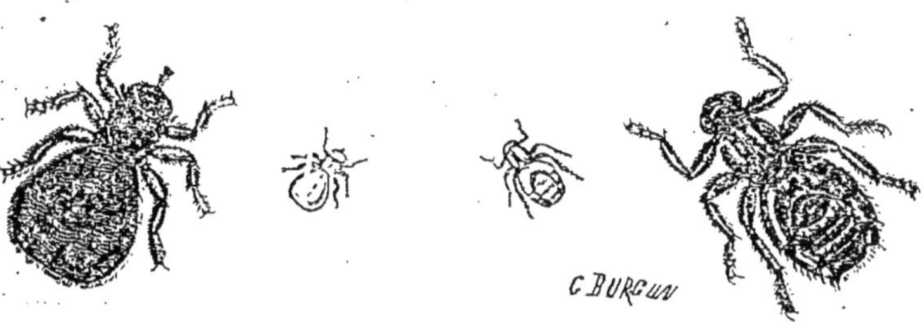

Fig. 38. — *Mélophagus ovis.*   Fig. 39. — Leptotène du cerf.

Le *Stratiome caméléon* fait des visites aux fleurs pour y chercher les insectes qui doivent le nourir de leur sang. Sa très longue larve vit dans les eaux stagnantes.

Nous avons à mentionner dans les lignes suivantes des parasites beaucoup moins cruels en général et qui usent avec délicatesse de l'hospitalité qu'on leur accorde. Nous voulons parler de quelques vers qui passent, non leur jeunesse dans le corps d'un voisin, mais leur âge adulte, et font de léur hôte non une crèche, mais presque un hospice de maternité.

La première jeunesse se passe en liberté; mais bientôt ils donnent naissance à une nombreuse postérité. On ne connaît pas le sort du mâle; quant à la femelle, elle s'introduit à l'état microscopique dans l'intérieur d'un voisin, s'y développe jusqu'à la maturité sexuelle, puis quitte sa retraite pour aller disséminer ses œufs.

Il paraît cependant que ces femelles ont besoin de demander des secours aux insectes, mais avant d'entrer dans cet asile vivant, le mâle, que l'on ne connaît pas encore, assure par sa fécondation la conservation de l'espèce.

On trouve assez souvent en été dans des flaques d'eau, des

vers minces, qui atteignent jusqu'à un pied de longueur, ressemblent à une corde de violon et ont pendant longtemps intrigué les naturalistes. Ils sont connus sous le nom de *Gordius*, et dans ces derniers temps, ils ont été l'objet de recherches suivies, tant sous le rapport de leur organisation que de leur genre de vie et de leur développement. Nous reproduisons ici la figure d'un gordius de grandeur naturelle. Les Mermis comme les Gordius passent leur jeunesse dans le corps de certains insectes, et quittent leur berceau vivant pour répandre au loin leurs œufs. Ici ce sont les embryons eux-mêmes qui vont à la recherche de leur hôte, et, contrai-

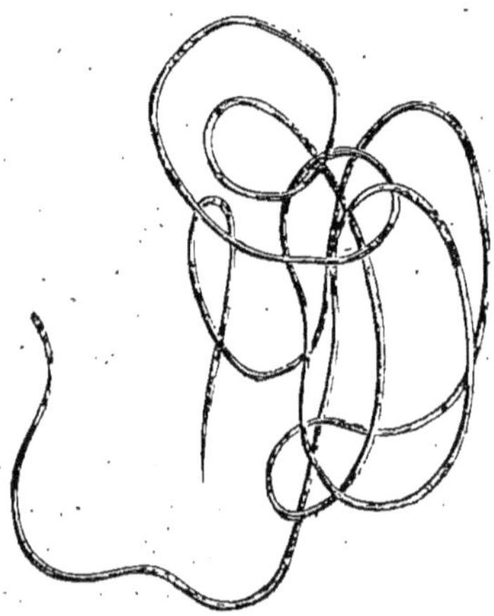

Fig. 40. — *Gordius aquaticus.* Grandeur naturelle.

rement aux Ichneumons, ils l'exploitent avec économie. La vie de l'hôte n'est aucunement compromise, et l'on n'observe même pas de trouble fonctionnel, malgré l'énorme taille du ver.

Les Mermis se répandent surtout après une pluie d'orage; quelques Filaires sont également plus communs à l'époque des pluies. Sous le titre de *Note sur une apparition de vers après une pluie d'orage*, je communiquai à l'Académie de Belgique quelques observations sur ces animaux, observations qui ont été insérées dans les Bulletins.

Il y a quelques années, on m'apporta le matin, après une pluie d'orage, une quantité de vers de quatre à cinq pouces de longueur, très-minces et entortillés sur eux-mêmes, qui avaient été recueillis le matin sur les plates-bandes de divers jardins dans l'intérieur de la ville. On prétendait qu'il y avait eu la nuit une pluie de vers.

Sur deux cents vers il n'y avait pas un mâle; tous étaient chargés d'œufs et les jeunes grouillaient déjà dans l'intérieur.

D'où viennent-ils, disais-je dans ma Notice? Sont-ils tombés du ciel tout formés? Il est évident qu'ils ne se sont pas développés sur la terre où on les a trouvés; il n'est pas moins évident qu'ils ont apparu brusquement sur les plates-bandes. Proviennent-ils de l'intérieur du corps de certains insectes qu'ils ont quittés, à l'occasion de la pluie qui est tombée? Ces vers, en effet, avaient terminé leur stage de parasites dans le corps de leur hôte, et la grande sécheresse qui s'était soutenue pendant plusieurs semaines, les avait empêchés de reprendre leur premier train de vie. C'est l'émancipation subite de ce grand nombre de vers à la fois, qui avait attiré l'attention des jardiniers; les Perce-oreille, les Hannetons et plusieurs autres insectes les abritent et les nourrissent pendant la durée de cette étrange gestation.

On sait, par les observations de Siebold, que les œufs de Mermis, pondus pendant l'été, produisent au printemps suivant des embryons qui vivent dans la terre humide. Ils cherchent ensuite des larves d'insectes, perforent la peau, et s'y développent sans s'enkyster. Après cela, ils perforent de nouveau la peau de leur hôte, se rendent dans la terre humide où ils changent de peau, se fécondent et pondent des œufs. Les larves de *Mermis albicans* demandent surtout du secours à des chenilles ou à des larves de coléoptères, d'orthoptères ou de diptères, même à un mollusque, le *Succinea amphibia*.

Le professeur Meissner et surtout M. Grenacher, professeur à Göttingue, nous ont fait connaître la structure des *Gordius*. Les *Gordius bifurcus* donnent des embryons au bout d'un mois; ces embryons perforent la coque au moyen de leur rostre, deviennent libres dans la terre humide et s'introduisent à travers la peau dans la cavité périgastrique de quelques larves. Le ver sexué devient de nouveau libre. S'il faut en croire un naturaliste, M. Villot, qui a fait des observations récentes sur les Mermis et les Gordius, ces derniers seuls subiraient des métamorphoses complètes; ils revêtiraient trois formes différentes et changeraient trois fois d'habitation. Leur premier séjour serait dans l'eau, ou dans une larve de diptère comme embryon libre ; le second, à l'état de larve, dans l'intestin d'un poisson ; et le troisième serait comme le premier à l'état sexué.

A en juger par quelques Gordius rapportés des Indes et d'ailleurs, ces curieux parasites n'existent pas seulement en Europe ; on les observe dans diverses parties du monde et ils mènent partout le même genre de vie. A Calcutta on en a trouvé dans des *Hapale ;* aux îles Philippines, dans une *Mantide*, et le musée de Hambourg en possède du Vénézuéla, qui sont sortis du corps d'une *Blatte*.

Ces vers, en approchant de l'âge adulte et sexué, perdent leurs divers appareils et se modifient si complétement sous le rapport de leur organisation, qu'ils ne sont plus à la fin qu'un étui à œufs. Ce sont si bien des étuis dans lesquels le tube digestif et les autres organes disparaissent à mesure que l'appareil sexuel se développe, que bien des naturalistes ont pu prendre ces vers pour un simple ovisac. C'est ce qui a eu lieu également pour le *Nématobothrium* du poisson connu sous le nom d'Aigle ; il a été pris par un naturaliste éminent pour un nid à psorospermies.

Il y a aussi des vers qui vont demander du secours aux plantes et vivent à leurs dépens, comme s'ils se trouvaient dans un insecte. Un des plus remarquables est celui qui attaque le blé et produit la maladie du grain, connu sous le nom de Nielle, l'anguillule du blé (*Anguillulina tritici*). C'est un petit ver cylindrique fort mince, qui se dessèche complétement avec le grain qui l'a nourri, et qui peut rester indéfiniment comme une poussière sans mourir. Chaque fois qu'on l'humecte il reprend de l'activité. On a comparé ce retour à la vie à une sorte de résurrection. M. Davaine a étudié ce ver avec beaucoup de soin, il a fait connaître les diverses phases de son développement et la manière dont il s'introduit dans la plante et dans la graine ; Needham dans ses *Nouvelles découvertes faites avec le microscope* (1747) consacre tout un chapitre à ses anguilles microscopiques.

Les larves de l'*Anguillula scandens* sont séchées dans les

galles que la mère habitait. Aussitôt que ces galles tombent et se mouillent, les larves se raniment et abandonnent ce berceau pour vivre librement. Plus tard elles vont à la recherche de leur plante, l'escaladent et pénètrent dans les tissus avant l'époque de la fécondation; devenus sexués dans l'intervalle, ces nématodes microscopiques déposent leurs œufs dans un nid formé aux dépens de la plante.

Une autre espèce vit dans le *dipsacus* qu'elle rend également malade (*Anguillulina dipsaci*). Elle en attaque les fleurs et reste sans vie sur ces fleurs jusqu'au moment où on les mouille. L'anguille du vinaigre est un autre ver nématode qui n'est pas sans affinité avec les précédents. On en a fait un *Rachitis*.

Il existe aussi une espèce fluviatile, mais n'a-t-on pas confondu des vers différents sous ce nom? Dans l'eau saumâtre vivent une quantité d'espèces qui se font remarquer par la présence de soies à la tête et par des yeux fort distincts.

PARASITES A TRANSMIGRATIONS ET A MÉTAMORPHOSES

Un certain nombre de parasites s'établissent dans un premier animal qui sert de crèche, puis dans un second qui sert de maternité. Ce passage d'un animal à un autre, est désigné sous le nom de transmigration. En général la crèche tout entière avec ses nourrissons passe dans l'hospice de maternité. La crèche est toujours représentée par un animal à régime végétal qui est destiné à un carnassier; l'hospice de la maternité est représenté par ce dernier. La souris est la crèche qui passera avec toute sa clientèle dans le chat qui la mangera.

S'il était question de plantes nous dirions que, dans le premier hôte, elles se développent et que, dans le dernier, elles fleurissent. La plante comme l'animal est agame aussi longtemps que la fleur ou les organes sexuels n'ont pas fait leur apparition.

L'animal qui transmigre subit en général des changements complets en passant d'un séjour à un autre; il est agame dans le premier sujet, c'est-à-dire sans sexe, emmaillotté et couvert d'un bourrelet comme un nourrisson; dans le sujet définitif il est au contraire revêtu de tous les attributs sexuels.

Dans la crèche, le parasite est de passage; il est stagiaire et le parasite qui arrive à l'hospice de la maternité est au terme de son voyage, il est chez lui ; nous avons proposé de lui donner le nom de *nostosite*, par opposition à celui qui n'habite son hôte que temporairement. Enfin, remarquons que le même animal peut loger ces deux sortes de parasites. C'est ainsi que le lapin héberge dans son péritoine des stagiaires qui ne seront chez eux que dans le chien, et, indépendamment de ces stagiaires, de ces étrangers, pourrait-on dire, il loge dans l'intestin un ver sexué ténioïde. Le premier est un *xenosite*, le second un *nostosite*. La souris loge de même des stagiaires sous le nom de Cysticerques qui sont destinés au chat pour y devenir *tenia*.

Nous appellerions volontiers le lapin ou la souris qui hébergent les vers en transit, le *coche*, d'autant plus que l'on en voit de temps en temps qui le manquent, et qui se perdent ensuite dans leurs pérégrinations.

Le *coche* c'est l'hôte intermédiaire, le *Zwischenwirth* des helminthologistes allemands, c'est toujours un animal à régime végétal ; l'hôte définitif est généralement un carnassier ; c'est par l'animal à régime végétal, rongeur ou herbivore, que l'étranger parasite s'introduit.

Il en résulte que le carnassier reçoit chez lui, chaque fois qu'il avale une proie, tout le mobilier parasitaire de celle-ci, et les parois de son canal digestif forment le sol dans lequel s'implantent tous les vers qui peuvent y prendre racine. Les tissus de la proie sont triturés et digérés, mais les vers qu'elle renferme échappent à l'action du suc gastrique et sont mis en liberté dans l'estomac. L'estomac du carnassier est un tamis par lequel s'introduisent souvent à chaque repas des milliers de parasites et les poissons en logent beaucoup qui changent constamment d'estomac. Toute leur vie se passe à ces transmigrations ; ce sont des voyageurs qui ont leur domicile dans les wagons du chemin de fer et qui ne sortent pas des gares.

Chaque estomac est en effet une gare, assez souvent toute remplie de marchandises et qui disparaissent avec la gare elle-même dans un nouveau train. Bienheureux ceux qui se trouvent sur un wagon bien enraillé pour sa destination. Il y a beaucoup d'appelés, peu d'élus. Que de voyages certains stagiaires ont à faire avant de trouver leur hôte !

Il est souvent fort intéressant d'ouvrir un poisson qui vient de faire bonne pêche ; son estomac et ses intestins renferment d'abord les vers ordinaires ; la proie en partie digérée en renferme à son tour, et il n'est pas rare de trouver encore les parasites de celui qui est avalé avec son hôte.

Généralement l'animal s'infeste dans le jeune âge des parasites qu'il héberge pendant toute la vie. Pour connaître le mobilier de plusieurs poissons, il faut les visiter peu de temps après leur éclosion.

Dans la crèche le parasite occupe un organe clos sans communication avec l'extérieur ; il habite la mansarde de son premier hôte ; dans son dernier hôte qui représente la maternité, il occupe au contraire les plus vastes appartements et ne cesse jamais d'être en communication directe avec l'extérieur. Aussi dans le premier animal, il est souvent complétement immobile, et sous une forme que nous avons appelée scolex ; dans le dernier il se meut librement et porte, en outre des organes sexuels, des organes propres à cet état que nous avons appelé *Proglottis*. Ces parasites subissent donc des métamorphoses.

Longtemps les métamorphoses semblaient être l'apanage exclusif des grenouilles et des insectes. Dans la classe des vers, où elles se compliquent de changements d'hôtes, elles dépassent de beaucoup en réalité les fictions les plus brillantes et les plus hasardées des poètes. Ces phénomènes de transmigrations étaient complétement inconnus avant nos recherches ; si quelques naturalistes comme Abildgaard ou Pallas ont soupçonné leur existence, c'était plutôt comme accident, et les expériences auxquelles ils se sont livrés étaient toutes peu favorables à leurs suppositions. La connaissance de ces transmigrations a en même temps fait disparaître les dernières illusions des partisans de la doctrine de la génération spontanée ; on pouvait d'autant moins s'expliquer la présence de vers dans des organes clos comme l'œil ou le cerveau, que ces vers étaient toujours sans sexe. Du même coup, on a connu la prophylaxie et relégué au second plan ce cortège de médicaments anthelmintiques qui ont causé souvent des accidents plus graves que les parasites eux-mêmes.

Du moment que les parasites étaient le résultat d'une dégénérescence individualisée de quelque papille intestinale, il y avait état morbide et l'on comprend que tous les efforts du médecin se dirigeaient contre la présence de cet ennemi qui avait surgi dans la place. Aujourd'hui on sait que tout animal sain et vivant en liberté héberge des parasites avec une constance presque aussi grande que les organes qui le font vivre; et il n'est pas douteux pour nous que les parasites jouent souvent leur rôle dans l'économie; leur absence peut aussi bien que leur présence causer des troubles. Nous ne serions même pas étonné si un jour on préconisait l'administration de certains vers à l'intérieur. N'avons-nous pas connu le moment où toutes les maladies devaient céder à l'action des sangsues, et ne voyons-nous pas les bons effets de leur application? Il y a beaucoup de parasites et leur effet thérapeutique pourrait faire le sujet intéressant d'une étude suivie.

Parler aujourd'hui de tempérament vermineux, ce serait s'occuper d'une hérésie scientifique, d'un anachronisme; ce qui montre tout le progrès que nous avons fait depuis quelques années. Valenciennes a pu tenir ce langage à l'Académie des Sciences de Paris, il n'y a pas vingt-cinq ans, et Lamarck a écrit au commencement de ce siècle, dans son ouvrage classique sur les animaux sans vertèbres : « *Ce qu'il y a de trèspositif, c'est qu'il existe dans un grand nombre d'animaux et dans l'homme même, des vers intestins, qui, les uns s'y forment, les autres y naissent et tous y vivent, s'y multipliant plus ou moins, sans qu'aucun de ces vers se montre et puisse vivre ailleurs.*

« *Depuis tant de siècles que l'on observe on n'a pu découvrir nulle part ailleurs que dans le corps des animaux, des espèces de vers intestins bien constatées.*

« *Des vers* INNÉS *ou dus à des générations spontanées et qui se sont diversifiés avec le temps, voilà ce qu'on est maintenant autorisé à croire, et ce que pensent effectivement les observateurs les plus éclairés.* »

Ainsi, aux yeux de Lamarck, les vers parasites ne se trouvaient que dans le corps des animaux et s'y formaient directement.

Croirait-on que des idées pareilles aient pu être émises par des zoologistes de premier mérite, et doit-on être surpris que l'hypothèse de la génération spontanée ait été longtemps enseignée dans les cours de physiologie ?

Un livre publié en 1859, a pour titre : *Hétérogénie ou traité de la génération spontanée.* L'auteur donne l'explication du motif de ses erreurs dans la seconde ligne de sa préface où il dit : *Lorsque, par la méditation, il fut évident pour moi, que la génération spontanée était encore l'un des moyens qu'emploie la matière pour la reproduction des êtres.....* Pour ce savant, la science n'est donc pas la généralisation des faits, mais ceux-ci doivent servir à étayer les théories ou les hypothèses inventées dans le silence du cabinet. Ce passage nous fait comprendre qu'il n'a pas été plus capable de se rendre à l'évidence des expériences faites sur les vers, qu'à celle de Pasteur sur les infusoires.

On peut dire à la gloire de l'illustre Baer que, dès 1817, pendant son séjour à Königsberg, il s'arma en guerre contre cette hypothèse et qu'il n'a cessé de la combattre, jusqu'à ce que l'évidence soit venue dessiller les yeux des plus obstinés.

Les vers qui nous présentent les phénomènes les plus remarquables de transmigrations accompagnées de métamorphoses, sont les Distomiens et les Cestodes, c'est-à-dire les vers aplatis dont nous allons nous occuper en premier lieu.

Les vers trématodes renferment un certain nombre de grands et beaux parasites qui ne subissent guère de métamorphoses et ne se trouvent que sur la peau ou les branchies de certains poissons ; ce sont les trématodes monogenèses comprenant les *tristomiens* et tous les vers de ce groupe, qui sont en même temps les plus élevés en organisation; nous en parlons plus loin. Les autres Trématodes, dits digénèses, vivent sur les animaux les plus différents, sous les formes les plus variées et, comme la plupart des cestoïdes, ne s'introduisent dans celui qui doit les héberger, que par le secours d'un hôte ou d'un coche qui leur sert de véhicule. La famille principale est celle des Distomiens, famille cosmopolite par excellence, aussi inconstante dans son allure que capricieuse dans le choix de ses compagnons. Chaque distomien ressemble à une petite sangsue qui porte une ventouse au milieu du ventre, et comme cette ventouse était censée perforée, on leur avait donné le nom de Distome.

Ces parasites nous intéressent d'autant plus que, sans être le point de mire de quelques espèces, nous nous trouvons parfois sur leur passage. Il y a deux espèces qui se logent parfois dans le foie de l'homme sans lui être destinées, car elles sont propres au mouton. On a fait connaître tout récemment deux nouveaux distomes (Dr Bilharz) qui ne sont heureusement connus jusqu'à présent qu'au Caire et qui sont aussi curieux par leur organisation que par leur genre de vie.

La généalogie des distomiens en général est bien connue aujourd'hui; ce qui reste encore à découvrir c'est l'itinéraire de chaque espèce en particulier, et dans plusieurs laboratoires de zoologie on met tous les jours en expérience les espèces avec les hôtes qu'elles sont censées rechercher. Ces travaux ont donné déjà de fort beaux résultats dans les laboratoires de Giessen et de Leipzig sous la direction de Leuckart.

La généalogie des distomiens est la suivante : au sortir de l'œuf, le jeune distome est emmaillotté d'une tunique ciliée et, sous une apparence d'infusoire microscopique, il s'abandonne à tous les écarts de la vie libre et vagabonde; c'est sa belle période. « C'est une jeunesse lancée à toute vapeur au milieu de son océan sans secours et sans guide ; s'il rencontre une île sur son passage, c'est-à-dire le corps d'une larve d'insecte aquatique ou un mollusque, il débarque, dépose son fruit et disparaît : son but est rempli. S'il ne rencontre pas d'île ou de continent, il s'abîme et périt, car il ne porte pas de vivres avec lui ; il n'a aucun organe qui lui permette de prendre pâture sur son passage. » Si la vie est courte, même pour un jeune distome, elle se passe au milieu des étangs ; si la chance lui est favorable, il finira par se donner un gîte vivant où il trouvera réuni tout le confort du parasite.

L'abondance règne toujours dans ces oasis vivantes et, comme les nouveaux colons sont de véritables déportés, qui ne doivent plus revoir la patrie, les rames ciliées pour voguer sont inutiles et la descendance diffère complétement de la mère commune.

Sous la tunique ciliée de la mère, apparaît une fille sous forme d'un sac, qui naît presque en même temps qu'elle, et au sujet desquelles nous pourrions rappeler ici les paroles de Réaumur : *Singulière et mystérieuse dualité dans l'unité : deux êtres vivant l'un dans l'autre et qui ne sont qu'un seul individu. La nature nous a-t-elle habitué à un pareil luxe? La voyons-nous jamais rétrograder ainsi d'une organisation plus compliquée à une autre plus simple?* Ce que le grand observateur n'a pas osé croire, s'est réalisé cependant, et dans bien des cas le développement est franchement récurrent.

Conduits par un merveilleux instinct, obéissant à une mission irrévocable, les distomiens comme les monostomiens et d'autres encore, en usurpant l'asile des mollusques, introduisent dans le corps vivant de leur hôte nouveau, non pas un embryon isolé, mais un jeune animal qui est déjà imprégné d'une riche postérité ; si elle reste maîtresse de la place, cette postérité envahira de force les divers organes, sans s'inquiéter si l'hôte ne succombera pas sous le poids de cette brusque invasion.

La fig. 41 représente un de ces vers provenant d'un embryon cilié et qui renferme, à côté de son tube digestif, des cercaires à divers degrés de développement. En avant on en voit un qui est pourvu d'yeux et de queue, en arrière on en observe de plus jeunes : parmi ces embryons ciliés, voguant sans guide et sans boussole au milieu de leur océan, bien peu toucheront terre, c'est-à-dire trouveront le port où doit prospérer leur progéniture ? Cette première période embryonnaire est celle qui compte le plus de périls. Dépouillés de leur tunique de natation, ces jeunes distomiens ont la forme d'un sac que l'on a appelé longtemps *sporocyste*. C'est de ce sporocyste que l'on voit sortir des centaines ou des milliers de jeunes, ne ressemblant en aucune manière à la mère qui les a mis au monde. Ceux-ci vont reprendre à leur tour la vie libre et indépendante. Ce sont des colons que le distome a déposés sur une terre étrangère. Souvent cette multiplication simple ne suffit pas encore pour assurer la conservation de l'espèce : le sporocyste unique engendre d'autres sporocystes semblables et ceux-ci mettent ensuite au monde une riche descendance de têtards, qui, après métamorphose, deviendront des distomes sexués. Ces têtards sont souvent bien armés et dévorent parfois jusqu'au dernier lambeau de chair de leur hôte. On les connaît depuis longtemps sous le nom de cercaires, qui leur avait été

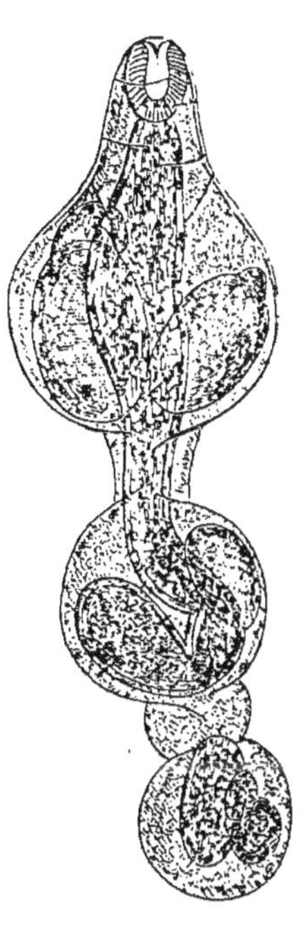

Fig. 41. — Monostomum verrucosum, Sporocyste avec Cercaires. En avant la bouche, au milieu, le canal digestif, et autour du canal digestif les jeunes sous forme de Cercaires en voie de développement.

imposé à une époque où on ignorait leur généalogie. Ils ne sont pas sans quelque ressemblance avec des têtards de grenouille (fig. 45). La mère n'était qu'un sac avec des cils et quelquefois des yeux ; le têtard a un corps distinct, une queue mobile caduque : et après la chute de celle-ci, des organes sexuels. Les cercaires abandonnent souvent leur premier hôte sur lequel ils se sont développés, et vivent librement dans l'eau en attendant leur hôte définitif. On en pêche aussi quelquefois en pleine mer. En 1849,

J. Müller m'écrivit de Marseille qu'il venait de découvrir des cercaires et des distomes vivant librement dans la Méditerranée. Depuis, cet illustre savant en a observé encore à Trieste, en poursuivant ses études sur les échinodermes, et il a bien voulu nous communiquer les dessins originaux de ces singuliers parasites.

On rencontre tant à Marseille qu'à Trieste, dit J. Müller, un nouveau cercaire avec queue pinnée, et deux points oculaires noirs dont le corps a de $\frac{1}{10}$ à $\frac{1}{8}$ de ligne de longueur, non compris la queue qui est deux à deux fois et demie aussi longue. Un mamelon est en avant du milieu du corps. Sur les côtés de la queue, il y a de part et d'autre 12 à 20 pinceaux de soies molles sur de petites proéminences en séries transversales qui ne sont pas opposées régulièrement et en une série transverse de 6 soies. Sur un spécimen, la queue, depuis l'origine jusqu'au quart postérieur, est pourvue de ces faisceaux de soies et sur un autre ils manquent dans la moitié antérieure, mais existent au contraire dans la moitié postérieure. Sur un autre encore, les soies ont disparu en partie et se réduisent à six faisceaux à l'extrémité de la queue. Cette queue présente des traces plus ou moins prononcées d'anneaux transverses. J. Müller a vu fréquemment que le distome, provenant de ce cercaire, qui nageait librement dans la mer, après s'être débarrassé de sa queue, était parfaitement reconnaissable à ses deux marques noires qui alors étaient plus diffuses.

Ce cercaire de J. Müller rappelle celui observé par Nitzsch sur des coquilles d'eau douce (*Cercaria major*) avec queue annelée et pinnée.

Claparède a également pêché à Saint-Vaast, des cercaires dont il ne connaît pas l'hôte. Ce naturaliste supposait que ce ver pouvait émigrer volontairement. Il a trouvé là ces mêmes cercaires (*Cercaria Haimeana*) sur des Sarsia, et des Océanies, mais toujours agames.

La *Cercaria setifera* de J. Müller a été trouvée libre et attachée à la face inférieure de quelques méduses. Elle existe parfois en nombre considérable à la surface interne de certains

Acalèphes de l'Océan et de la Méditerranée. Enfin Claparède a observé encore un autre cercaire libre qui porte le nom de *Pachycerca*.

Certains cercaires ont la vie assez dure; nous en avons tenu en vie librement dans l'eau douce pendant une huitaine de jours au mois de novembre et le dernier jour elles étaient encore fort alertes (*Cercaria armata*). On voit aussi quelquefois sauter l'âge cercairien et le jeune distome apparaît en abondance sans queue dans le sporocyste. Nous en avons vu un exemple dans le *Buccinum undatum* de nos côtes. Cette dernière génération affecte en tout cas une forme toute différente de celle qui l'a précédée.

Logés et nourris sans frais dans le parenchyme succulent de leur victime, les cercaires grandissent rapidement et dès que leur rame caudale est développée, ils déchirent la cloison qui les protége et abandonnent leur hôte pour vivre librement de leur vie de têtard. Un beau jour, fatigués de la vie nomade, ils choisissent un autre hôte, se débarrassent de leur queue, s'enveloppent dans un linceul comme une chrysalide qui va se faire papillon, et, blottis dans un sac, que l'on désigne sous le nom de Kyste, ils attendent patiemment des jours, des semaines, des années, que leur hôte soit avalé par celui qui doit les loger. Le kyste devenu libre dans l'estomac de ce dernier, ses enveloppes se dissolvent dans le suc sécrété par les parois et, avec tout le personnel qui l'accompagne, le ver reprend sa liberté, dans ce nouveau séjour.

Les cercaires enkystés passent ainsi avec armes et bagages dans l'estomac d'un nouvel hôte. Leurs enveloppes, pour ne pas dire leurs langes, sont mises en pièces par le suc gastrique, et au bout de leur stage, ils vont se loger dans des appartements plus vastes et appropriés à leurs nouveaux besoins; cette dernière demeure est toujours en communication avec l'extérieur. Le temps du célibat est passé et une nombreuse postérité sous forme d'œufs se prépare. Ils accomplissent dans cet état leur dernière mission, et, si leur mère le sporocyste n'a connu que les joies de la maternité agame, le cercaire devenu tout d'un coup distome apprécie toutes les douceurs de la maternité sexuelle.

Le distome arrive ainsi au terme de son voyage et de son évolution ; il évacue ses œufs au milieu des fèces de son hôte, et des milliers d'animalcules guettent la nouvelle génération, pendant que d'autres attendent la visite des générations ciliées. La fille distome diffère ainsi complétement de sa mère *sporocyste*, mais elle ressemble à sa grand'mère qui a vécu comme elle ; nous avons donc des animaux libres et vagabonds au sortir de l'œuf, et qui nagent vigoureusement comme des infusoires sans dépendre de personne. Mais le terme de leur vie approche rapidement, ils se dépouillent de leur manteau cilié et avant de mourir, tout en étant encore emmaillottés, ils réclament l'hospitalité d'un mollusque et mettent bas une nombreuse progéniture. Nous avons alors affairé à des animaux dont les petits en maillots vivent d'abord librement, puis demandent du secours quand le moment de songer à la famille approche. Les descendants débutent comme les parents par une vie vagabonde, et comme leur mère a jeté son manteau cilié, eux abandonnent leur queue nageoire, pour songer à leur tour à la famille. En résumé il y a dans le cercle de la vie d'un distomien deux formes distinctes qui débutent et finissent de la même manière, la première poussant une progéniture par gemme, la seconde une progéniture par œufs. Il y a alternance de forme à cause de la double multiplication (digénèse) et transmigration par plusieurs individus. C'est-à-dire que pour arriver à sa destination le jeune distomien a besoin de changer plusieurs fois de convoi, et il prend dans chaque wagon un costume particulier. On comprend avec quelle peine on est parvenu à reconnaître ce distome voyageur, changeant constamment de chemin et de toilette, et quelle sagacité il a fallu de la part des naturalistes pour ne pas perdre sa piste.

On peut interpréter diversement l'embryon de distomien sortant de son sporocyste. Est-ce une mère et une fille emboîtée comme dans les pucerons ou l'enveloppe ciliée, est-elle simplement un manteau ? c'est ce que nous croyons. Le manteau cilié dont l'embryon se dépouille est une mue, un simple effet de l'âge.

De manière qu'il y a pour nous dans l'évolution complète d'un distome, un âge agame et un âge sexué, une véritable alternance : l'âge agame subit une mue véritable, l'âge sexué une métamorphose.

Nous avons antérieurement considéré l'embryon comme mère et fille, venant au monde ensemble, ainsi que nous le voyons chez les pucerons, où, mère, fille et petite-fille naissent comme des jumeaux ; de sorte que si la mère ou la fille éprouvent un accident pendant la parturition, la petite-fille peut naître avant sa mère et même avant sa grand-mère.

Nous allons maintenant étudier quelques-uns de ces mystérieux voyageurs qui ont donné tant de peine aux naturalistes, pour découvrir leur séjour et constater leur identité. En considérant le nombre des observateurs qui ont fait mention des distomes, il est évident que ces parasites doivent être fort communs. Ainsi nous trouvons déjà les noms de Ruysch, de Leeuwenhoek, de Swammerdam, de Camper, de Houttuyn, de Mulder, de Heide, de Biddloo, de Snellen, etc., etc., parmi les naturalistes qui se sont occupés d'eux. De nos jours, les auteurs qui ont exploré ce terrain sont si nombreux, qu'il faudrait plus d'une page pour inscrire simplement leurs noms.

Les distomes fréquentent, à quelques exceptions près, toutes les classes du règne animal, et si leur nombre est grand dans les poissons, il n'est pas moins élevé dans les mammifères et les oiseaux. C'est par les mollusques, les vers et les crustacés que la plupart des animaux supérieurs s'infestent, et c'est dans leurs rangs que nous devons chercher leur premier séjour. Sans admettre que leur taille soit en rapport avec l'hôte qui les héberge, c'est cependant dans le foie d'une Balénoptère, que se trouve la plus grande espèce, le *Distoma goliath*. Ce distome a la grandeur d'une forte sangsue et son hôte ne mesure pas moins de vingt mètres.

M. Willemoes-Suhm fait mention d'un distome qui, à la fin de son évolution cercarienne, vit librement dans l'eau et s'attache par sa ventouse, à des larves de vers ou à des crustacés copépodes , puis se loge dans leur dépouille sans s'enkyster. D'après le professeur Moebius, c'est le *Distomum ocreatum* des harengs. M. Ulialnin a trouvé dans la baie de Sébastopol un autre distome libre qui s'attache également par sa ventouse ventrale à des copépodes, et qui devient le *Distomum ventricosum* de plusieurs poissons.

Celui qui veut observer des distomes à l'état de cercaires n'a qu'à visiter quelques mollusques d'eau douce, soit des limnées, soit des planorbes des étangs et, en lacérant l'animal sur le porte-objet du microscope simple, il ne manquera pas d'apercevoir une multitude de têtards qui se débattent et s'agitent. Les queues se tortillent, se recourbent, s'étendent, décrivent des arcs de cercles, comme si on avait un nid de serpents sous les yeux.

Chaque espèce de distome a ses cercaires propres qui sont répandus sur autant d'animaux inférieurs différents. C'est en mangeant ces animaux que les oiseaux et les poissons s'en infestent.

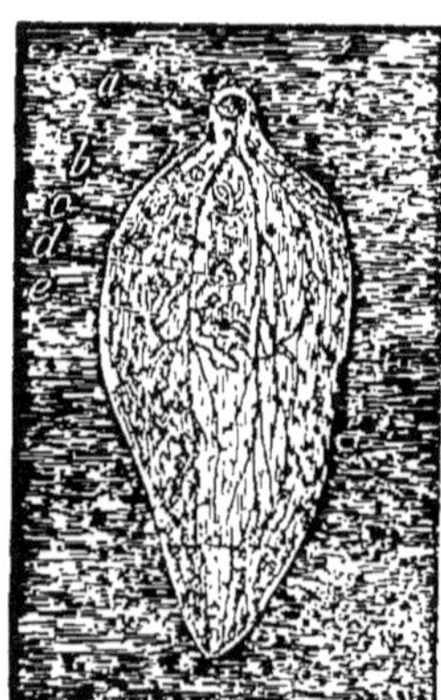

Nous pouvons citer comme exemple de cette catégorie de parasites, le *Distomum hepaticum* ou la Douve hépatique ; c'est l'espèce de ce genre qui nous intéresse le plus ; il atteint la taille d'une petite sangsue de longueur moyenne, et a pour séjour habituel le foie du mouton. Pour l'apercevoir on n'a qu'à visiter un foie frais. On en trouve communément dans les canaux biliaires où ils se remuent comme des planaires. Sa couleur est toujours foncée et il est introduit sans doute à l'état de cercaire par la boisson.

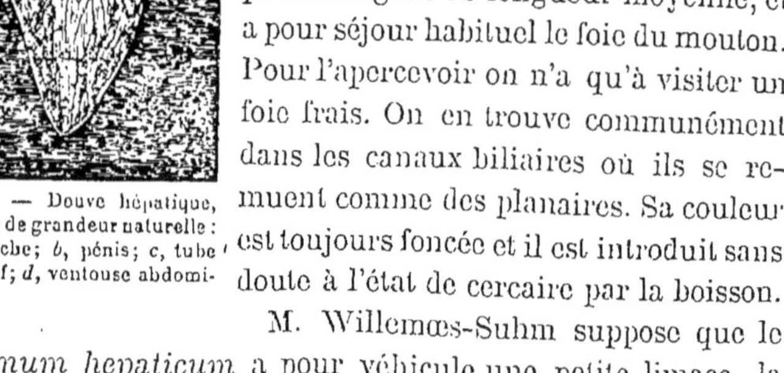

Fig. 42. — Douve hépatique, double de grandeur naturelle : *a*, bouche ; *b*, pénis ; *c*, tube digestif ; *d*, ventouse abdominale.

M. Willemœs-Suhm suppose que le *Distomum hepaticum* a pour véhicule une petite limace, la *Limax agrestis*, que le mouton avale avec l'herbe qu'il broute. Son séjour principal est dans les ruminants, et accidentellement dans l'homme. On prétend qu'il est inconnu en Islande.

Le *Distome lancéole* a été également observé sur l'homme.

Le docteur Bilharz, élève de Siebold, a découvert en 1851 sur l'homme, un parasite remarquable sous tous les rapports. Il appartient à la famille des distomiens et, à cause de ses particularités, on l'a érigé en genre sous le nom de *Bilharzia*. Il vit dans la veine-porte et dans ses ramifications chez l'homme en Egypte. D'après Bilharz ce distomien est dioïque, le mâle serait assez gros, la femelle mince et délicate, ce qui ne s'accorde pas avec les caractères propres aux animaux dioïques. La moitié des Fellahs et des Coptes souffrent de ces parasites; ces vers se rendent, à l'époque de la ponte des œufs, de la veine cave dans les veines du bassin, et, après avoir produit des accidents souvent fort graves, ils finissent par être évacués par l'urine.

Un autre distome a été trouvé également par Bilharz dans l'intestin d'un jeune garçon en Egypte.

Le plus grand distome connu habite le foie de la *Balenoptera rostrata*, la petite baleine de trente pieds qui est de passage régulier sur la côte de Norvége. Les intestins du phoque ordinaire hébergent souvent un distome fort curieux qui a été observé en premier lieu par Rudolphie, le *D. acanthoïdes*. Le phoque est également visité par le *Distoma cornus*, que l'on a voulu à tort placer dans le genre amphistome.

En dehors des distomes qui habitent le foie, on n'en trouve guère d'autres chez les mammifères, si ce n'est chez les Cheiroptères; ces mammifères insectivores ont leur intestin toujours littéralement plein de ces parasites. Nous avons signalé les espèces qui hantent régulièrement nos chauves-souris et il reste à découvrir les insectes par le secours desquels ils s'introduisent. Car ce sont probablement des insectes qui s'infestent de cercaires, pendant leur séjour dans l'eau. Il faudrait faire une étude suivie des larves et de leurs parasites, dans les localités où abondent les chauves-souris. Il y a peu d'oiseaux, surtout parmi les échassiers et les palmipèdes, qui ne renferment un certain nombre de distomes dans leurs intestins. On peut en dire presque autant des reptiles et des batraciens, mais c'est particulièrement dans les poissons que le nombre s'accroît particulièrement. Il n'y a pour ainsi dire pas de poisson qui ne nourrisse quelques-uns de ces Trématodes. Chez quelques-uns le cycle d'évolution et la transmigration sont parfaitement connus ; nous citerons parmi eux le *Distomum nodulosum*. Ce ver habite l'intestin de la perche. Le scolex comme le cercaire ont des caractères particuliers, et depuis longtemps nous avons trouvé ce dernier sur un mollusque de nos eaux douces, la *Paludina impura*. Le cercaire est surtout reconnaissable par la présence de deux replis particuliers à la base du bulbe buccal, et par la transparence et la forme de l'extrémité de l'appareil urinaire. Chez le distome adulte, cette même partie de l'appareil urinaire renferme de grandes vésicules à parois fortement accusées.

Nous citerons encore parmi les distomes une espèce d'un poisson qui a une grande affinité avec le singulier distome observé par Bilharz, et dont nous avons parlé plus haut. Ce distome habite la castagnole ou *Brama raii*. Sous les opercules de ce poisson la peau se replie et forme une ou plusieurs poches dans chacune desquelles vit un distome par couple, c'est-à-dire, à côté de chaque individu gros et large, rempli d'œufs, se trouve un individu grêle. C'est le distome filicolle auquel on avait donné d'abord le nom de monostome. On serait en droit de supposer que de ces deux vers hermaphrodites, l'un agit plutôt comme femelle, l'autre comme mâle. C'est dans ce sens sans doute que Steenstrup avait soutenu la thèse qu'il n'y a pas d'hermaphrodite dans la nature.

Ainsi voilà deux espèces de distomes ; l'une vit par couple dans un kyste, l'autre par couple accolé mais librement, et dans les deux cas un seul individu porte des œufs. Ce sont des distomes qui agissent réellement comme des vers dioïques. Nous voyons cependant un cas plus remarquable encore dans le *Monostomum bijugum* de Miescher. Dans des tumeurs qui se forment dans la peau des gros-bec (*Fringilla*), il a vu constamment deux individus ; et plusieurs d'entre eux, il les a surpris, pendant qu'ils avaient leurs pénis engagés dans les organes sexuels de leur compagnon. Ces vers tout en vivant par couples sont cependant semblables entre eux comme les Limaces et les Sangsues; ils se fécondent mutuellement et tous les deux pondent des œufs.

Leuckart a reconnu des distomes sexués dans leur kyste chez des larves d'éphémères, et Linstow a signalé un distome également sexué et enkysté dans le *Gammarus pulex*.

On a donné à quelques-uns de ces Trématodes, qui n'ont pas de ventouse abdominale, le nom de *Monostome*.

Un des vers les plus curieux de ce groupe est le *Monostoma mutabile*. Il vit dans les sinus sous-orbitaires de plusieurs oiseaux aquatiques, c'est-à-dire dans les fosses nasales, surtout des râles d'eau ou des poules d'eau. Nous le représentons ici légèrement agrandi. C'est un ver semblable à une feuille allongée. En le comprimant légèrement sur le porte-objet du microscope, on découvre aisément l'ovaire et la matrice ovi-

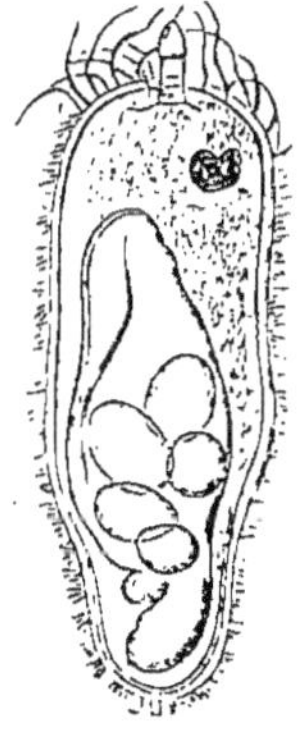

Fig. 43. — *Monostomum mutabile* adulte.

Fig. 44. — *Monostomum mutabile*. Embryon cilié avec sporocyste, et jeunes Cercaires, vus à un fort grossissement.

ducte qui est pleine d'œufs. En isolant quelques œufs et en les écrasant avec modération, pour briser la coque, on met à nu un ver (fig. 44), tout différent de la mère (fig. 43), qui porte deux yeux enchâssés dans un manteau cilié et, grâce à cette enveloppe ciliée, le monostome nage librement dans l'eau. Si on le comprime un peu, on voit que dans l'intérieur du manteau cilié, se trouve déjà un autre animal sans yeux, sans cils et tout différent de forme qui renferme à son tour toute une progéniture. On peut voir sur la Fig. 44 l'embryon portant de longs cils en avant, et dans son intérieur un sporocyste déjà rempli de jeunes cercaires.

C'est cette dernière que l'embryon cilié doit confier à des soins étrangers ; c'est elle qui va se mettre en nourrice chez l'un ou l'autre mollusque jusqu'à ce qu'elle soit apte à son tour à se suffire. Il reste à découvrir le convoi par lequel ce parasite doit passer pour arriver de nouveau aux fosses nasales qui sont le premier berceau de cette famille.

Dans quelques oiseaux on trouve parfois entre les plumes des tubercules de la grosseur d'un petit pois et quand on les ouvre, on remarque dans chacun d'eux deux vers semblables placés l'un contre l'autre par le ventre ; c'est le monostome dont nous parlons plus haut. Ces vers sont longs de 3 à 4 millimètres et se trouvent sur la mésange, le tarin, le moineau, le canari, et quelques autres oiseaux.

Un ver fort commun dans l'intestin de la grenouille verte est connu sous le nom d'*Amphistoma sub-clavatum*. D'un autre côté l'on trouve communément des cercaires dans un mollusque acéphale connu sous le nom de *Cyclas cornea*. Ce qui distingue les scolex de cette espèce, c'est la grande contractilité des parois des jeunes individus ; ils s'allongent, se raccourcissent et se balancent à droite et à gauche décrivant un demi cercle par la moitié antérieure du corps (Fig. 46). Nous reproduisons en même temps la cercaire de cet amphistome et l'amphistome adulte et sexué, tel qu'on le trouve dans l'intestin de la grenouille.

Constantin Blumberg a publié récemment un mémoire intéressant sur la structure de l'*Amphistoma conicum*.

Sous le nom de *Hemistomum alatum*, on désigne un beau ver trématode, dont on ne connaît pas les antécédents et qui vit communément dans l'intestin du renard. Il est long de quatre à cinq millimètres. Plusieurs oiseaux logent des holostomes qui appartiennent à ce même groupe et dont on ne connaît pas non plus le premier âge. L'*Holostomum macroce-*

phalum est commun dans l'intestin des oiseaux rapaces; il est long de cinq à sept millimètres.

Nous terminons l'histoire des vers trématodes en reproduisant le dessin d'un beau ver connu sous le nom de Polystome

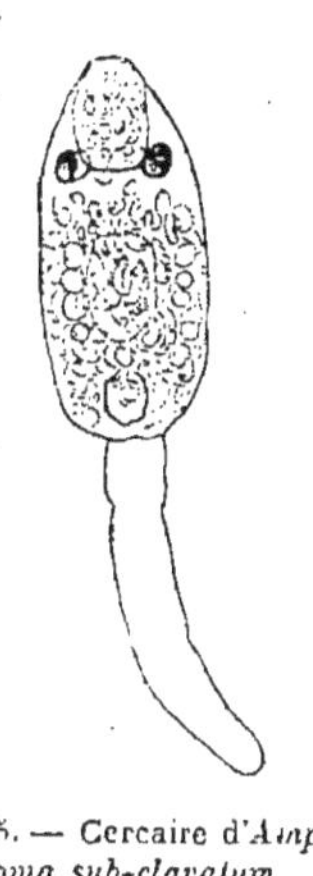

Fig. 45. — Cercaire d'*Amphistoma sub-clavatum*.

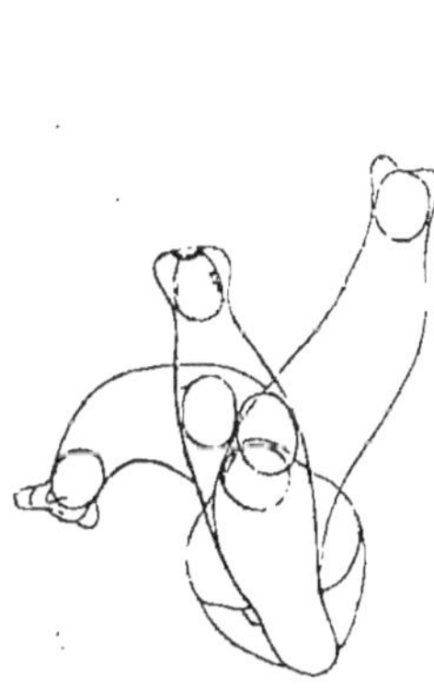

Fig. 46. — Sporocyste d'*Amphistoma sub-clavatum* de *Cyclas cornea*.

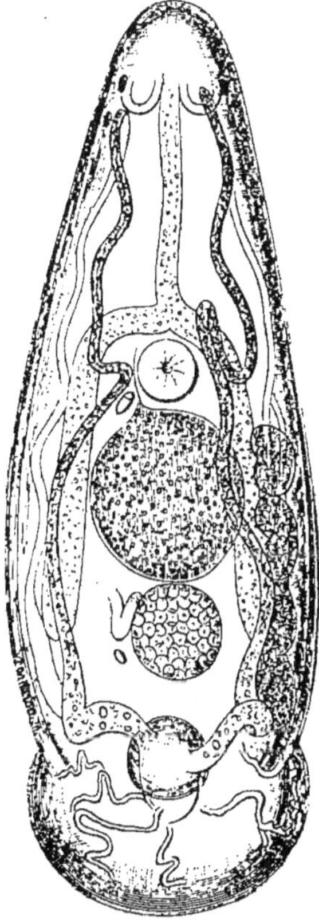

Fig. 47. — *Amphistoma sub-clavatum* de la grenouille.

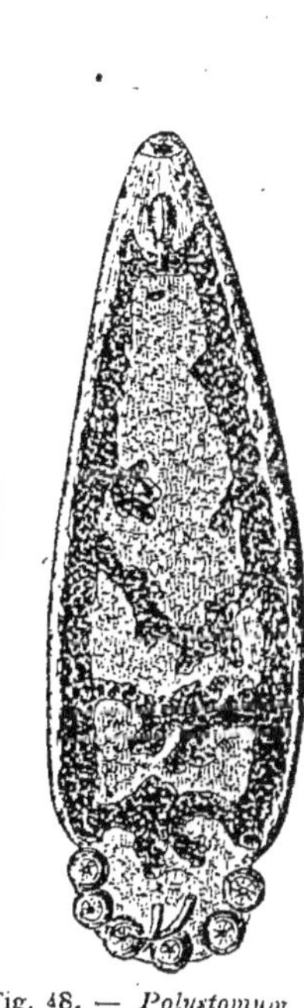

Fig. 48. — *Polystomum integerrimum*.

et qui vit à l'état adulte dans la vessie des grenouilles (fig. 48). On a fait récemment des observations intéressantes sur la manière dont ils arrivent à la vessie.

Les vers que les naturalistes appellent Cestoïdes ou Cestodes, ce qui veut dire en forme de ruban, ont pour type le ver solitaire que tout le monde connaît. Ils sont fort abondants. dans plusieurs animaux, respectent à peine quelques classes du règne animal et sont presque aussi répandus que les distomiens, dont nous venons de parler. Ils s'introduisent chez les animaux à régime végétal, par l'eau ou par les plantes, chez ceux à régime animal par la proie. Les vers rubanaires des herbivores pondent des œufs comme les autres, mais les embryons portent en naissant une robe ciliée qui leur permet de vivre et de se diriger dans l'eau. Ceux des carnassiers sont tout différents : c'est par la proie qu'ils font leur entrée chez leur hôte. Chaque carnassier a ses vers propres comme il a sa proie propre pour les introduire.

Indépendamment de leurs vers, les animaux à régime végétal logent des vers qui ne sont pas à eux.

Nous avons trouvé dans les chauves-souris deux tenia, tous les deux incomplets tout en occupant le tube digestif. L'un a le rostellum sans crochets comme les tenia de phytophages, l'autre a les crochets de sarcophages. On observe ces parasites cestodes sous deux formes principales : une première, vésiculeuse, semblable à un doigt de gant invaginé, toujours logé au milieu des chairs, ou dans un organe sans issue au centre d'une géode ; sous cette première forme le ver cestode est hébergé par un hôte, qui doit lui servir de coche et l'introduire dans son hôte définitif. C'est un parasite qui fait son stage ; il est toujours agame et porte communément le nom de cysticerque (fig. 49). Pour la seconde forme, il est rubané, atteint une longueur excessive, occupe toujours l'intestin, atteint son développement complet et sexué et pond une

Fig. 49. — Cysticerque évaginé : *a*, partie supérieure de la vésicule; *b*, endroit où la vésicule va se séparer; *c*, le cou du ver; *d*, la tête montrant les ventouses et la couronne de crochets.

innombrable quantité d'œufs qui vont se disséminer avec les déjections.

Le lapin loge un cysticerque qui est à l'adresse du chien (xénosite) ; mais, indépendamment de cet étranger, il donne encore l'hospitalité à un tenia particulier dans son intestin. C'est son ver propre, le *Tenia pectinata*, qui est nostosite. Tous les animaux herbivores sont dans le même cas ; le bœuf comme le mouton possèdent un tenia propre indépendamment de ceux qu'ils logent pour le compte des carnassiers. Ces vers des herbivores ont des caractères particuliers qui les font reconnaître facilement ; ils n'ont pas de couronne de crochets.

Le tenia du loup que l'on a confondu souvent avec le *Tenia serrata*, vit dans le cerveau de la brebis où il produit une véritable maladie connue sous le nom de tournis. On disait anciennement : chaque animal a son ennemi ; nous dirons plus volontiers : chaque espèce a ses parasites, et chaque parasite a son coche qui doit l'introduire.

On trouve ces vers rubanaires dans toutes les classes de vertébrés. L'herbivore en général sert de coche, mais le plus souvent il porte, outre ses stagiaires, des espèces qui lui sont propres. Le carnassier ne devant point être mangé comme l'herbivore, ne peut servir de coche et, si par hasard ses muscles renferment quelque stagiaire, c'est un enfant perdu et pour toujours égaré.

Les Cétacés sont-ils généralement ichthyophages et deviennent-ils la proie de quelques carnassiers aquatiques? Il faut le croire d'après la présence de certains Cestodes agames, que l'on a trouvés trop souvent et en trop grand nombre pour croire qu'ils soient égarés dans ces mammifères aquatiques. On a vu dans l'épaisseur des muscles de plusieurs espèces ou plutôt dans la couche de lard qui tapisse la peau, des vers cestodes agames du genre *Phyllobothrium*, qui ne peuvent accomplir leur évolution que dans quelque grand squale. Il doit donc y avoir des luttes entre les Dauphins et les Requins, luttes dans lesquelles les Dauphins doivent succomber malgré leur supériorité. Ces Phyllobothrium ont été trouvés dans le *Delphinus delphis*, le *Tursio* et le *Ziphius*. Comme l'Orque attaque la baleine et se nourrit de sa chair, il n'y aurait rien d'étonnant si l'on trouvait dans ces grands cétacés quelque Cestode agame destiné à parcourir les dernières' phases de son évolution dans ce terrible carnivore.

C'est à peine si sous la première forme vésiculaire le cestode est parasite. Il lui suffit de subir une première transformation au milieu des tissus, et il restera des semaines, des mois, des années sans subir aucun changement : il ne demande que le toit hospitalier, et cet être mystérieux, venu souvent on ne sait d'où, campé plutôt que logé, toujours sans progéniture, a été longtemps invoqué par les naturalistes d'un autre âge en faveur de la vieille hypothèse de la génération spontanée.

Il n'en est pas de même de la seconde formé; ici le ver, toujours logé dans les intestins, croît avec une rapidité extraordinaire et remplit toutes les conditions du vrai parasite. Au milieu d'un terrain fertile, il pousse et engendre aussi longtemps qu'il y a de la vie, et, dans aucun groupe du règne animal, la fécondité n'est à comparer à la sienne. Boerhaave a parlé d'un Ténia large, de 300 aunes de longueur. Eschricht estime le nombre de segments de ce ver à dix mille et si l'on considère que chaque segment, ou pour mieux dire que chaque ver complet peut renfermer plusieurs milliers d'œufs, on peut se faire une idée de la profusion des germes qui se répandent par chaque individu.

Pour connaître un animal, il faut l'avoir observé dans toutes les phases de son évolution. Esquissons ces phases. Tous les Cestodes ont des œufs, nombreux généralement, fort bien protégés contre tous les agents extérieurs; ils supportent le froid et le chaud, la sécheresse comme l'humidité, résistent par leurs enveloppes aux agents chimiques les plus violents et conservent la faculté de germer, nous ne dirons pas pendant des semaines, des mois ou des années, mais pendant des siècles. Au sortir de l'œuf on voit un embryon de forme ovale, transparent, formé en apparence de sarcode, contractile dans toute son étendue, et au milieu duquel on aperçoit six stylets placés par couples et qui finissent par entrer dans une grande activité.

Voici ce que nous disions, il y a quelques années, de ces embryons à six crochets provenus d'un Ténia de la grenouille et qui s'agitaient les uns à côté des autres sur le porte-objet du microscope : Les six crochets sont régulièrement disposés dans tous les individus et se meuvent exactement de la même manière. Ils sont très-grêles et ont à peu près la moitié du diamètre de l'embryon. Deux occupent la ligne médiane et se réunissent comme un stylet unique; ceux-là sont à peu près droits et un peu plus longs que les autres. Ils ne se meuvent que d'avant en arrière et d'arrière en avant. Ils agissent comme les pièces de la bouche de certains crustacés parasites, les Argules, pour percer les tissus. Ils sont dans un mouvement continuel de va-et-vient. Les quatre autres crochets sont semblables entre eux et diffèrent des premiers par la pointe qui est recourbée en crochets véritables. Ils sont disposés deux par deux, à droite et à gauche des premiers, de manière que tous se touchent par la base. Leurs mouvements ne sont pas les mêmes que ceux des deux premiers : à leur base ils restent à peu près fixes, tandis qu'au bout ils décrivent un quart de cercle. Que l'on se figure les six crochets placés en avant dans la même direction. Les deux au milieu avancent et les deux paires placées symétriquement à côté d'eux s'abaissent d'avant en arrière et poussent par là le corps en avant. C'est comme le cadran d'une pendule qui aurait trois aiguilles, placées à côté l'une de l'autre; celle du milieu serait poussée directement en avant, tandis que les deux autres s'abaisseraient, jusqu'à ce qu'elles fissent un angle droit avec la première. C'est le mouvement qu'on voit se produire dans tous. Il résulte de ce mouvement qu'on voit distinctement l'embryon pénétrer entre les débris ou dans les tissus écrasés qui l'entourent. Ces embryons font le mouvement d'un homme qui veut passer par une fenêtre un peu élevée et qui, parvenu à faire passer ses coudes, pousse le corps en avant en les appuyant contre le châssis. On voit ces mêmes efforts continuer pendant des heures entières, et on comprend aisément qu'aucun tissu vivant, aussi dense qu'il soit, excepté les os, ne soit facilement traversé par ces embryons microscopiques. Telle est la raison qui explique pourquoi on trouve si communément les cysticerques répandus dans des kystes le long des intestins et entre les feuilles du mésentère, et comment ils peuvent, perçant les parois des vaisseaux, se répandre dans les organes les plus éloignés à la faveur du sang qui les charrie. Quand les embryons ont traversé ces parois, ils creusent les tissus dans tous les sens jusqu'à ce qu'ils se trouvent dans les muscles, ou dans l'organe qui est indiqué sur leur itinéraire. Arrivés à leur destination, ils s'arrêtent, s'entourent d'une gaîne, leurs stylets devenus inutiles se flétrissent, et à l'un des pôles apparaît une couronne de nouveaux crochets, tout différents des premiers qui devront servir à amarrer la progéniture dans le nouvel hôte où ils seront introduits.

Voilà le ver vésiculaire (Fig. 50) formé et, sans subir aucun changement, il attend que son hôte ou l'organe qui le loge,

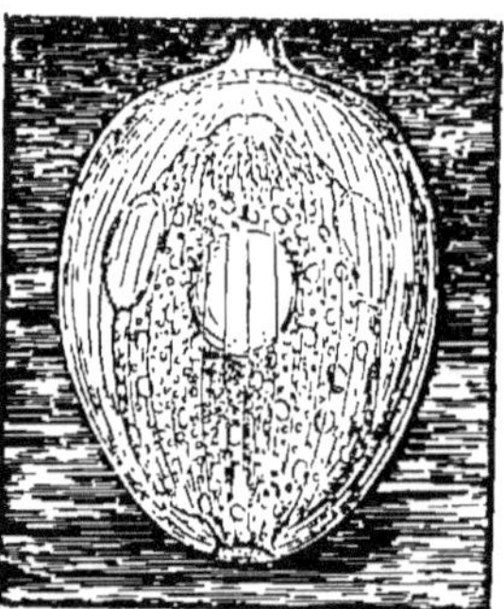

Fig. 50. — Ver vésiculaire.

soit mangé pour se réveiller dans son estomac. Chaque cysticerque vivant qui pénètre dans l'estomac, sort à l'instant de son état de torpeur ; il se débarrasse des parties inutiles, abandonne cette première cavité, pénètre dans l'intestin, s'attache avec ses nouveaux crochets et ses ventouses aux parois et croît avec une telle rapidité, qu'en moins de six semaines on voit souvent un ruban de plusieurs mètres de longueur. La vésicule qui l'a protégé jusqu'alors est abandonnée et la partie qui reste avec crochets et ventouse est la mère qui a engendré par voie agame toute la colonie. C'est cette mère que l'on appelle ordinairement la tête du ténia ou mieux le scolex. Aussi longtemps que la mère est là, elle engendre et produit des cucumérins, c'est-à-dire, des proglottis qui sont l'âge adulte complet et sexué du cestode.

Nous avons vu dans les trématodes un ver d'une forme particulière sortir de l'œuf et engendrer ensuite un essaim de jeunes qui vont vivre séparément. Dans les cestodes tous ces individus sont réunis en chapelet et sont de plus réunis à la mère qui devient la racine de la colonie. Cette racine implantée dans les parois de l'intestin, est la tête. Ainsi chaque segment du tenia est un individu et, à l'époque de la maturité sexuelle, cet individu se détache, sort avec les fèces, se répand sur l'herbe ou ailleurs, et va semer au loin les œufs qu'il renferme.

Généralement on considère les tenia ainsi que les autres vers rubanaires comme des parasites prisonniers à perpétuité, c'est une erreur ; la dernière phase de la vie des cestoïdes est une phase de liberté. Le cucumérin, ou comme nous avons proposé de le nommer le proglottis, c'est-à-dire l'animal complet et sexué, est évacué avec les fèces et quand on observe un chien faisant ses ordures sur l'herbe, il n'est pas rare de voir des vers qui se meuvent comme des sangsues et dont la couleur blanche se détache nettement de la masse qui les porte. La durée de cette dernière phase est fort courte, il est vrai, mais ce n'est pas moins pendant cette période de la vie, que la mère répand les œufs qui doivent disséminer l'espèce.

Nous le répétons, chaque animal a ses parasites et ceux-ci à leur tour n'en sont pas toujours exempts; nous en avons déjà cité des exemples.

L'homme a le système dentaire d'un frugivore, mais grâce au feu que seul il sait produire et entretenir, il mange la chair. C'est ainsi qu'il nourrit le ver solitaire, qui par sa couronne de crochets est un cestode de sarcophage et le *Tenia mediocanellata* avec le botriocéphale qui sont des cestodes de phytophage. Il héberge en outre, comme phytophage, des cestodes agames vésiculaires qui ne s'y trouvent que comme stagiaires.

Le *Tenia serrata* du chien vit d'abord comme stagiaire dans le péritoine du lièvre et du lapin et tout le monde sait combien le chien est avide de ces viscères.

Le chat nourrit une autre espèce de tenia et c'est, on le devine aisément, dans la souris ou dans le rat que le jeune stagiaire va se loger. Qui donc a tracé cet itinéraire et a indiqué la voie, la seule par laquelle ce parasite peut espérer entrer en possession de son logis ? Ce n'est ni le tenia ni le chat évidemment. Le plan de toutes ces espèces est tracé d'avance et chaque animal, en naissant, le connaît sans l'apprendre.

Un naturaliste danois, M. H. Krabbe, vient de terminer un travail spécial sur les vers cestodes du genre tenia et il fait remarquer qu'il n'est aucune classe dans laquelle ces vers sont aussi abondants que dans celle des oiseaux. Dans cette classe, c'est chez les rapaces et les carnivores qu'ils sont les moins abondants. Parmi les mammifères, les carnassiers en possèdent le plus. Ce fait, dit M. H. Krabbe avec beaucoup de raison, semble indiquer que les cestodes des oiseaux ont particulièrement pour coches des animaux inférieurs aquatiques.

Voyons l'histoire du ver solitaire de l'homme (*Tenia solium*); il nous permettra de comprendre tous les autres. Connu sous le nom de tenia ou ver solitaire, il est comme tous les cestodes, une merveilleuse association de mère et de filles qui se développent et végètent dans une paisible communauté, chaque segment est un être complet qui renferme en lui un appareil entier et très-compliqué pour la fabrication des œufs.

Nous reproduisons (Fig. 51 et 52) la figure d'un ver solitaire de l'homme, de grandeur naturelle et à côté, le scolex, nommé ordinairement tête, vu à un faible grossissement.

Sous sa première forme vésiculaire, le ver solitaire est planté dans un terrain provisoire; il est repiqué ensuite dans un terrain plus riche où il fleurit et répand de nombreuses semences. Il nous vient de la chair de porc, dans laquelle vivaient des vers vésiculaires, qui ont jusqu'à la grandeur d'une noisette. Les muscles en sont parfois remplis. On dit alors que le cochon est ladre. Les anciens avaient reconnu que le porc à la mamelle n'est jamais atteint de cette maladie et comme *Sus scropha* est le nom du porc, le mot de Scrophules a la même origine que le nom spécifique proposé par Linné.

On a attribué la ladrerie du porc à l'humidité, à l'abus des glands, à l'hérédité, à la contagion, même aux grains altérés et au pain moisi. C'est ce que nous trouvons dans des traités de pathologie. La cause unique, c'est l'introduction dans l'intestin d'œufs de *Tenia solium*. Si on veut prévenir cette infection, il faut empêcher l'animal de manger les excréments de l'homme, et ne pas faire boire de l'eau qui a séjourné sur des substances pourries dans le fumier. Le cysticerque du cochon introduit chez l'homme, devient tenia avec autant de certitude

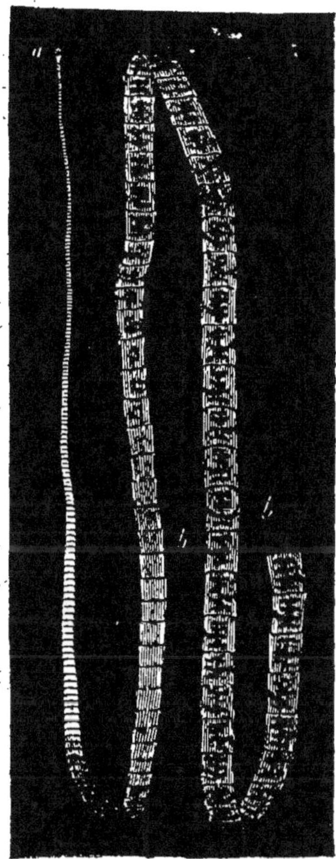

Fig. 51. — *Tenia solium* ou ver solitaire. *a.* Tête ou mieux *Scolex; b*, ruban formé d'individus dont les derniers, complètement sexués, se séparent sous le nom de *proglottis* et représentent l'animal adulte et complet. Chaque ver solitaire est une colonie.

Fig. 52. — *a.* Rostellum, *b.* couronne de crochets, *c. c.* ventouses. 1. scolex du tenia solium. 2. crochet étalé. *a.* talon du crochet.

qu'une semence de carotte produira cette plante, quand elle aura été semée dans un terrain convenable. Depuis longtemps on avait déjà fait l'observation sans pouvoir en donner l'explication, que ce parasite se montre surtout chez les charcutiers et les cuisinières. C'est que ce sont eux qui manient le plus la viande de porc cru. On a fait la même observation chez les enfants qui ont fait usage de jus de viande. Dans la diarrhée chronique on prescrit avec succès un hachis de viande crue (conserve de Damas). On voit bien souvent, comme on le pense bien, à la suite de ce régime, apparaître le ver solitaire. En Abyssinie, l'helminthose du tenia est perpétuelle et générale; aussi mange-t-on communément du bœuf cru. Ceux qui ne mangent pas de viande, comme les religieux de certains ordres qui ne se nourrissent que de poisson et de farine, n'ont jamais le tenia. Ruppell et tant d'autres ont cité ce fait. M. Küchenmeister dit qu'à Nordhausen, au Harz, comme dans toute la Thuringe, la ladrerie des cochons est une maladie très-commune, et comme on y a l'habitude de manger du porc cru et cuit haché, sur du pain pour le déjeuner, on peut regarder ce pays comme une Abyssinie du nord.

Le docteur de Zittau a fait prendre à un condamné à mort, 72 heures avant son exécution, des cysticerques cellulaires provenant d'un cochon ladre, et il a trouvé 4 jeunes tenia dans le duodénum et 6 autres dans l'eau dans laquelle on avait lavé les intestins. Les derniers n'avaient plus de crochets, mais ceux des premiers les avaient en tout semblables au *Tenia solium*.

Nous avons fait avaler des œufs de tenia à un porc et nous lui avons donné la ladrerie. MM. Küchenmeister et Haubner, chargés par le gouvernement de Saxe de faire des expériences, ont fait avaler également des œufs de *Tenia solium* à 3 cochons, dont 2 sont devenus ladres. Un morceau de chair, pesant 4 1/2 drachmes, contenait 133 cysticerques, ce qui fait pour 22 livres allemandes 88,000 cysticerques.

L'usage du porc cru donnera plus facilement le tenia que l'usage du bœuf cru. Le docteur Mesbach nous cite le fait suivant à l'appui. A Dresde, un père avec ses enfants mangeait régulièrement au second déjeuner, du bœuf cru, mais un jour le bœuf est remplacé par du porc, et huit semaines après, un des enfants étant au bain, rendait deux aunes de Tenia solium.

L'étiologie et la prophylaxie du ver solitaire, c'est-à-dire son mode d'introduction et le moyen de s'en préserver, sont nettement indiquées. Il suffit d'introduire une de ces vésicules dans l'estomac pour avoir le ver solitaire. On en a fait l'expérience ; des jeunes gens n'ont pas craint d'en avaler dans l'intérêt de la science, et ont pu s'assurer en combien de jours le parasite était assez complet pour livrer des segments avec les fèces.

Ces vésicules dans la chair du porc proviennent des œufs que le tenia a semés sur son passage et, si le porc tombe par hasard sur de la matière fécale d'une personne infestée par un de ces vers, il est bientôt infesté lui-même et devient ce que l'on appelle ladre ; dans cette matière fécale il y a, ou des œufs libres qui sont évacués par le ver, ou bien des fragments, connus longtemps sous le nom de Cucumérins, et qui sont pleins d'œufs.

Ces fragments de tenia, que j'ai proposé de nommer proglottis, et qui ne sont autre chose que le ver dans toute sa maturité sexuelle, sont encore vivants et se tordent sur eux-mêmes au moment de leur évacuation, ou ils sont morts et souvent complétement desséchés ; mais dans l'un comme dans l'autre cas, ils sont remplis d'œufs. Chaque œuf est entouré de membranes et de coques qui le protégent efficacement contre tout contact dangereux.

Un fragment de tenia à maturité, c'est-à-dire chargé d'œufs, introduit dans l'estomac du porc, se digère rapidement, et les œufs sont mis à nu. Ceux-ci par l'action du suc gastrique perdent leur coque et de l'œuf sort un embryon singulièrement armé. Comme nous l'avons dit plus haut, il porte en avant deux stylets dans l'axe du corps et sur le côté à droite et à gauche deux autres stylets recourbés au bout qui agissent comme des nageoires. Ces embryons labourent les tissus comme la taupe qui creuse la terre. Les stylets du milieu sont poussés en avant comme le groin de l'insectivore et les deux stylets latéraux agissent comme les membres, prenant leur point d'appui dans les tissus et poussant la tête en avant. C'est ainsi que ces embryons perforent les parois du tube digestif.

Un œuf de *Tenia solium* au lieu de passer dans l'estomac du porc peut être avalé par l'homme. L'éclosion s'accomplit de la même manière dans son estomac, et l'embryon va se loger dans l'une ou l'autre cavité close ; on en a trouvé dans le globe de l'œil, dans les ventricules du cerveau, dans le cœur ou dans les muscles. Nous avons lu récemment l'effet que la présence de ces vers égarés avait produit chez un homme qui a succombé après un trouble particulier de l'intelligence. Deux esprits le hantaient et lui parlaient, l'un allemand, l'autre polonais, disait-il. Des images qu'il se représentait se tournaient en visions obscènes. A l'autopsie, des cysticerques occupaient la selle turcique, tout près du chiasma des vers optiques. L'un deux vivait ; deux autres étaient crétifiés. Un quatrième crétifié occupait un ventricule.

L'homme n'héberge pas seulement le *Tenia solium*, il nourrit encore une autre espèce très-semblable et que les naturalistes n'ont appris à distinguer que dans ces dernières années, le *Tenia medio-canellata*. Nous figurons le scolex, c'est-à-dire la tête agrandie de ce ver, qui n'a pas de couronne de crochets au milieu de ses quatre ventouses.

Fig. 53. — Tenia medio-canellata.

Ce ver solitaire s'introduit par la viande de bœuf et le cysticerque présente déjà pendant son séjour dans ce ruminant les caractères propres qui font reconnaître l'espèce, c'est-à-dire, pas de couronne de crochets, mais quatre ventouses, et au milieu d'elles des taches de pigment. Leuckart a nourri un veau avec des œufs de ce tenia et, au bout de dix-sept jours, l'animal est mort de tuberculose miliaire aiguë, produite par la grande abondance de cysticerques. Cette seconde espèce, que l'on a toujours confondue avec la précédente, et qui est cependant la plus répandue, a donc une autre origine que le *Tenia solium*. Tout récemment des observations faites dans le nord de l'Afrique le démontrent. On a quelquefois éprouvé de l'embarras pour expliquer la présence du ténia, en le voyant apparaître chez des personnes qui ne mangent pas de porc. Cet embarras provenait de la confusion des deux espèces, et la confusion est d'autant plus facile qu'il faut la tête de la colonie pour les distinguer.

Scharlau, à Stettin, a trouvé des ténia, chez sept enfants nourris, à cause d'un *état* anémique, avec de la viande crue. C'est bien des ténia de cette espèce qu'il s'agit ici. Nous avons eu l'occasion nous-même de constater la présence de ce ténia chez des enfants auxquels on avait prescrit l'usage de viande de bœuf crue.

Nous ne croyons pas devoir parler d'une troisième espèce de ténia (*T. nana*) vivant également à nos dépens, mais dont la présence n'a été constatée jusqu'à présent qu'en Égypte.

On connaît aujourd'hui parfaitement l'itinéraire du *Tenia serrata* du chien si abondant chez cet animal que bien peu d'entre eux n'en renferment et même plusieurs. Il n'y a guère que le chien de salon qui n'en héberge pas. Nous allons voir pourquoi. Chaque ténia comme chaque animal a ses œufs, chaque plante a ses graines. Ces œufs sont placés par la mère dans les conditions les plus favorables pour le développement de la progéniture. Le chien déposera de préférence ses ordures sur l'herbe, parce que les œufs de son ténia qui sont destinés aux lapins ou aux lièvres, auront plus de chance d'arriver à leur destination, que s'il les exposait sur la terre nue ou dans l'eau. Leur nombre prodigieux est calculé d'après les chances qu'ils ont d'arriver à leur terme. L'œuf introduit dans l'estomac d'un lapin, éclot rapidement dans cet organe sous l'action des sucs gastriques et l'embryon qui en sort cherche son gîte au milieu des tissus qui l'entourent ; il les creuse et s'établit dans les replis du péritoine. Une fois dans son gîte, il se barricade et attend tranquillement l'occasion de faire son entrée dans l'estomac du chien.

Cet embryon microscopique est armé de six crochets comme

les embryons de tous les cestoïdes; il les emploie, avec beaucoup de dextérité, pour percer les parois des organes et se creuser une géode dans l'épaisseur des tissus. Blotti dans sa loge, des membranes se forment autour de lui pour le protéger; ses six crochets devenus inutiles, se flétrissent, d'autres crochets apparaissent sous forme de couronne à côté de quatre cupules, futures ventouses, et, invaginé dans une grande vésicule pleine d'un liquide limpide, il attend patiemment le moment où il se trouvera dans l'estomac du chien. S'il a de la chance, un beau jour il se réveillera dans l'estomac de celui qui a mangé le lapin qui l'a hébergé, et une nouvelle vie commencera pour lui. Les organes qui l'emprisonnent sont digérés, il se débarrasse de tous ses langes, se déroule, se sépare de la vésicule qui l'a garanti jusqu'alors, et pénètre dans l'intestin; là, baigné dans la pâture de son hôte, il croît avec une extrême rapidité et prend la forme d'un ruban. Les bouts de ce ruban mûrissent successivement, se détachent, ce sont les vers complets et remplis d'œufs qui sont ensuite évacués avec les fèces; à peine apparus au grand jour, ils crèvent et répandent leurs œufs. Celui que la curiosité scientifique aiguillonne n'a qu'à regarder les ordures du chien au moment de leur évacuation, pour distinguer à leur surface des vers blancs laiteux, se contractant comme des sangsues, et qui sont le vrai *Tenia serrata* à l'âge adulte. Les expériences faites sur cette espèce ont sanctionné ce que j'avais dit sur les Cestoïdes.

Le ténia vit sous le nom de *Cysticercus cellulosus* dans les replis du péritoine du lapin et du lièvre et passe ensuite du lapin au chien pour devenir complet.

Il est fort curieux que le renard si voisin en apparence du chien et qui mange aussi des lapins, n'a jamais le *Tenia serrata*, mais cet animal nourrit d'autres vers.

C'est avec ces cysticerques que j'ai fait l'expérience sur quatre chiens que j'ai conduits à Paris pour convaincre ceux qui ne pouvaient croire à la transmigration des parasites. Ce sont eux aussi que j'avais donnés aux chiens qui ont servi de démonstration à Paris au cours de M. Lacaze Duthiers.

Il y a quelques années, faisant l'autopsie au Muséum de Paris des jeunes chiens que j'avais infectés de *Tenia serrata* à Louvain, il se trouvait à côté de ce ténia quelques *Tenia cucumerina*. Cés chiens n'avaient pris cependant que du lait et des cysticerques! D'où venaient ces *Tenia cucumerina?* Je l'ignorais et je l'avouai simplement aux membres de la Commission qui me posaient la question. Cela n'empêchait pas que j'étais fort intrigué par la présence de ce ver dont je ne pouvais soupçonner l'origine. Aujourd'hui nous savons d'où vient ce ténia. Un acaride Trichodecte vit entre les poils des jeunes chiens et héberge le scolex de ce cestoïde. Le chien en léchant ses poils s'infeste comme le cheval qui s'introduit les œstres, et tout en n'ayant pris aucune autre nourriture, s'infeste par ses propres épizoaires.

On a donné le nom de *Cysticercus tenuicollis* à un ver vésiculaire qui hante le péritoine du bœuf, de la chèvre, du mouton, etc., et qui devient ténia dans le tube digestif du chien. M. Baillet a fait les principales expériences sur cette transmigration. L'itinéraire d'un autre ver cestode, le Cœnure du mouton est de passer par le mouton pour pénétrer dans le loup ou le chien. Ce ver n'est connu que depuis peu sous sa dernière forme ténoïde; il est, au contraire, connu depuis fort longtemps à l'état de scolex, sous le nom de Cœnure cérébral; c'est lui qui se développe dans le cerveau des moutons et occasionne la maladie connue sous le nom de tournis. On peut développer cette maladie artificiellement. Le mouton qui prend des œufs de ce ténia en présente, vers le dix-septième jour, les premiers symptômes. Si on l'abat dans ce moment, on trouve à la surface du cerveau, soit à la base, soit au sommet, ou quelquefois entre les hémisphères et le cervelet une ou plusieurs vésicules blanches, de la grosseur d'un petit pois, et sur lesquelles on ne voit pas encore de traces de bourgeons. Cette vésicule d'un blanc lactescent et remplie de liquide est le scolex. A côté de ces vésicules, on voit des sillons jaunes très-irréguliers, semblables à des tubes abandonnés de quelque annélide tubicole; c'est la galerie par laquelle le ver vésiculaire a chevauché jusqu'à l'endroit où on le trouve. Quinze jours plus tard, c'est-à-dire vers le trente-deuxième jour, le cœnure a la grosseur d'une petite noisette et on voit à l'œil nu de petits corpuscules nébuleux, séparés les uns des autres, de même forme et de même volume ; ce sont les bourgeons ou les scolex qui ont surgi, mais qui n'ont encore ni crochets, ni ventouses. Nous représentons une de ces

Fig. 54. — Cœnure du mouton. — 1. Le scolex invaginé. — 2. Vésicule hydatique avec les scolex en place dans l'intérieur.

vésicules sur les parois internes de laquelle se sont développés de jeunes scolex à peu près de grandeur naturelle ; la figure 2, *a, a*, indique ces scolex à peu près de grandeur naturelle ; la fig. 1 représente un scolex isolé et agrandi : A indique les segments des futurs proglottis, D, les ventouses, C, les crochets, H, la vésicule qui les contient.

Des moutons ont pris des œufs de ténia provenant du même chien à Copenhague et à Giessen, et MM. Eschricht et R. Leuckart ont obtenu le même résultat que nous à Louvain. Du quinzième au seizième jour, les premiers symptômes de tournis se sont déclarés. C'est vers le trente-huitième jour, que la couronne de crochets apparaît, que les ventouses se forment et que toute la tête du scolex est ébauchée. Toutes ces têtes peuvent se dégaîner ou s'en-gaîner à la volonté de l'animal. C'est vraiment un animal polycéphale quand les scolex sont épanouis. Ce ver continue pendant un certain temps à croître dans la boîte crânienne et détermine par sa présence les accidents les plus graves; le mouton finit nécessairement par succomber, à moins qu'on n'enlève le parasite par la trépanation.

Le cœnure, à ce degré de développement, avalé par un chien, subit en quelques heures de grands changements. Le proscolex ou la grande vésicule se flétrit, les divers scolex dégaînent leur extrémité céphalique, deviennent libres, pénètrent dans l'intestin avec les aliments et s'accrochent aux parois intestinales pour former autant de colonies de ténia qu'il y a de têtes distinctes. Un chien qui a avalé un seul cœnure peut donc contenir un nombre considérable de ténias.

Le développement de ce ver marche très-rapidement et il ne lui faut que trois à quatre semaines pour atteindre plusieurs pieds de longueur. L'organisation de ce ver, à l'état de strobile et de proglottis, est en tout semblable à celle du *Tenia serrata*; nous avons même cherché en vain à distinguer ces vers l'un de l'autre par les crochets. Le loup ou le chien suivent le troupeau des moutons, sèment les proglottis et les œufs sur leur passage, et les moutons broutant l'herbe avec les œufs, s'infestent de leur plus dangereux ennemi.

Pour arrêter cette maladie il ne faudrait qu'une seule chose : détruire par le feu la tête de tout mouton atteint de tournis. L'animal peut être du reste livré sans danger à la consommation.

Pouchet n'a pas réussi une première fois à donner le tournis aux moutons par la raison toute simple qu'il avait pris des œufs de *Tenia serrata* au lieu de prendre des œufs de *Tenia cœnurus*; il avait confondu ces deux espèces. Le cœnure du mouton est une vraie calamité quand il se propage dans un pays. Un animal qui en est atteint est perdu, et pendant combien de temps n'a-t-on pas propagé le mal en donnant à manger aux chiens, la tête malade avec les milliers de jeunes ténia que chacune d'elles renferme.

Il existe un singulier cestoïde qui porte le nom d'échinocoque. Nous reproduisons (Fig. 55 et 56) l'échinocoque du cochon, vu à un faible grossissement, et un scolex isolé. Sous la première forme il se compose de sacs fermés qui atteignent la grosseur d'une noisette et parfois d'une orange. Il loge ordinairement dans le foie du cochon, mais s'établit aussi chez l'homme: On assure même qu'une partie de la population d'Islande en est atteinte. Leur abondance en ce pays est attribuée au défaut de propreté des habitants et au nombre de chiens qu'ils entretien-

nent autour d'eux. C'est dans cet animal que ces échinoco-
ques deviennent ténia. Il sème les œufs avec ses ordures, les
répand directement ou indirectement sur les plantes que les
Islandais mangent car ils recueillent certaines mousses comes-

Fig. 55. — Scolex isolé de *Ténia echinococcus*,
de cochon.

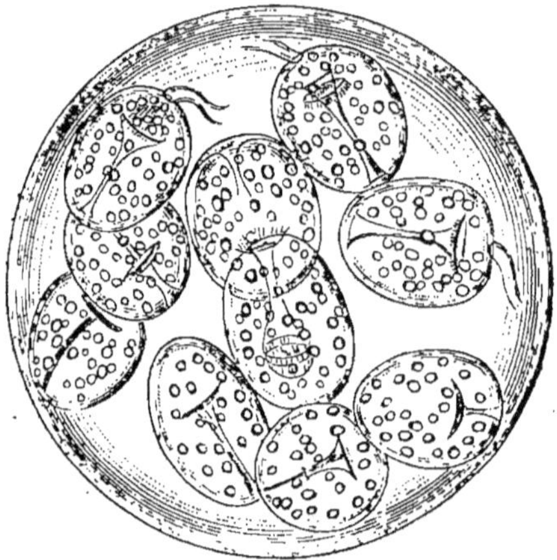

Fig. 56. — *Ténia echinococcus*, du cochon.

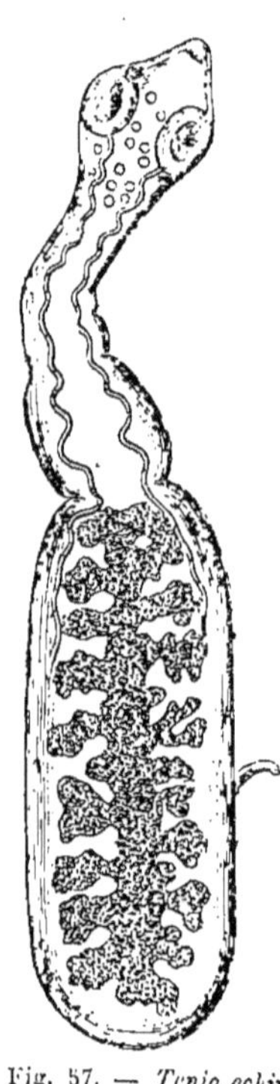

Fig. 57. — *Ténia echino-
coccus* du chien.

tibles, l'oseille, le cochléaria, le pissenlit au milieu des plaines
dans lesquelles vivent les troupeaux de moutons gardés par des
chiens. Les œufs sont semés partout sur les plantes où dans l'eau.

Leuckart a fait des expériences fort intéressantes sur les échi-
nocoques.

La figure 57 montre un ténia qui provient des échinoco-
ques.

Il y a encore un ver rubanaire que l'homme héberge malgré
lui, c'est le Ténia large, mieux connu sous le nom de bothrio-

céphale. Nous représentons (Fig. 58, 59 et 60) le ver à l'état de colonie, le scolex ou la tête séparément et un œuf. Son histoire est fort curieuse, surtout sous le rapport de la distribution géographique. On ne le trouve qu'en Russie, en Pologne et en

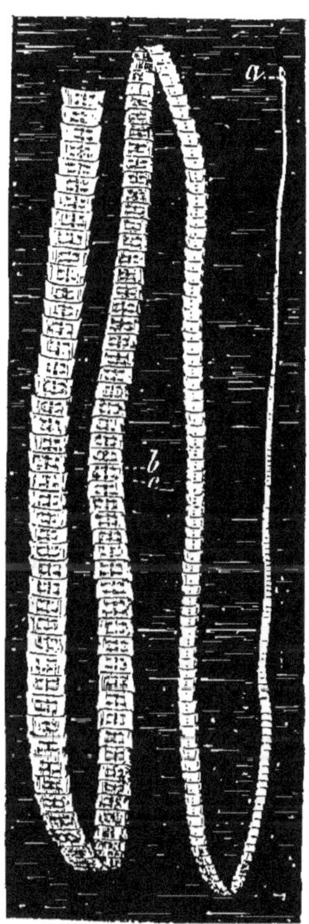

Fig. 58. — Bothriocéphale large. *a*, scolex, *b*, les proglottis, *c*, les organes sexuels.

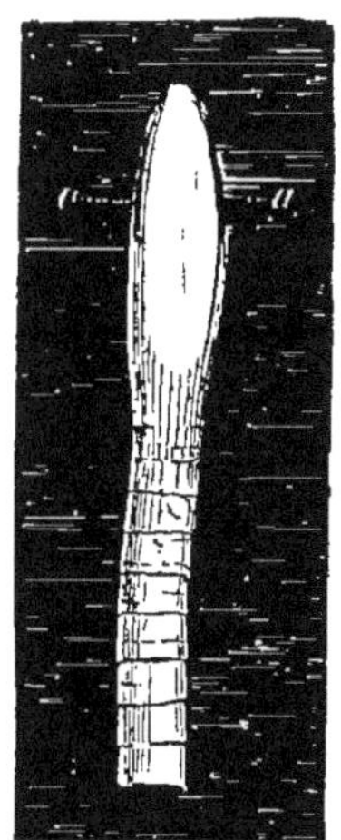

Fig. 59. — Bothriocéphale large. scolex.

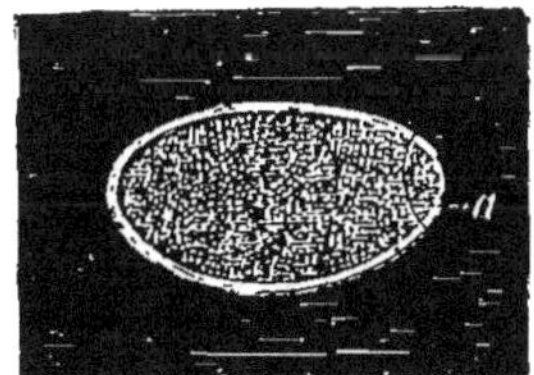

Fig. 60. — Bothriocéphale large. OEuf.

Suisse, et la circonscription des lieux qu'il habite est parfaitement bien limitée; Siebold pouvait dire pendant son séjour à Königsberg, d'après la nature des vers, si le patient qui le consultait habitait en deçà ou au delà de la Vistule.

Un naturaliste russe, M. le docteur Koch, a fait une étude suivie de ce ver intéressant et de son évolution : il prétend que ce cestode est rare à Moscou, tandis qu'à Saint-Pétersbourg, à Riga et à Dorpat il serait commun. S'il en est réellement ainsi, il faut sans doute l'attribuer à ce que les habitants boivent ici de l'eau de source, là de l'eau de fleuve.

Un fait fort curieux, c'est la rareté actuelle du bothriocéphale chez les habitants des bords du lac de Genève, tandis que jadis il était fort commun. Cette diminution pour ne pas dire disparition est due au changement qui s'est opéré dans la construction des lieux d'aisances qui s'ouvraient anciennement tous sur le lac, de sorte que les embryons éclosaient dans l'eau et l'on s'en infestait par la boisson. Aujourd'hui on recueille avec soin ce produit des villes pour fertiliser les campagnes. C'est le résultat du conseil de M. de Candolle il y a un demi-siècle, car ce naturaliste a pu faire comprendre la perte que l'on faisait subir à la culture en négligeant cette récolte. L'itinéraire de ce ver rubanaire est simple : il passe de l'homme à l'eau sous forme d'œuf ou de proglottis et de l'eau à l'homme sous forme d'embryon cilié. Il s'introduit ainsi par la boisson. Le bothriocéphale, ainsi que d'autres cestoïdes, est libre au début et à la fin de la vie : au début pour pénétrer dans l'hôte, à la fin pour répandre les œufs.

MM. Sommer et Landois ont publié, en 1872, une anatomie des organes sexuels du *Botriocephalus latus*, avec un succès si complet, que d'ici à longtemps on ne songera pas à reprendre encore ce sujet qui a tant occupé les helminthologistes depuis le célèbre travail d'Eschricht. Ce mémoire est accompagné de superbes dessins qui représentent ces organes sous toutes les faces. M. Bötticher de Dorpat a trouvé dans l'intestin grêle d'une femme, morte de péritonite, au moins une centaine de botriocéphales. Ils étaient peu développés quoiqu'il y en eût de sexués.

Le ténia le plus gros, et non pas le plus long, est le *Tenia magna* ou rhinocéros, signalé par Marie ; c'est sans doute le même que Peters a désigné sous le nom de *gigantea* ; le savant directeur du Musée de Berlin m'en a donné un bel exemplaire il y a dix-huit ans. On propose le nom générique de *Plagiotenia* pour ce ver.

La plupart des oiseaux nourrissent de grands et beaux ténia mais qu'il faut pouvoir étudier immédiatement après la mort de leur hôte. Souvent ils sont complétement déformés au bout de quelques heures. Les Bécasses et les Bécassines ont toujours leurs intestins farcis de ténia et remplis d'œufs de ces vers. Chaque oiseau en renferme par milliers. Heureusement que nous ne pouvons nous infester de ténia de Bécasse ou de

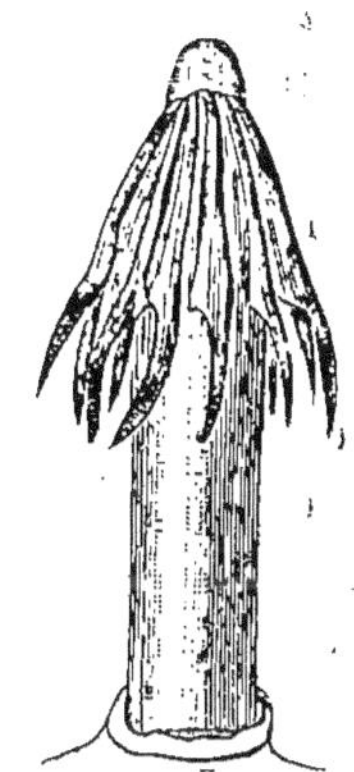 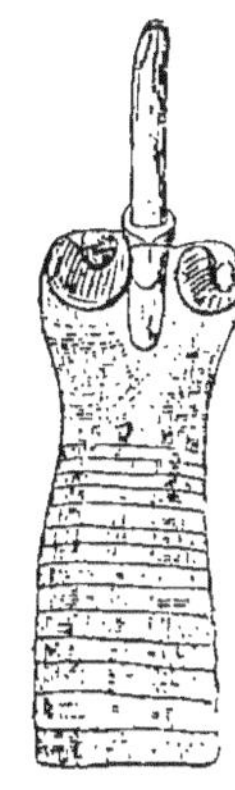 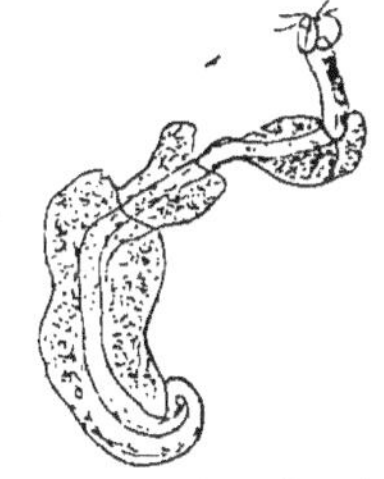

Fig. 61. — Ténia variabilis de Bécassine. Fig. 62. — Ténia variabilis de Bécassine. Fig. 63. — Tetrarhynchus appendiculatus de la plie.

Bécassine. La fig. 61 représente le scolex de Ténia variabilis de Bécassine, et à côté la fig. 62 montre la couronne de crochets à un plus fort grossissement. Nous avons fait ces dessins d'après des vers recueillis sur des Bécassines quelques instants après leur mort. Nous finissons ce chapitre des cestodes par le dessin (fig. 63) d'un Tetrarhynque que l'on trouve régulièrement enkysté dans la plie. Les Tetrarhynques complets, c'est-à-dire adultes et sexués, habitent les intestins des poissons carnassiers, surtout des squales.

Il y a encore d'autres vers qui transmigrent, et il y a même des animaux articulés, mais les modifications de forme sont beaucoup moins grandes que chez les précédents, et les changements se bornent généralement à de simples métamorphoses. Nous mettrons en tête de ce chapitre, les Linguatules qui ont tant intrigué les naturalistes.

On trouve quelquefois dans les fosses nasales du chien et du cheval, un ver semblable à une sangsue, le corps entièrement étiolé, qui vit là en véritable parasite et dont l'histoire n'est connue que depuis quelques années. C'est Chabert qui a découvert la première espèce de ce groupe en 1787 dans les sinus frontaux du cheval et du chien. On l'avait appelé *Tenia lanceolata*. Tous les naturalistes, y compris Cuvier, plaçaient cet animal, sous le nom de *Linguatule* ou *Pentastome*, parmi les vers intestinaux. On lui avait donné ce dernier nom, parce qu'on avait pris les crochets pour des bouches.

Nous avons montré en 1848, d'après les embryons, que les Linguatules, au lieu d'être des vers, sont des animaux articulés, plus voisins des lernéens ou des acarides, que des helminthes. Ces observations accueillies d'abord avec beaucoup d'hésitation, ont été pleinement confirmées depuis, surtout par les savantes recherches de Leuckart. Les Linguatules ont toutes un corps fort allongé, tantôt arrondi, tantôt légèrement comprimé, avec une bouche entourée de quatre forts crochets, régulièrement disposés en demi-cercle. On les a trouvées souvent dans les poumons des serpents, dans quelques oiseaux et dans plusieurs mammifères. On a même signalé au Caire (Bilharz), une Linguatule dans le foie d'un nègre, et on en a observé également dans les hôpitaux de Dresde et de Vienne.

Il est à présumer que c'est par la chair de chèvre et peut-être du lapin, que cet effrayant parasite s'introduit chez nous. Les Linguatules se trouvent sous leur première forme agame, dans des cavités closes de divers animaux à régime végétal, et sous leur forme sexuée, dans des cavités ouvertes, comme les fosses nasales. Leuckart a le premier démontré que des Linguatules vivant d'abord enkystées dans le péritoine des lapins, accomplissent leur évolution et deviennent complètes dans les fosses nasales du chien. La *Linguatula serrata* (fig. 65) qui vit d'abord sur la chèvre, le cochon d'Inde, le lièvre, le lapin, etc., se rencontre accidentellement sur l'homme et se complète dans certains mammifères. On a cité des exemples de malades guéris complétement par l'évacuation de vers rendus par les narines; ces vers sont sans doute des Linguatules. Fulvius Angelianus et Vincentius Alsarius parlent d'un jeune homme qui avait

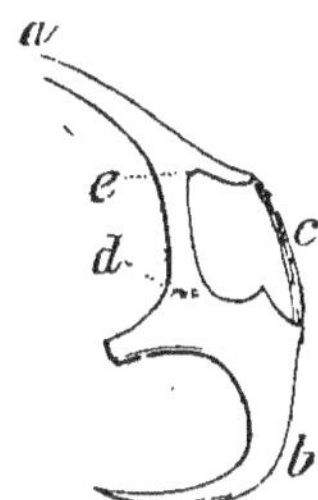

Fig. 64. — Crochet isolé de Linguatule.

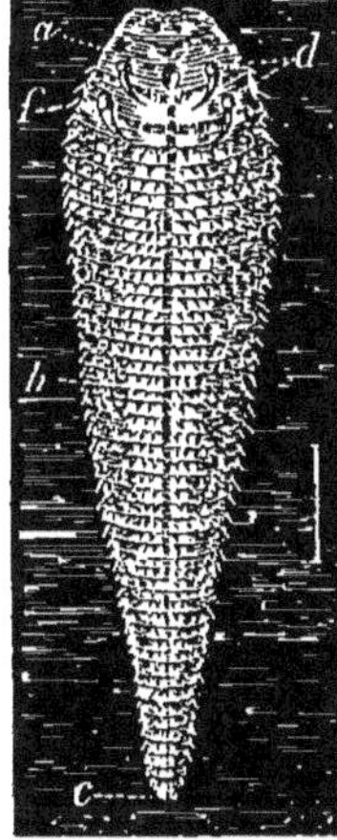

Fig. 65. — Linguatule agrandie six fois. On voit quatre crochets autour de la bouche, en avant; on voit l'anus en *c*.

souffert depuis longtemps du mal de tête, et qui rendit un ver par les narines; il avait la longueur du doigt médian. On ne peut guère douter que ce ne soit la *Linguatula tœnioïdes.* Ces parasites peuvent aussi parfois s'égarer dans leurs pérégrinations. Il y a quelques années, une lionne est morte à Schœnbrunn d'une péritonite, et à l'autopsie on a trouvé le foie, la rate et d'autres organes pleins de linguatules enkystées.

Les vers nématodes sont des vers longs et arrondis, comme l'ascaride ordinaire des enfants, et qui s'installent dans tous les organes des animaux des diverses classes du règne animal. On en connaît environ un millier mesurant en longueur depuis quelques millimètres jusqu'à quarante ou cinquante centimètres.

Tous ne sont pas parasites comme on l'a cru, puisqu'on en trouve dans la mer, dans la terre humide, dans les matières putrides et même sur des plantes et leurs graines. Les transmigrations des nématodes présentent un vif intérêt. Les changements de forme ne sont généralement pas considérables, mais les modifications dans l'appareil sexuel soit dans le même individu, soit dans des générations qui se succèdent, sont des plus curieuses.

A voir les nombreux nématodes enkystés et agames que l'on trouve dans les divers ordres de mammifères, les oiseaux, les reptiles, les batraciens et les poissons, il n'y a guère de doute que tous ces êtres ne soient des parasites transmigrants qui passent avec leur hôte dans l'animal auquel ils sont destinés. On les trouve comme des acarides sur des animaux de toutes les classes : il en existe dans tous les organes, le cerveau, l'œil, les muscles, le cœur, les poumons, la trachée-artère, les sinus frontaux, le tube digestif, la peau et même dans le sang ; tantôt les deux sexes vivent dans les mêmes conditions, tantôt le mâle est à la charge de sa femelle. Ou bien encore une génération est parasite et la génération suivante est indépendante. Il y a une diversité fort grande sous le rapport du développement. Quelques nématodes comme les trichines se développent si rapidement, que les embryons sont déjà complets dans l'œuf, avant que celui-ci n'ait quitté la mère. D'autres comme les ascarides lombrics ordinaires pondent des œufs dans lesquels les embryons n'apparaissent que plusieurs semaines ou plusieurs mois après la ponte ; entre ces deux extrêmes, nous trouvons tous les degrés intermédiaires.

Diezing, le naturaliste qui a le plus fait pour l'helminthologie systématique, avait réuni sous le nom de *Agamonema*, tous les nématodes stagiaires agames qui attendaient l'occasion d'entrer chez leur hôte définitif. Diezing était resté complétement en dehors du mouvement en s'attachant exclusivement aux formes, sans tenir compte des transmigrations et de la digenèse. Un de ces agamonema, logé au milieu d'un kyste pédiculé sur le vagin d'une chauve-souris (petit fer-à-cheval), est probablement un ver égaré ; sinon il faudrait admettre que ces mammifères deviennent la proie de quelque carnassier. Mais quel est le carnassier qui peut faire sa pâture ordinaire de Cheiroptères ? Il y a peu de poissons d'eau douce ou d'eau de mer, qui ne renferment dans des replis du péritoine, surtout autour du foie, des kystes pleins de ces agamonema.

On voit chez quelques nématodes des exemples de transmigration qui leur sont tout à fait propres. A côté de vers qui sont toujours libres, d'autres ne sont libres qu'une partie de leur vie, d'autres transmigrent d'un animal à un autre animal et quelques-uns même passent d'un organe à un autre organe. L'*Ascaris nigro-venosa* des grenouilles vit tantôt dans le poumon, tantôt dans le rectum ou tout à fait hors du corps, dans la terre humide. La *Filaria attenuata* loge dans le sang du freux (*Corvus frugilegus*), et devient, dit-on, sexuée dans l'intestin du même oiseau. Ces vers ont généralement la vie dure, plusieurs peuvent être desséchés, dit-on, pendant des semaines, des mois ou des années, et revenir à la vie dès que l'on mouille leurs organes. Leurs œufs résistent même à l'action de l'alcool et des agents chimiques les plus actifs, et l'on a vu des œufs de préparations microscopiques, qui avaient servi depuis plusieurs années à l'étude, produire des jeunes comme s'ils venaient d'être pondus.

Natura non facit saltus est surtout vrai pour la division des sexes dans les nématodes. Entre les vrais hermaphrodites et les vrais dioïques se trouvent des espèces où des mâles semblent insensiblement s'effacer et devenir comme une dépendance de la femelle ; c'est ce que nous voyons par exemple dans les *Sphœrularia*, où le mâle n'est plus qu'un appendice du sexe femelle. Ici on constate dans toute son évidence ce fait que la femelle est plus importante que le mâle, pour la conservation de l'espèce. Dans quelques espèces les sexes diffèrent à peine, dans d'autres les différences sexuelles deviennent plus grandes, et le mâle n'a souvent que le tiers de la longueur de la femelle, mais cette différence est plus grande encore chez quelques-uns. En même temps on voit des nématodes dont les mâles s'attachent à la femelle de manière à ne plus former qu'un individu ; chez d'autres, le mâle semble disparaître au point que l'on ne trouve plus que l'organe mâle dans la femelle ; enfin il existe des exemples de mâles tout entiers, qui, sans se déformer, occupent la cavité de la matrice et sont, comme les crustacés lernéens, parasites de leurs femelles. Le *Trichosomum crassicauda* se trouve dans ce cas.

Tous les jours il se révèle, par rapport à la conservation des espèces, quelques arrangements que l'on n'aurait pu soupçonner à *priori*. Nous avons appris récemment par les travaux de MM. Malmgren et Ehlers, et en dernier lieu par ceux de Claparède, que dans une même espèce, on peut avoir des mâles différents et donnant naissance à des produits différents. MM. Malmgren et Ehlers ont ouvert cette voie par leurs recherches opiniâtres, et M. Claparède comptait combattre les résultats signalés par eux, en s'établissant à Naples pour se livrer à une nouvelle série de travaux. Contrairement à ses prévisions, il a été conduit aux mêmes interprétations et il annonce qu'une néréïde possède, pour une seule et même espèce, deux sortes de mâles et deux sortes de femelles, et que ces mâles diffèrent entre eux, non-seulement par leur genre de vie, mais par leur taille, par le mode de formation des spermatozoïdes ainsi que par leur forme ; que les femelles ne diffèrent pas moins entre elles que les mâles, et que chaque forme serait chargée de pourvoir, à sa manière, à la dissémination des œufs. C'est là ce que nous voyons réaliser par des vers annélides connus sous le nom de *Hétéronéréides* ; des individus de petite taille vivent à la surface de l'eau, d'autres, notablement plus grands, vivent au fond de la mer et se comportent tout différemment. Les œufs et les spermatozoïdes provenant de ces deux formes diffèrent sensiblement entre eux et la différence de forme correspond à une différence d'origine.

Nous voyons ainsi chez quelques-uns, des mâles différents, chez d'autres des femelles différentes, puis des œufs et des spermatozoïdes également différents dans une seule et même espèce animale.

Un insecte curieux, le *Termes lucifuga*, paraît se distinguer également par deux sortes de mâles et de femelles qui même volent à des époques différentes. Il a fallu une grande sagacité pour dévoiler cette bizarrerie. M. Lespes a eu le courage de se dévouer à ces observations.

On le voit, tous les moyens sont bons pour la conservation des espèces, mais qui aurait pu soupçonner que dans un seul animal on aurait trouvé deux mâles à côté de deux femelles qui ne se ressemblent pas, puis deux sortes d'œufs et de spermatozoïdes ! Quel ne serait pas notre étonnement si nous voyions sortir d'une seule couvée, pondue par une seule mère, deux sortes de coqs, deux sortes de poules, et deux sortes d'œufs.

Le professeur Ercolani a fait vivre et a vu se reproduire dans la terre humide, certains nématodes parasites dont il a même pu obtenir plusieurs générations. Ces nématodes sont : le *Strongylus filaria* du poumon de la chèvre, le *Strongylus armatus* des intestins du cheval, l'*Ascaris inflexa* et l'*Ascaris vesicularis* de la poule, l'*Oxyuris incurvata* du cheval. Les trois premiers, qu'ils soient nés dans la terre humide ou au milieu des organes qui les logent habituellement, ont les mêmes caractères extérieurs; on remarque seulement une activité plus grande dans leur reproduction. Le *Strongylus armatus*, né en liberté, paraît ne plus avoir les crochets de la bouche comme ceux qui vivent dans l'intestin. M. Ercolani a remarqué aussi que les vers en devenant libres, deviennent ovo-vivipares, de ovipares qu'ils étaient avant.

Il y a plusieurs de ces nématodes qui sont de vrais parasites de l'homme et quoique certains d'entre eux soient redoutés à l'égal de la peste ou du choléra, on est loin de connaître toute leur histoire et surtout la manière dont ils s'introduisent.

Un jeune naturaliste, le docteur O. Bütschli, a fort bien résumé dans ces derniers temps nos connaissances actuelles sur les vers nématodes parasites et vagabonds.

Les Sclérostomes se reconnaissent à leur bouche entourée

d'une armature cornée. La perche fluviatile loge communément un nématode vivipare, le *Cucullanus elegans*, sur le développement duquel on a publié un travail spécial. Les jeunes sont pourvus d'un stylet perforant, et pénètrent dans le corps de petits crustacés aquatiques, appelés Cyclopes. Une fois entrés dans ce logis vivant, ils perforent les parois des intestins et s'enferment dans la cavité périgastrique. Les Cyclopes étant recherchés par les jeunes perches, sont avalés avec leur hôte et celui-ci est rendu à la liberté au milieu de l'estomac, où il accomplit son évolution sexuelle.

Leuckart a vu dans son aquarium les jeunes cucullanes pénétrer dans le corps de cyclops. Ces crustacés sont donc le coche de ces nématodes. Un autre ver nématode, le *Dochmius trigonocephalus*, vit librement dans le jeune âge, mais demande du secours chez le chien pendant la vieillesse. Le *Sclerostomum equinum* cause chez le cheval des anévrismes qui se trahissent par des coliques. On a trouvé jusqu'à cent de ces vers dans le même cheval. Le *Sclerostomum pinguicola* est fort commun dans le cochon, aux États-Unis. C'est le *Stephanurus dentatus* de Diesing signalé par Natterer dans les cochons de Chine au Brésil. Cobbald signale ce même ver dans le cochon en Australie; on l'a trouvé également en Allemagne. Les strongles sont des vers ronds, cylindriques, à corps quelquefois tout rouge, qui habitent surtout divers organes dans les mammifères et les oiseaux; une espèce fort remarquable, le strongle géant (fig. 66), existe dans le rein du cheval, du chien et quelquefois de l'homme. Il détruit en partie cet organe et on en voit qui ont jusqu'à un mètre de longueur. Le *Strongylus commutatus* vit souvent en très-grande abondance dans les poumons du lièvre, le *Strongylus filaria* dans les poumons des moutons, parfois en telle quantité, que leur présence détermine une pneumonie.

Les marsouins portent généralement des strongles dans leurs poumons et leurs bronches et on en voit par milliers jusque dans les sinus de la trompe d'Eustache. Nous en avons recueilli tout un bocal dans un seul marsouin, autour de l'oreille moyenne. A voir le nombre prodigieux d'individus, n'est-il pas à supposer qu'ils peuvent se reproduire dans les organes qu'ils occupent, tout en transmigrant pour infester de nouveaux individus.

On a donné différents noms, générique et spécifique, à ces strongles. Un ver rond de l'intestin du chien, le *Strongylus trigonocephalus*, vit d'abord dans la terre humide ou dans la

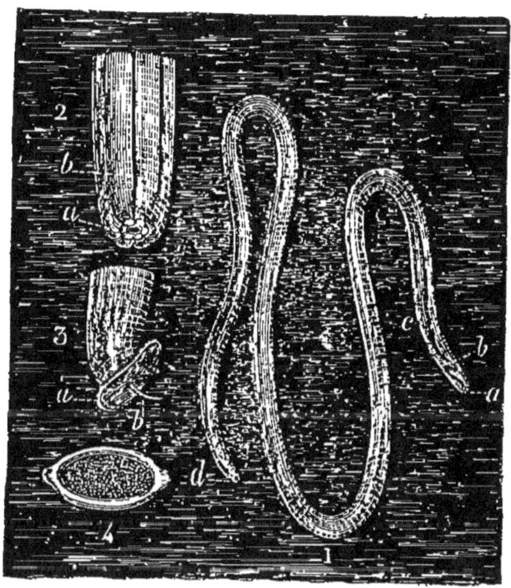

Fig. 66. — Strongle géant. — 1, femelle montrant *a*, la bouche, *b*, l'intestin, *c*, pore génital, *d*, anus. 2, extrémité céphalique du mâle, *a*, bouche, *b*, œsophage. 3, extrémité caudale du mâle, *a*, cupule, *b* pénis. 4, œuf.

vase comme les Rhabditis en général, il passe ensuite dans le chien et y devient strongle sexué; il est probable qu'il y en a encore beaucoup d'autres qui sont dans le même cas.

L'ascaride lombricoïde est un grand ver rond qui atteint la grosseur d'un tuyau de plume à écrire, et que l'on trouve habituellement dans l'estomac ou l'intestin grêle des enfants bien portants. Aristote le connaissait déjà. Il a été observé dans toute l'Europe, dans l'Afrique centrale, au Brésil et en Australie. La même espèce vit dans les intestins du cochon, mais l'ascaride mégalocéphale que l'on trouve communément dans le cheval, est une espèce différente.

Fig. 67. — Ascaride lombricoïde. — 1, ver complet, 2, tête, 3, queue du mâle, 4, milieu du corps de la femelle.

L'*Ascaris acus* du brochet vit d'abord dans un poisson blanc commun, le *Leuciscus alburnus* , et passe avec le poisson blanc qui lui sert de coche, dans son hôte définitif.

Un autre nématode commun , l'oxyure vermiculaire (fig. 69), parasite de l'homme, est un petit ver de la grosseur d'une fine épingle, qui pullule souvent dans le rectum des enfants et cause des démangeaisons très - vives. C'est par les œufs microscopiques que ces vers pénètrent dans l'économie ; ils éclosent dans l'estomac et accomplissent leur développement complet au bout de huit à dix jours. Ils sortent en grand nombre par l'anus.

La génération sortie des œufs d'*Ascaris megalocephala* du cheval vit librement et accomplit toutes ses phases jusqu'au développement sexuel séparé ; il y a des mâles et des femelles ; la génération qui descend de ceux-ci se distingue par une taille beaucoup inférieure.

On donne le nom de Trichocéphales à des nématodes qui ont l'extrémité céphalique très-étroite et amincie au point que l'on a quelque peine à découvrir leur bouche. Le trichocéphale de l'homme (fig. 68) est un nématode curieux, qui a été découvert par un étudiant en médecine de Göttingue en 1761. Il se trouve ordinairement dans le cœcum où on en a rencontré plus de mille ensemble. La femelle est longue de 40 à 50 millimètres, le mâle de 37 millimètres environ. Un *Trichocephalus affinis* femelle ayant pondu dans un aquarium, sept mois après, tout le contenu fut introduit dans un agneau, dont les parois intestinales furent infestées de trichocéphales.

Fig. 68. — Trichocéphale de l'homme. — 1. femelle, *a*, extrémité céphalique, *b*, extrémité caudale et anus, *c*, *d*, tube digestif et ovaire, *e*, orifice de l'appareil sexuel. 2. œuf isolé. 3, mâle, *a*, extrémité céphalique, *b*, anus, *c*, tube digestif, *d*, spicule ou pénis, *e*, poche dans laquelle il se retire.

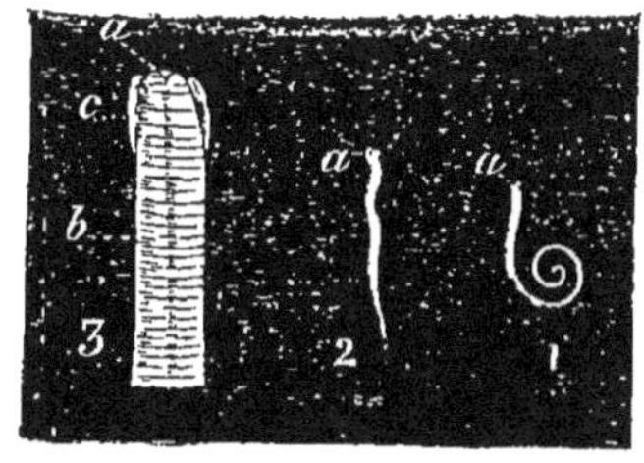

Fig. 69. — Oxyure vermiculaire. — 1, mâle de grandeur naturelle, 2, femelle, id., 3, extrémité céphalique grossie.

Aucun animal, à aucune époque, n'a fait parler de lui comme ce petit ver enroulé sur lui-même, qui vit dans les chairs, qui a la grosseur d'un grain de millet et que le hasard fit découvrir il y a quarante ans, dans un amphithéâtre d'hôpital à Londres. La peste et le choléra n'ont pas inspiré autant de frayeur et peu s'en est fallu que cette frayeur ne passât de l'Allemagne au reste de l'Europe. Nous n'avons pas voulu nous associer à ceux qui voulaient prendre naguère des mesures contre l'envahissement de ce ver, par la raison que rien ne nous faisait croire qu'il existât en Belgique plus de Trichines que dans les

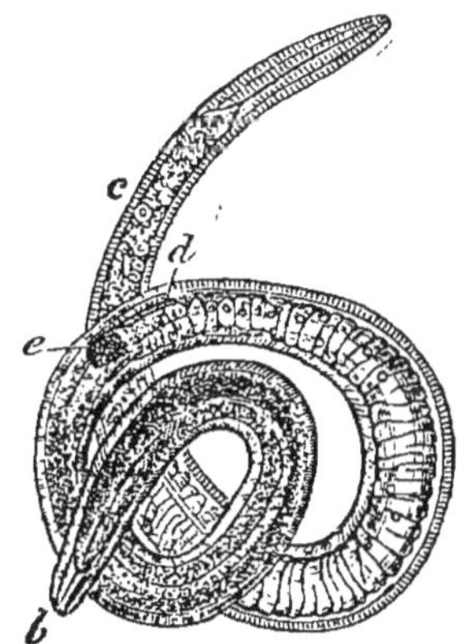

Fig. 70. — Trichine libre.

temps ordinaires. Ces mesures n'auraient produit d'autre effet
que de jeter inutilement l'inquiétude dans l'esprit du public.

La Trichinose, c'est le nom que l'on a donnée à la maladie
causée par ces vers, nous rappelle le Tarentisme, c'est-à-dire
les effets produits par la piqûre de la Tarentule. M. Ozanam a
écrit sur ce sujet un travail intéressant dans lequel il nous dit
que le Tarentisme nerveux a existé pendant deux siècles en
Europe comme maladie épidémique. Il existe d'après lui dans
la province du Tigré en Abyssinie, une sorte de chorée, de
musicomanie endémique, qui a la plus grande analogie avec le
Tarentisme; c'est le Tigretier. La musique et la danse ont
seules le pouvoir de triompher de ses crises. Mais ce moyen
serait évidemment inefficace dans la Trichinose.

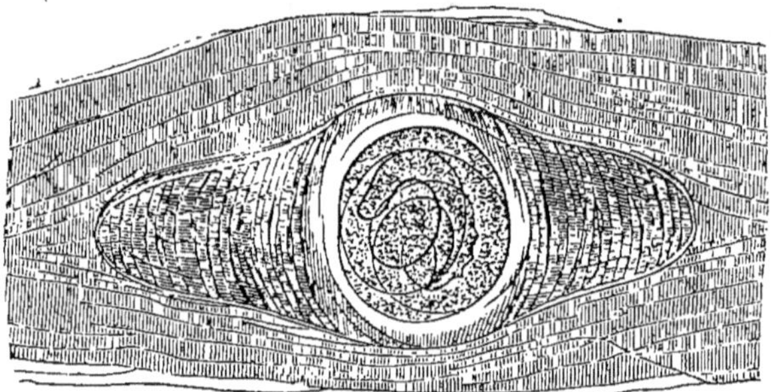

Fig. 71. — Trichine enroulée dans un muscle.

La Trichine est un ver nématode et non pas, comme on l'a
dit, un insecte. Que l'on se figure une épingle d'une finesse
excessive, comme les entomologistes en emploient pour piquer
les plus petits insectes, enroulée sur elle-même en spirale
pour se loger dans une cavité creusée au milieu des muscles,
dans un espace qui ne dépasse pas un grain de millet. Ces
Trichines des muscles se voient à l'œil nu. Mais avant de les
faire connaître en détail, et elles sont connues aujourd'hui
jusque dans leurs derniers replis, voyons depuis quand et
à quelle occasion on s'est mis à parler d'elles.

C'était en 1832; un préparateur (*demonstrator*) du cours
d'anatomie au *Guy-Hospital* à Londres, J. Hilton, trouva dans

les chairs d'un homme de soixante-dix ans, mort d'un cancer, une grande quantité de petits corps blancs, qu'il prit pour des vers vésiculaires. Le scalpel rencontrait sur son passage, pendant la dissection des muscles, des granulations qui émoussaient le tranchant de l'instrument. Étonné de voir dans les chairs des corpuscules durs que l'instrument entamait difficilement, il en isola quelques-uns, les examina attentivement, mais il n'était sans doute pas assez au courant de l'helminthologie pour reconnaître leur nature véritable. Il s'adressa à R. Owen, le célèbre naturaliste du British-Museum, qui les reconnut pour être des vers nouveaux et leur donna le nom de *Trichine*, parce qu'ils sont minces comme un cheveu; il ajouta le nom spécifique de *spiralis*, à cause de la manière dont il est enroulé dans son kyste. *Trichina spiralis* est le nom de cet animal.

Quelques naturalistes croyaient à cette époque, que les filaments fécondateurs de la liqueur mâle étaient des vers parasites, comme on en trouve dans d'autres liquides, et ces filaments que les naturalistes désignent sous le nom de spermatozoïdes (les animalcules des anciens naturalistes), étaient considérés comme des êtres ayant une certaine affinité avec les trichines. Les trichines étaient l'état intermédiaire entre ces filaments de la liqueur fécondante et les vers proprement dits. On sait parfaitement aujourd'hui que ces corps filamenteux ne sont pas plus des animaux que les globules du sang, et tout ce que l'on avait cru observer de leur organisation, n'était que de pure fantaisie.

Les trichines, complétement connues aujourd'hui jusque dans leurs moindres détails d'organisation et de mœurs, ont une bouche distincte, et comme tous les vers en forme de fil et que les naturalistes appellent à cause de cela *Nématodes*, par opposition aux *Cestodes* en forme de rubans, elles ont un tube digestif complet avec orifices aux deux extrémités du corps. En dehors de cet appareil de nutrition, les trichines, comme les nématodes en général, ont les sexes répartis sur deux individus distincts, de manière qu'il y a des mâles et des femelles, que l'on peut fort aisément distinguer par la taille et la forme du corps.

On trouve des trichines dans les chairs de la plupart des mammifères. Si on mange cette chair trichinée, les vers deviennent libres dans l'estomac à mesure qu'elle se digère, et ils se développent avec une extrême rapidité. Chaque femelle pond un nombre prodigieux d'œufs ; de chaque œuf sort un ver microscopique qui traverse les parois de l'estomac ou des intestins, et des milliers de trichines vont se loger dans les chairs où elles se calfeutrent jusqu'à ce qu'elles soient de nouveau introduites dans un autre estomac. Quand le nombre est grand, leur présence peut causer des désordres et même la mort. Les expériences de Leuckart sur des animaux ont donné l'éveil aux médecins, puis on a trouvé des malades qui avaient présenté des symptômes exceptionnels, succomber à l'invasion de ces parasites. Sur une livre de chair d'homme, Leuckart a compté jusqu'à 700,000 trichines, et Zenker parle même de 5 millions trouvés dans une quantité semblable de chair humaine.

La trichine spirale donne une centaine de jeunes vers au bout d'une semaine (vivipare) et un cochon qui avale une livre de chair (5,000,000 de trichines) peut avoir au bout de quelques jours 250,000,000 d'individus, en comptant que la moitié des individus éclos sont des femelles, ce qui n'est pas, car il y a plus de femelles que de mâles. Il semble que les trichines peuvent se sexuer dans tous les animaux à sang chaud, mais le nombre dans lequel ils peuvent s'enkyster est moins grand. Il paraît qu'ils ne s'enkystent pas dans les oiseaux.

Au mois de décembre 1863, R. Leuckart m'écrivait de Giessen : « Les trichines jouent un grand rôle aujourd'hui en Allemagne (à l'exception du Schleswig-Holstein). Deux épidémies ont fait leur apparition depuis quelques mois et ont produit une véritable panique, au point que personne ne mange plus de viande de porc. Les autorités sont obligées de soumettre partout la chair de ces animaux à un examen microscopique. »

C'est à Leuckart (1856 et 1857) et à Virchow (1858) que l'on doit la connaissance des principaux faits de l'histoire de ces vers. Virchow fit connaître à la suite d'une expérience, que ces vers deviennent sexués dans les voies digestives au bout de trois jours et, après quelques tâtonnements, ces deux naturalistes reconnurent l'un et l'autre que les trichines ne sont ni des Strongles ni des Tricocéphales, mais des nématodes à part, qui éclosent dans l'estomac de ceux que l'on en infeste, et dont les embryons, au lieu d'émigrer, s'établissent dans l'hôte lui-même. En général les embryons des parasites ne s'établissent pas dans l'animal qui les loge; ils sont évacués, comme les œufs, pour s'établir sur un autre animal. Les trichines se développent sexuellement et se propagent dans l'animal même dans lequel ils ont été engendrés.

La plupart du temps, les vers qui produisent des œufs n'éclosent pas dans le même animal; ils sont évacués avec les fèces. Les trichines font exception. Des vers agames introduits dans l'estomac, y accomplissent rapidement leur évolution, deviennent sexués, pondent des œufs et les germes qui en sortent, traversent les tissus pour aller s'enkyster dans les muscles ou dans d'autres organes fermés. Il paraît que l'*Ollulanus tricuspis*, nématode du chat, présente le même phénomène. C'est une espèce de trichine, qui vit d'abord dans les muscles de la souris qui lui sert de coche, puis dans l'estomac du chat où elle devient complète et fleurit.

Un ver nématode curieux par ses pérégrinations est le *Spiroptera obtusa*. Il passe avec les excréments de la souris dans la larve de *Tenebrio molitor* qui en est friand. Au bout d'un mois il s'enkyste dans cet insecte et après six ou sept semaines, il devient sexué dans la souris. La *Spiroptera obtusa* de la souris pond ses œufs qui sont évacués avec les fèces, et ceux-ci deviennent, avec les œufs qu'ils renferment, la proie des vers à farine, c'est-à-dire des larves de *Tenebrio molitor*, insecte coléoptère. L'éclosion des germes a lieu dans l'intestin de la larve, ces germes perforent l'intestin et s'enkystent dans les flocons de graisse qui l'entourent. Un beau jour l'insecte sera avalé par la souris et le Spiroptera, mis en liberté dans l'intestin, s'épanouira jusqu'au développement sexuel complet.

Le crabe ordinaire de nos côtes, *Carcinus menas*, est le coche d'un nématode qui devient *Coronilla robusta* dans l'estomac des Raies.

L'*Heteroura androphora* est un autre nématode qui vit dans l'estomac des Tritons. Le mâle est toujours enroulé autour du corps de la femelle. Les deux sexes sont toujours libres, contrairement à ce que nous montrent les syngames. Les Blattes, insectes coléoptères, hébergent également des nématodes sexués. Radkewisch a vu deux espèces d'anguillules, l'*Anguillula macroura* et *appendiculata*, dans la *Blatta orientalis* et une *Oxyuris brachyura* dans la *Blatta germanica*. Ces œufs sortent avec les fèces et résistent à l'action des agents délétères.

Heterodera Shachti est le nom donné à un nématode que M. Schacht a découvert sur la betterave. C'est également un ver dimorphe; le mâle a la forme ordinaire, la femelle ressemble à un citron. Le *Leptodera appendiculata* habite le pied de l'*Arion empiricorum*, à l'état de larve, et devient sexué (mâle et femelle) dans le corps pourri de la limace. La génération qui en provient a les sexes réunis et vit librement dans la terre humide. Le *Leptodera pellio* habite de même le corps des lombrics, un autre *Leptodera* l'intestin de la limace, et un troisième dans les glandes salivaires. Le nématode si généralement connu sous le nom de *Ascaris nigrovenosa*, appartient également à ce genre. Il hante le poumon de la grenouille. Il y en a aussi dans le poumon du crapaud mais il diffère du précédent.

Leuckart regarde ces vers comme femelles et leur reproduction comme parthénogénétique. Schneider croit que le sexe mâle existe à côté du sexe femelle et qu'ils sont, par conséquent, hermaphrodites. Ces vers du poumon sont vivipares et on trouve des embryons au milieu de l'intestin dans le même animal qui loge la femelle. Ces mêmes vers, provenant d'un parent hermaphrodite ou de femelles parthénogénétiques, vivent librement et non parasitiquement dans la terre humide ou dans un cadavre pourri, et diffèrent de leurs parents par leur taille comme par leurs organes sexuels. Ils deviennent tous ou mâles ou femelles, et par conséquent leur fécondité est subordonnée à un accouplement. Leurs parents pouvaient tous indistinctement engendrer, eux ne le peuvent pas. Les femelles seules reproduisent une nouvelle génération.

Un ver connu sous le nom de *Vibrio anguillula*, vit dans les grains de blé encore verts et s'y multiplie d'une manière prodigieuse ; c'est lui qui constitue la maladie connue sous le nom de nielle. Les grains se racornissent et ne renferment que de petits vers desséchés qui restent ainsi sans vie apparente et sans mourir, jusqu'à ce qu'on les rende humides. En les mouillant, les tissus se gonflent, les organes reprennent leur aspect naturel et les fonctions se rétablissent au bout de quelques heures. Dans un grain de blé affecté de nielle, on trouve des anguillules, sans organes distincts, qui peuvent se dessécher et ressusciter jusqu'à dix-huit fois, selon M. Davaine, qui pense que ces anguillules, provenant d'un grain affecté, sortent de leur enveloppe sur un champ de blé et se portent sur les jeunes tiges en s'élevant avec elles. Dans la fleur rudimentaire du blé, elles commencent alors à se développer, et prennent des organes génitaux, comme des nématoïdes. On trouve toujours, dans un grain, des mâles et des femelles.

L'Hermine loge dans ses poumons et dans la trachée-artère un ver allongé auquel j'ai donné le nom de *Filaroïdes mustelarum*. Il forme ordinairement un petit sac qui ressemble à un tubercule. Plusieurs individus de sexe différent, entortillés les uns dans les autres, se tiennent si étroitement liés, qu'on a de la peine à les séparer. C'est une véritable pelote. Ce filaroïde se rend parfois dans les sinus frontaux, et détruit mécaniquement une partie des parois osseuses, de manière que la boîte crânienne est creusée d'un trou au-dessus des sinus frontaux ; c'est le docteur Weyenberg qui a fait cette observation. Il est probable que d'autres espèces de Mustela présenteront le même phénomène, car on trouve fort communément des crânes de ce carnassier perforés au-dessus de la cavité orbitaire.

L'*Ollulanus tricuspis* est un ver qui habite les parois de l'estomac des chats; il est vivipare et les jeunes s'égarent parfois dans les muscles de leur hôte. Mais le cours naturel des choses est que ces jeunes sont évacués avec les fèces et que les fèces, selon toute probabilité, font partie du menu des souris et passent avec celles-ci dans le chat. Il faut espérer que Leuckart aura bientôt mis cette transmigration hors de doute par une expérience décisive, et prouvera que la souris sert de coche à trois vers différents, le cysticerque, le *Spiroptera obtusa* et l'*Ollulanus tricuspis*.

Plusieurs nématodes logent dans l'épaisseur des parois du gésier des oiseaux. Dans le grand harle nous en avons trouvé un qui porte autour de la tête quatre lames en croissant, dentelées sur leur bord concave et auquel nous avons donné le nom d'*Ascaracantha tenuis*. Il a des œufs fort petits. Le *Trichosomum crassicauda* est un nématode du rat? le mâle a 2,5 millimètres, la femelle'17 millimètres de longueur et il loge dans l'utérus de sa femelle. On trouve jusqu'à 5 mâles dans une seule femelle. Cette observation de Leuckart a été confirmée par Butschli. Le mâle a le tube digestif incomplet. Sa femelle mange pour lui.

La chauve-souris des hautes montagnes de la Bavière connue sous le nom de *Vespertilio mystacinus*, héberge un nématode, le *Rictularia plagiostoma*, le même qui en Egypte se trouve chez le hérisson. (*Erinaceus auritus*.) La chauve-souris des bords du Rhin ne loge pas ce ver nématode. Il faut en conclure que la chauve-souris de Bavière trouve à manger le même insecte que le hérisson en Égypte, et que ce même insecte ne se trouve plus sur les bords du Rhin. Nous n'avons jamais rencontré ce nématode dans des mystacins de Belgique, et nous en avons ouvert cependant par centaines.

Un oiseau de la Floride, l'*Anhinga*, loge dans son cerveau un nématode dont la présence dans cet organe n'est pas accidentelle.

Les Echinorhynques forment un groupe de parasites fort

remarquables ; ils transmigrent d'un hôte à l'autre, mais on ne connaît pas encore le coche de la plupart d'entre eux. Nous représentons (fig. 72) une espèce qui est fort commune dans l'intestin de l'éperlan.

On sait que ces vers émigrent dans le jeune âge et subissent des métamorphoses en changeant d'hôte ; l'*Asellus aquaticus* de nos eaux douces héberge à côté d'autres vers l'*Echinorhyncus hœruca* ; le *Gammarus pulex*, autre crustacé d'eau douce, loge la larve d'*Echinorhyncus proteus*. (Fig. 72.) On trouve communément cette jolie espèce d'échinorhynque dans la cavité digestive de l'éperlan et elle se distingue facilement par sa forme particulière et sa couleur orange. L'*Asellus aquaticus* paraît également être le *coche* de l'*Echinorhyncus augustatus*. Les crochets des embryons diffèrent de ceux des adultes, comme les six crochets des cestodes diffèrent de la couronne des adultes. Leuckart fait connaître ceux de l'enveloppe de l'*Echinorhyncus proteus* et d'*Echinorhyncus augustatus*. L'embryon de l'*Echinorhyncus* ne porte de chaque côté que deux grands crochets, mais plusieurs petits. Les deux espèces citées plus haut ont de chaque côté cinq ou six crochets placés en angle droit avec la ligne médiane, mais ils n'ont pas tous la même grandeur. Ces animaux se rapprochent par leur développement des *gordius*. En effet, leur développement est semblable à celui des échinodermes : la larve est le *pluteus* et c'est dans le *pluteus* que l'échinorhynque véritable se développe, en empruntant la peau du *pluteus*. D'après des expériences faites par Schneider, les larves de hannetons seraient le coche de l'*Echinorhyncus gigas*. Les cochons sèment les œufs, les embryons infestent ces larves dans le corps desquels ils subissent leurs principaux changements.

Les grégarines sont des êtres microscopiques d'une extrême simplicité d'organisation, dont la nature et la filiation n'ont été reconnues que dans ces derniers temps. Elles vivent d'abord enkystées par milliers dans une partie commune, sous le nom de psorospermies, éclosent ensuite sous la forme d'*Amœba*, puis se transforment en grégarines. Elles transmigrent d'un animal à l'autre ou d'un organe à l'autre pour aboutir dans l'intestin où ils affectent la forme adulte. Dans cet état elles sont monocellulaires et ne possèdent à aucune époque des

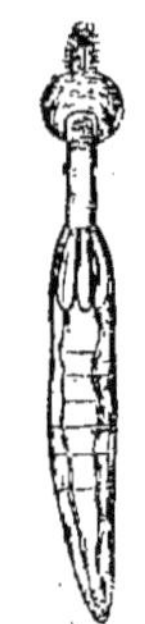

Fig. 72. — *Echinorhyncus proteus* de l'Éperlan.

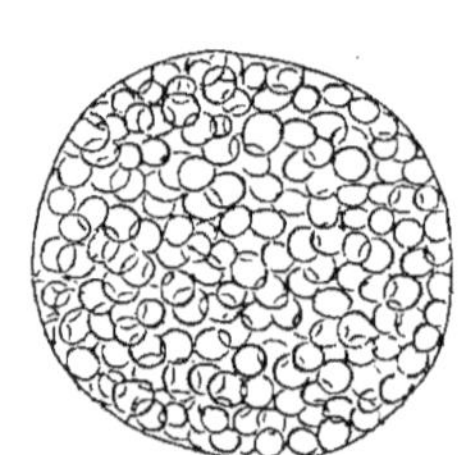

Fig. 73. — Sac à psorospermies dans la *Sepia officinalis*.

organes qui rappellent les organes sexuelsdes autres classes. La maladie des vers à soie connue sous le nom de pébrine, a été attribuée au développement de psorospermies.

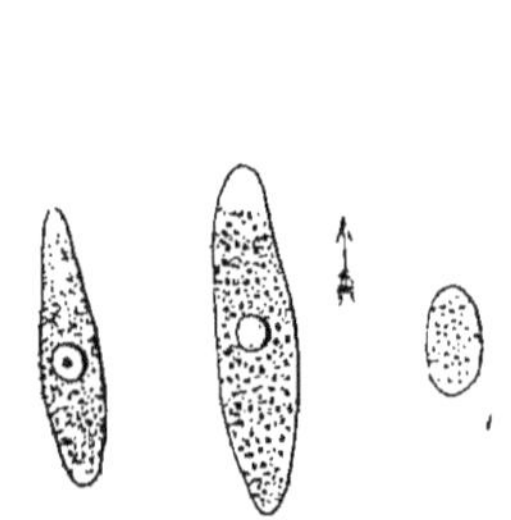

Fig. 74. — Grégarines de *Nemertes gesseriensis*.

Fig. 75. — *Stylorhynchus oligacanthus* de larve d'agrion.

Nous figurons ici (fig. 74.) des grégarines que nous avons trouvées en abondance sur des némertes, et (fig. 75) une espèce particulière qui vit dans la larve d'un agrion.

Nous représenterons encore (fig. 76) des parasites fort singuliers, dont les affinités sont encore un problème, et qui ne

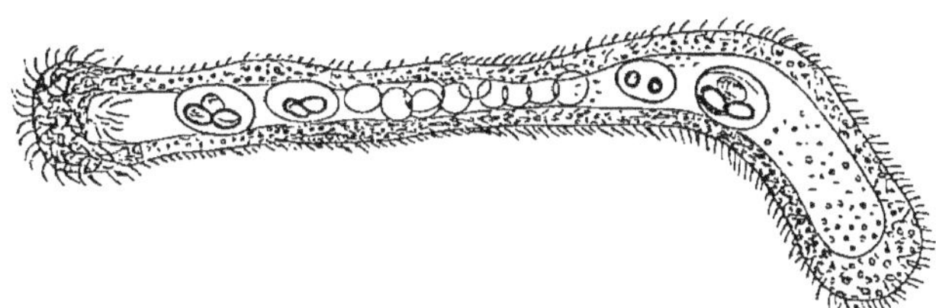

Fig. 76. — *Dicyema Krohnii*, de sepia officinalis.

hantent que les corps spongieux, c'est-à-dire, les reins des
céphalopodes. On leur a donné le nom de Dicyema.

M. Ray Lankaster a fait tout récemment à Naples des observations fort intéressantes sur ces êtres problématiques et mon
fils vient de consacrer une partie de ses vacances, avec deux de
ses élèves, à élucider les points encore obscurs de leur organisation et de leur développement. Il est allé s'établir à Ville-
franche près de Nice pour avoir tous les jours des céphalopodes frais. Ses observations l'ont conduit à un résultat tout
différent de celui auquel je m'attendais.

PARASITES A TOUTES LES ÉPOQUES DE LA VIE

Dans ce chapitre nous réunissons les parasites véritables, que l'on pourrait appeler complets ; ils passent toutes les époques de la vie sous la tutelle d'un voisin et réclament un gîte avec d'autant plus d'instance qu'ils ne sauraient vivre sans lui. Ils ont besoin d'être logés et nourris. Il n'y a pas longtemps que tous les parasites étaient considérés dépendants à toutes les époques de la vie et incapables de vivre hors du corps d'un autre animal. On a pu voir par ce qui précède combien cette opinion était erronée. Nous trouvons dans cette catégorie un grand nombre de parasites que l'on peut répartir en un premier groupe comprenant tous ceux qui parcourent, sans changer de costume, toutes les phases de la vie sur le même animal, et qui souvent ne connaissent que le poil, la plume ou l'écaille qui les a vus naître. Les poissons en nourrissent un grand nombre à la surface de la peau que les helminthologistes ont cru pouvoir réunir sous le nom d'*Ectoparasites*. Chez beaucoup de crustacés et d'insectes l'un des sexes seulement est parasite. Les mâles restent entièrement libres et conservent tous leurs attributs, tandis que les femelles réclament des secours et demandent la table et le logement. La femelle seule fait le sacrifice de sa liberté, se déforme complétement pour assurer la conservation de sa postérité.

Les insectes *Strepsiptères*, qui vivent en parasites sur les guêpes, nous en fournissent un curieux exemple (fig. 77). Ces insectes, les Polistes, les Andrènes et les Halictes, ne tuent pas la larve de l'Hyménoptère qui doit les nourrir : ils sucent lentement le sang de leur victime, et lui laissent tout juste les forces nécessaires pour accomplir ses métamorphoses. Les femelles sont condamnées à une immobilité presque complète sur leur proie, tandis que les mâles sont ailés.

Les naturalistes se sont beaucoup occupés de ces derniers insectes, autant à cause de leur genre de vie qu'à cause des difficultés qu'ils ont suscitées aux entomologistes dans l'appréciation de leurs affinités naturelles. Sont-ils coléoptères, comme on l'a supposé depuis longtemps et probablement avec raison, ou forment-ils à eux seuls un ordre distinct ? Quoi qu'il en soit, voici, d'après les observations récentes d'un naturaliste consciencieux, M. Chapmann, ce qui se passe

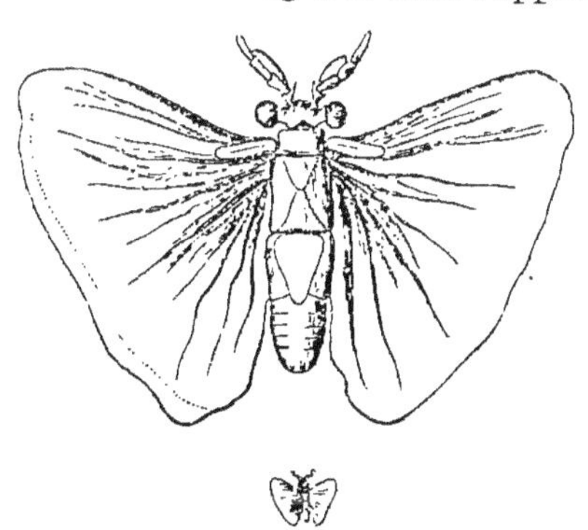

Fig. 77. — Stylops noir, mâle.

chez eux : les femelles ne déposeraient pas leurs œufs dans le nid des guêpes, mais les larves, sous la forme de meloë, pénétreraient dans les cellules, grâce aux larves des guêpes, qui les portent cachées entre le deuxième et le troisième anneau. Plus tard on distingue le parasite entre le troisième et le quatrième anneau. La larve Rhipiptère se développe aux dépens de la larve de guêpe, suce son sang, se gonfle et sa peau reste adhérente au quatrième segment.

Quand le Rhipiptère a six millimètres de longueur, il change une seconde fois de peau, et celle-ci crève du côté du dos, de manière que la peau reste adhérente entre la larve de Rhipiptère et la larve de guêpe. Il suce ensuite complétement la jeune guêpe et devient nymphe dans la prison même qu'il s'est donnée. Cette évolution dure de douze à vingt-quatre heures.

Plusieurs crustacés mâles, tout en différant notablement de leurs femelles par la forme comme par le genre de vie, ne s'éloignent cependant pas beaucoup de leur moitié pour le secours dont ils ont besoin; les insectes qui nous occupent

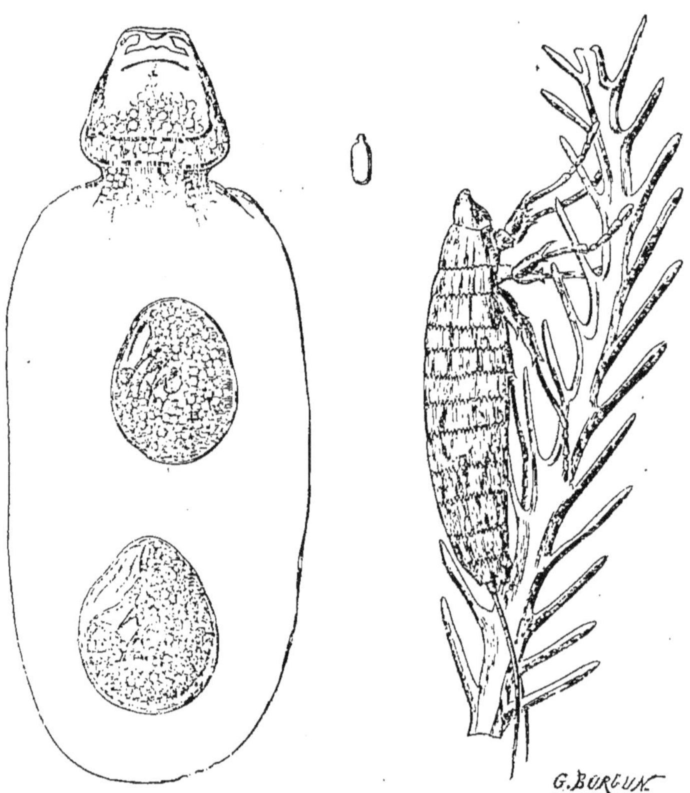

Fig. 78. — Stylops noir, femelle, montrant des embryons dans son abdomen.

Fig. 79. — Stylops noir. Larve à sa naissance. (D'après Blanchard).

différent au contraire complétement sous ce rapport. Le mâle conserve, à toutes les époques de la vie, la toilette, les attributs et l'indépendance des insectes libres, tandis que la femelle réclame du secours en vivres et en logement dès la sortie de l'œuf; elle est encore emmaillottée comme à la sortie de l'œuf quand elle reçoit le mâle.

Les vers de cette catégorie se forment généralement sans subir des métamorphoses, et si le lieu qu'ils se choisissent à la sortie de l'œuf, n'est pas précisément leur berceau et leur sépulcre à la fois, au moins c'est tout autour de lui que s'écouleront toutes les phases de leur vie monotone. On peut les compter parmi les plus beaux et les plus grands des vers parasites et, comme ils sont hermaphrodites, nous ne trouvons pas plus de diversité dans les formes sexuelles que dans les différences d'âge. Tous ont leur reproduction assurée, et leurs œufs sont pour ce motif beaucoup moins nombreux. Il y en a parmi eux qui ne pondent qu'un œuf à la fois, et cet œuf n'apparaît parfois que pendant une saison. C'est ce qui explique comment les œufs de quelques-uns de ces vers ont échappé jusqu'à présent.

Nous pouvons placer à la tête de ce groupe les *Tristoma* qui n'ont été découverts que depuis quelques années. C'est à Baster que l'on doit la connaissance d'une belle et grande espèce, qui habite le corps des Flétans. Les naturalistes lui ont donné le nom d'*Epibdelle*. Ce ver a la grandeur de l'ongle du doigt humain ; il ressemble par la forme à une feuille de buis ; à l'aide de ses ventouses, il est collé à la peau de son hôte comme une écaille, et se confond même avec elle. Il est de forme ovale et d'un blanc mat; on le distingue à peine sur la peau du poisson. On peut l'avoir depuis longtemps sous les yeux sans l'apercevoir. Une autre Epibdelle vit sur la peau et dans diverses régions du corps du maigre d'Europe ou poisson Sainte-Vierge; elle se couvre de taches de pigment qui la font ressembler plus complétement encore aux grandes écailles de son hôte. Ce poisson, que l'on appelle aussi *Sciœna aquila*, a la peau couverte des mêmes écailles et de la même couleur au dos et au ventre.

Un autre grand et beau ver de ce groupe, vit sur les branchies de l'Esturgeon, et se distingue par ses ventouses comme par sa grande mobilité. Autant les Epibdelles conservent leur forme écailleuse pendant les plus grandes contractions, autant ceux-ci changent à chaque mouvement. Les *Nitschia elegans*, c'est le nom sous lequel on les désigne, ne sont pas rares sur l'Esturgeon qu'on voit sur nos marchés. Parmi les nombreux parasites de cette catégorie, il y en a un fort remarquable qui mérite une mention particulière. Il vit en abondance sur des poissons d'eau douce, choisissant de préférence les branchies; c'est sur la Brème qu'on le trouve le plus communément. La connaissance de ces vers est due à Nordmann. Ils portent le nom de *Diplozoon paradoxum*, et sont toujours doubles, c'est-à-dire, toujours unis comme des frères siamois, organiquement liés ensemble; ils sortent de l'œuf comme leurs congénères, isolés et hermaphrodites, s'installent séparément sur leur hôte, et peu de temps après le choix du gîte, ils s'unissent de manière que les tissus, j'allais dire les organes, se fondent les uns dans les autres. Ils se croisent comme les deux jambes d'un *x*. C'est dans cette position qu'ils vivent et meurent après avoir produit de grands et beaux œufs pourvus d'une amarre très-longue. Les œufs sont pondus séparément et s'attachent aux branchies des poissons qui les hébergent. Au bout de quinze jours, l'embryon sort cilié et, armé de deux yeux, cherche à s'installer sur un nouvel hôte. Sous forme de Diporpa il a une ventouse ventrale et une petite papille sur le dos, et les deux individus qui s'unissent s'attachent en se croisant les uns aux autres par la ventouse et la papille. Quoi que en ait dit de Humboldt, dans son Cosmos, le *Diplozoon* n'est pas un animal à deux têtes et à deux extrémités caudales, c'est bien un animal double, c'est-à-dire deux individus hermaphrodites réunis, qui ont vécu d'abord séparément, et qui se soudent à l'époque de la maturité.

Nous trouvons un nématode et par conséquent un animal à sexe séparé, qui présente le même phénomène; le mâle et la femelle sont soudés ensemble, mais la femelle seule prend quelque développement. C'est le *Syngamus trachealis* de Siebold. Il habite la trachée artère de quelques oiseaux gallinacés, et d'après des expériences récentes, il se développe directement dans la trachée artère des oiseaux.

Un autre beau trématode vit abondamment sur les branchies

de l'alose, l'*Octocotyle lanceolata*, et un autre encore sur les branchies du merlan, *Octobothrium merlangus*. Les branchies du *Mustelus vulgaris* en portent régulièrement une autre espèce, semblable à une sangsue, mais au lieu d'une seule ventouse il y en a six ; c'est l'*Onchocotyle appendiculata*.

La vessie des grenouilles loge un fort beau et grand trématode qui a été étudié dans ces derniers temps par plusieurs naturalistes, le *Polystomum integerrimum*. Il reste encore bien des observations à faire sur les diverses phases de l'existence de ce parasite. On connaît son organisation, on l'a vu pondre de grands et beaux œufs, mais on n'a pu observer encore ses mouvements avant son entrée dans la vessie.

Ce Polystomum de la grenouille, et il en sera sans doute de même de l'espèce (*Polystomum ocellatum*) qui hante la cavité de la bouche de la tortue d'Europe (*Emys europœa*) ne pond ses œufs qu'en hiver, et les œufs des jeunes ne paraissent pas donner des embryons plus précoces que les œufs des adultes. Les embryons sont ciliés contrairement à ce que l'on voit chez plusieurs de ces vers ectoparasites ; ils ressemblent beaucoup par leurs piquants surtout, aux Gyrodactyles et, comme ceux-ci, ils habitent la cavité de la bouche avant d'émigrer dans un autre organe. On peut même se demander si les singuliers Gyrodactyles, si bizarres sous plusieurs rapports, ne sont pas des formes larvaires de trématodes voisins des polystomes.

Dans ces derniers temps plusieurs travaux importants ont paru sur le *Polystomum integerrimum*, par M. Stiéda en 1870, par MM. E. Zeller et Willemoes-Suhm en 1872.

Les Gyrodactyles dont nous venons de parler comptent parmi les vers les plus curieux que l'on ait découverts dans ces dernières années : ils sont de petite taille et vivent sur les branchies des poissons, souvent en nombreuse société et se meuvent avec une certaine agilité. Ils sont armés de crochets fort variés qui font l'office d'amarres, enfin on leur trouve un canal digestif et parfois des organes de sens. Le gyrodactyle élégant porte dans son sein un jeune qui a déjà ses crochets et dans ce jeune qui n'est pas né encore, on voit déjà une autre génération avec ces mêmes organes, de manière que trois générations sont emboîtées. Au moment de naître, la fille est déjà prête à mettre bas une autre fille. D'après une autre inter-

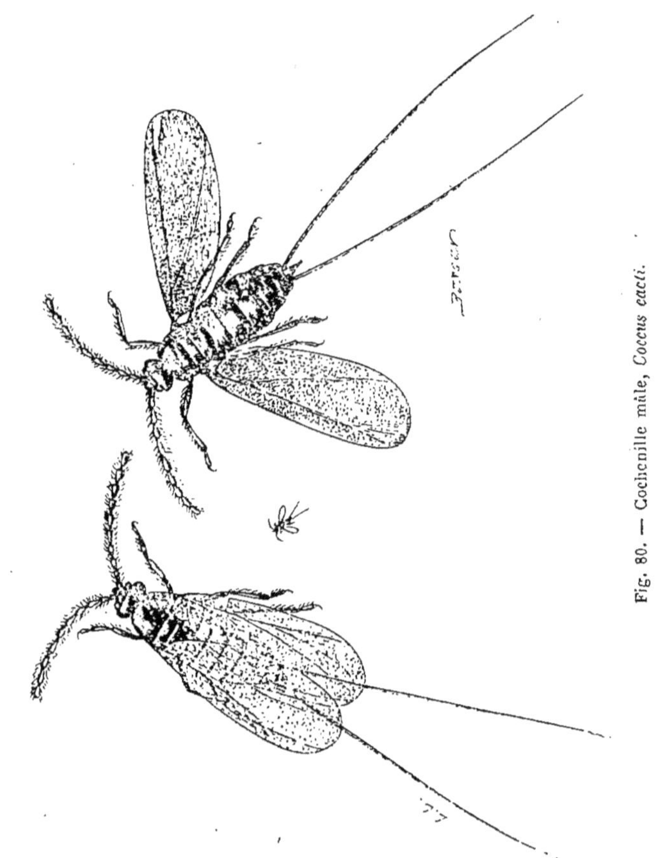

Fig. 80. — Cochenille mâle, *Coccus cacti*.

prétation la mère et la fille seraient sœurs ; l'aînée se trouverait à la périphérie, la cadette au centre. On trouve ces vers abondamment sur les branchies des cyprins ou poissons blancs. On racle légèrement la surface des branchies avec un scalpel pour enlever un peu de mucosité, on porte cette mucosité sur le porte-objet du microscope, on la couvre d'un verre léger et on l'examine immédiatement au microscope composé. On ne répétera pas trois fois cette pêche sans trouver des gyrodactyles.

Il y a aussi beaucoup d'insectes qui vivent en parasites sur les plantes et qui leur demandent à la fois la table et le gîte. Presque tout l'ordre des Hémiptères est dans ce cas. Nous en avons déjà parlé plus haut. Les Hémiptères qui vivent de la sève des végétaux sont parasites des plantes au même titre que ceux qui vivent aux dépens des animaux. Nous ne devons pas faire de différence entre la manière de vivre entre les punaises des plantes et celle des animaux. On dirait que la Providence a placé ces êtres à cheval sur les deux règnes pour les tenir l'un et l'autre en bride. Ce que le jardinier fait aux plantes, souvent le puceron le fait avant lui pour arrêter une croissance trop forte et trop rapide.

Fig. 81. — Cochenille femelle.

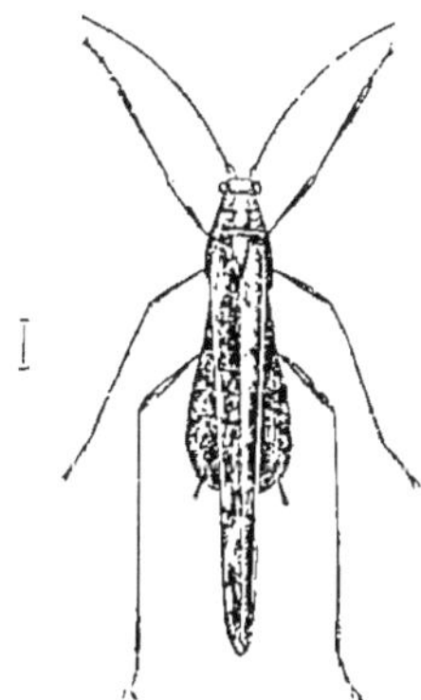

Fig. 82. — Puceron.

La cochenille *Coccus cacti* (fig. 80 et 81), originaire du Mexique, est un insecte qui vit sur le cactus nopal en vrai parasite et qui fournit une matière colorante précieuse, le carmin; cet insecte a été transporté dans les Antilles, en Espagne, aux îles Canaries, en Algérie et à Java.

La laque est fournie par une espèce du même genre originaire des Indes (*Coccus lacca*).

Les pucerons (fig. 82) se nourrissent de la sève des plantes ;
ils se multiplient rapidement sans le secours du mâle. Les
rosiers et surtout les boutons sont souvent envahis par une

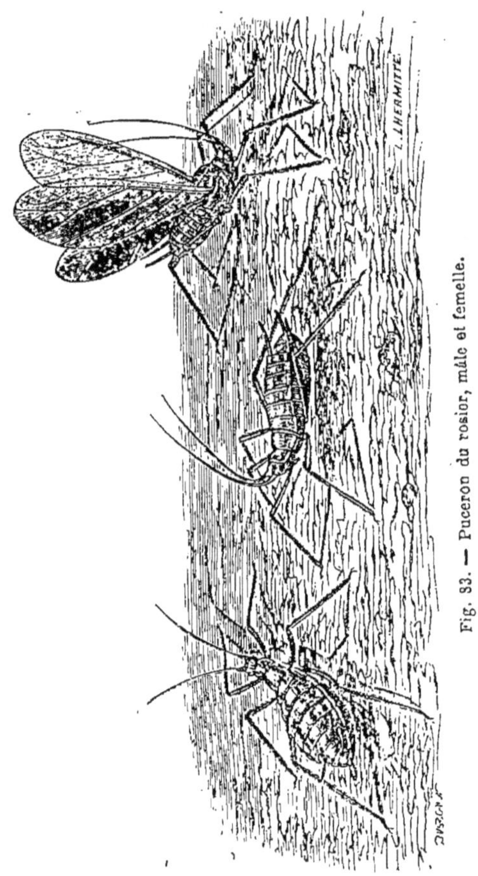

Fig. 83. — Puceron du rosier, mâle et femelle.

espèce de couleur verte dont nous reproduisons le dessin
(fig. 83).

Un puceron, le *Phylloxera vastatrix*, a fait invasion depuis
peu de temps dans les vignobles et, tout petit qu'il est, on le
redoute à l'égal d'un fléau qui sème la ruine sur son passage.
D'après des observations récentes ce puceron aurait une double

série de générations qui procèdent l'une de l'autre, le type mère et le type tuberculeux. Mais ce polymorphisme semble être plus apparent que réel, quoiqu'il y ait, au point de vue des mœurs et de la manière de se nourrir, une différence assez considérable. Cette différence est-elle le résultat de la nourriture puisée dans les racines ou dans les feuilles ? Ce qui doit nous rassurer sur l'avenir de ces phylloxera, c'est que M. Planchon vient de découvrir en Amérique le chat du phylloxera, un acaride, son ennemi mortel, qu'il s'agit seulement de multiplier pour détruire cette triste engeance des vignobles. Ici encore nous n'avons qu'à voir ce que fait cette aveugle nature pour arrêter un mal que l'homme est impuissant à combattre.

Nous répéterons ici ce que nous avons dit des pucerons il y a quelques années. Qui ne connaît ces corpuscules verts, de la grosseur d'une tête d'épingle, surgissant comme un nuage sur les boutons ou les feuilles de rosiers, qui se crispent pour se flétrir après. Il y en a de verts sur certaines plantes, de noirs sur d'autres, mais quelle que soit leur couleur, ce sont des perles vivantes qui enguirlandent la tige. Pour le monde c'est de la vermine, et à peine ose-t-on la toucher du bout des doigts. Pour le naturaliste ce sont de petits mondes de merveilles. Braquons une loupe sur ces grains de poussière qui marchent ; chaque grain nous révélera un charmant insecte dont la tête coiffée de deux petites antennes, porte des yeux globuleux et saillants, diaprés des plus riches couleurs ; en arrière deux réservoirs, de matière sucrée, élégamment montés sur un pied uni, se remplissent toujours; des parties longues et grêles portent ce corps globuleux. On s'est beaucoup occupé de ces petites fabriques de sucre, si bien connues des fourmis et qui leur ont valu le nom de *vaches des fourmis* Au milieu des curieux phénomènes que nous présentent ces grains de poussière animée, celui qui nous intéresse le plus, concerne le secret de leur étonnante, nous pourrions dire de leur prodigieuse fécondité. La nature veut des millions de pucerons en quelques heures de temps pour arrêter l'exubérance de la végétation et, comme si elle se défiait du concours du mâle, elle le supprime et la femelle met seule au monde une fille qui est déjà toute prête à pondre une petite-fille. Les générations se succèdent avec une telle rapidité, que, si la fille, en naissant, rencontre quelque obstacle sur son passage, la petite-fille peut venir au monde avant sa mère, un seul œuf peut produire au bout d'une saison plusieurs milliards d'individus. Chaque plante a pour ainsi dire son puceron propre et dans plusieurs localités on ne connaît que trop bien les ravages du *puceron laniger*, encore inconnu en Europe il y a un quart de siècle.

Le gyrodactyle élégant dont nous avons parlé plus haut, nous présente un semblable emboîtement d'embryons et si ces faits avaient été connus plus tôt, la célèbre théorie de l'emboîtement de germes, si chaleureusement défendue par Bonnet, eût conservé encore plus longtemps d'intrépides défenseurs.

A quelques exceptions près, tous les Hémiptères sont parasites du règne végétal ; il n'y en a qu'un fort petit nombre qui s'attaquent aux animaux. Il y a une espèce dont on devine aisément le nom (*Acanthia lectularia*) qui nous poursuit partout et sans jamais se lasser, puisqu'elle attendra des mois et des années toujours également avide de notre sang ; elle nous surprend la nuit pendant le sommeil et n'attend pas que sa digestion soit faite pour nous attaquer de nouveau. Heureusement un autre hémiptère, la *reduve à masque*, s'introduit comme le précédent dans les appartements et se couvre de poussière pour mieux fondre sur son ennemi ; mais l'homme ne s'entend pas assez avec lui pour faire en commun la guerre à ce misérable parasite. Il faudrait mettre la reduve à masque sous la protection des lois, organiser des concours et accorder des primes aux races les mieux venues.

FIN.

TABLE ALPHABÉTIQUE

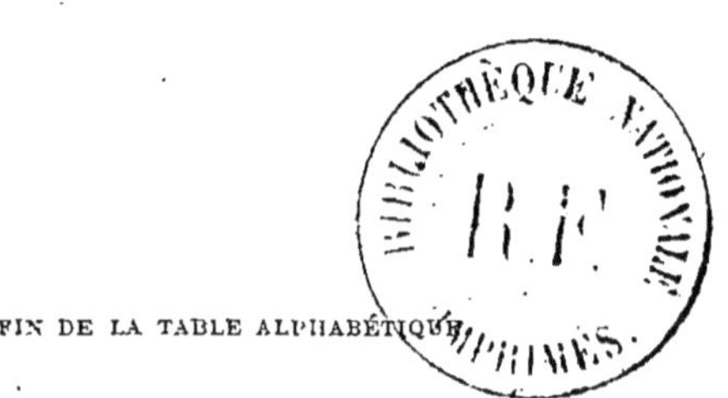

FIN DE LA TABLE ALPHABÉTIQUE

TABLE DES MATIÈRES

FIN DE LA TABLE DES MATIÈRES.

LIBRAIRIE
GERMER BAILLIÈRE

CATALOGUE

DES

LIVRES DE FONDS

(N° 2)

OUVRAGES HISTORIQUES

ET PHILOSOPHIQUES

NOVEMBRE 1874

PARIS

17, RUE DE L'ÉCOLE-DE-MÉDECINE, 17

COLLECTION HISTORIQUE DES GRANDS PHILOSOPHES

PHILOSOPHIE ANCIENNE

SOCRATE. **La philosophie de Socrate,** par M. Alf. FOUILLÉE. 2 vol. in-8. 16 fr.

PLATON. **La philosophie de Platon,** par M. Alf. FOUILLÉE. 2 vol. in-8. 16 fr.

— **Études sur la Dialectique dans Platon et dans Hegel,** par M. Paul JANET. 1 vol. in-8........... 6 fr.

ARISTOTE (OEuvres d'). traduction de M. BARTHÉLEMY SAINT-HILAIRE.

— **Psychologie** (Opuscules) 1 v.. 10 fr.

— **Rhétorique.** 2 vol......... 16 fr.

— **Politique.** 1 vol........... 10 fr.

— **Physique.** 2 vol........... 20 fr.

— **Traité du ciel.** 1 vol...... 10 fr.

— **Météorologie.** 1 vol....... 10 fr.

— **Morale.** 3 vol........... 24 fr.

— **Poétique.** 1 vol.......... 5 fr.

— **De la production des choses.** 1 vol.................. 10 fr.

— **De la logique d'Aristote,** par M. BARTHÉLEMY SAINT-HILAIRE. 2 vol. in-8.................. 10 fr.

ÉCOLE D'ALEXANDRIE. **Histoire critique de l'École d'Alexandrie,** par M. VACHEROT. 3 vol. in-8..... 24 fr.

— **L'École d'Alexandrie,** par M. BARTHÉLEMY SAINT-HILAIRE. 1 vol. in-8. 6 fr.

PHILOSOPHIE MODERNE

LEIBNIZ. **OEuvres philosophiques,** avec introduction et notes par M. Paul JANET. 2 vol. in-8........... 16 fr.

MALEBRANCHE. **La philosophie de Malebranche,** par M. OLLÉ LAPRUNE. 2 vol. in-8.................. 16 fr.

VOLTAIRE. **La philosophie de Voltaire,** par M. Ern. BERSOT. 1 vol. in-12. 2 fr. 50

— **Les sciences au XVIII**ᵉ **siècle.** Voltaire physicien, par M. Em. SAIGEY. 1 vol. in-8................. 5 fr.

RITTER. **Histoire de la Philosophie moderne,** trad. par P. Challemel-Lacour.

PHILOSOPHIE ÉCOSSAISE

DUGALD STEWART. **Éléments de la philosophie de l'esprit humain,** traduits de l'anglais par L. PEISSE. 3 vol. in-12. 9 fr.

W. HAMILTON. **Fragments de philosophie,** traduits de l'anglais par L. PEISSE. 1 vol. in-8.............. 7 fr. 50

— **La philosophie de Hamilton,** par J. STUART MILL. 1 vol. in-8.... 10 fr.

PHILOSOPHIE ALLEMANDE

KANT. **Critique de la raison pure,** traduite par M. TISSOT, 2 vol. in-8. 16 fr.

— Même ouvrage, traduction par M. Jules BARNI. 2 vol. in-8........... 16 fr.

— **Éclaircissements sur la critique de la raison pure,** traduits par J. TISSOT. 1 vol. in-8.............. 6 fr.

— **Critique du jugement,** suivie des *Observations sur les sentiments du beau et du sublime,* traduite par J. BARNI. 2 vol. in-8.............. 12 fr.

KANT. **Critique de la raison pratique,** précédée des *fondements de la métaphysique des mœurs,* traduite par J. BARNI. 1 vol. in-8................. 6 fr.

— **Examen de la critique de la raison pratique,** traduit par M. J. BARNI. 1 vol. in-8................. 6 fr.

— **Principes métaphysiques du droit,** suivis du *projet de paix perpétuelle,* traduction par M. TISSOT. 1 vol. in-8. 8 fr.

— Même ouvrage, traduction par M. Jules BARNI. 1 vol. in-8........... 8 fr.

— **Principes métaphysiques de la morale,** augmentés des *fondements de la métaphysique des mœurs,* traduction par M. TISSOT. 1 vol. in-8..... 8 fr.

— Même ouvrage, traduction par M. Jules BARNI. 1 vol. in-8........... 8 fr.

— **La logique,** traduction par M. TISSOT. 1 vol. in-8................. 4 fr.

— **Mélanges de logique,** traduction par M. TISSOT. 1 vol. in-8........ 6 fr.

— **Prolégomènes à toute métaphysique future** qui se présentera comme science, traduction de M. TISSOT. 1 vol. in-8.................... 6 fr.

— **Anthropologie,** suivie de divers fragments relatifs aux rapports du physique et du moral de l'homme et du commerce des esprits d'un monde à l'autre, traduction par M. TISSOT. 1 vol. in-8.. 6 fr.

FICHTE. **Méthode pour arriver à la vie bienheureuse,** traduite par Francisque BOUILLIER. 1 vol. in-8.. 8 fr.

— **Destination du savant et de l'homme de lettre,** traduite par M. NICOLAS. 1 vol. in-8......... 3 fr.

— **Doctrines de la science.** Principes fondamentaux de la science de la connaissance, traduits par GRIMBLOT. 1 vol. in-8...................... 9 fr.

SCHELLING. **Bruno** ou du principe divin, trad. par Cl. HUSSON. 1 vol. in-8. 3 fr. 50

— **Idéalisme transcendental.** 1 vol. in-8...................... 3 fr. 50

— **Écrits philosophiques** et morceaux propres à donner une idée de son système, trad. par Ch. BENARD. 1 vol. in-8.. 9 fr.

HEGEL. **Logique,** traduction par A. VÉRA. 2ᵉ édition. 2 vol. in-8........ 14 fr.

— **Philosophie de la nature,** traduction par A. VÉRA. 3 vol. in-8...... 25 fr.

— **Philosophie de l'esprit,** traduction par A. VÉRA. 2 vol. in-8...... 18 fr.

— **Esthétique.** 2 vol. in-8 traduite par M. BÉNARD.................. 16 fr.

— **Introduction à la philosophie de Hegel,** par A. VÉRA. 1 v. in-8. 6 fr. 50

— **La dialectique dans Hegel et dans Platon,** par Paul JANET. In-8... 6 fr.

Francisque Bouillier.
Du Plaisir et de la Douleur. 1 v.
De la Conscience.   1 vol.

Ed. Auber.
Philosophie de la médecine. 1 vol.

Leblais.
Matérialisme et Spiritualisme,
    précédé d'une Préface par
    M. E. Littré.   1 vol.

Ad. Garnier.
De la Morale dans l'antiquité,
    précédé d'une Introduction par
    M. Prévost-Paradol.   1 vol.

Schœbel.
Philosophie de la raison pure.
                             1 vol.

Beauquier.
Philosoph. de la musique. 1 vol.

Tissandier.
Des sciences occultes et du
    Spiritisme.   1 vol.

J. Moleschott.
La Circulation de la vie. Lettres
    sur la physiologie, en réponse
    aux Lettres sur la chimie de
    Liebig, trad. de l'allem. 2 vol.

Ath. Coquerel fils.
Origines et Transformations du
    Christianisme.   1 vol.
La Conscience et la Foi. 1 vol.
Histoire du Credo.   1 vol.

Jules Levallois.
Déisme et Christianisme. 1 vol.

Camille Selden.
La Musique en Allemagne. Étude
    sur Mendelssohn.   1 vol.

Fontanès.
Le Christianisme moderne. Étude
    sur Lessing.   1 vol.

Saigey.
La Physique moderne.   1 vol.

Mariano.
La Philosophie contemporaine
    en Italie.   1 vol.

Letourneau.
Physiologie des passions. 1 vol.

Faivre.
De la Variabilité des espèces.
                             1 vol.

Stuart Mill.
Auguste Comte et la Philosophie
    Positive, trad. de l'angl. 1 vol.

Ernest Bersot.
Libre philosophie.   1 vol.

A. Réville.
Histoire du dogme de la divinité
    de Jésus-Christ.   1 vol.

W. de Fonvielle.
L'Astronomie moderne.   1 vol.

C. Coignet.
La Morale indépendante. 1 vol.

E. Boutmy.
Philosophie de l'architecture
    en Grèce.   1 vol.

Et. Vacherot.
La Science et la Conscience.
                             1 vol.

Ém. de Laveleye.
Des formes de gouvernement.
                             1 vol.

Herbert Spencer.
Classification des Sciences. 1 v.

Gauckler.
Le Beau et son histoire.

Max Müller.
La Science de la Religion. 1 v.

Léon Dumont.
Haeckel et la théorie de l'é-
    volution en Allemagne. 1 vol.

Bertauld.
L'Ordre social et l'ordre mo-
    ral.   1 vol.

Th. Ribot.
Philosophie de Schopenhauer.
                             1 vol.

Al. Herzen.
Physiologie de la volonté.
                             1 vol.

Bentham et Grote.
La Religion naturelle 1 vol.

BIBLIOTHÈQUE DE PHILOSOPHIE CONTEMPORAINE

FORMAT IN-8.

Volumes à 5 fr., 7 fr. 50 c. et 10 fr.

JULES BARNI. La Morale dans la démocratie. 1 vol. 5 fr.

AGASSIZ. De l'Espèce et des Classifications, traduit de l'anglais par M. Vogeli. 1 vol. in-8. 5 fr.

STUART MILL. La Philosophie de Hamilton. 1 fort vol. in-8, traduit de l'anglais par M. Cazelles. 10 fr.

STUART MILL. Mes Mémoires. Histoire de ma vie et de mes idées, traduit de l'anglais par M. E. CAZELLES, 1 vol. in-8 5 fr.

STUART MILL. Système de logique déductive et inductive. Exposé des principes de la preuve et des méthodes de recherche scientifique, traduit de l'anglais par M. Louis Peisse, 2 vol. 20 fr.

STUART MILL. Essais sur la Religion, traduits de l'anglais, par M. E. Cazelles.

DE QUATREFAGES. Ch. Darwin et ses précurseurs français. 1 vol. in-8. 5 fr.

HERBERT SPENCER. Les premiers Principes. 1 fort vol. in-8, traduits de l'anglais par M. Cazelles. 10 fr.

HERBERT SPENCER. Principes de psychologie, traduits de l'anglais par MM. Th. Ribot et Espinas. T. Ier, 1 vol. in-8. 10 fr.

AUGUSTE LAUGEL. Les Problèmes (Problèmes de la nature, problèmes de la vie, problèmes de l'âme). 1 fort vol. in-8. 7 fr. 50

ÉMILE SAIGEY. Les Sciences au XVIIIe siècle, la physique de Voltaire. 1 vol. in-8. 5 fr.

PAUL JANET. Histoire de la science politique dans ses rapports avec la morale, 2e édition, 2 vol. in-8. 20 fr.

TH. RIBOT. De l'Hérédité. 1 vol. in-8. 10 fr.

HENRI RITTER. Histoire de la philosophie moderne, trad. franç. préc. d'une intr. par M. P. Challemel-Lacour, 3 v. in-8. 20 fr.

ALF. FOUILLÉE. La liberté et le déterminisme. 1 v. in-8. 7 f. 50

BAIN. Des Sens et de l'Intelligence. 1 vol. in-8, trad. de l'anglais par M. Cazelles. 10 fr.

DE LAVELEYE. De la propriété et de ses formes primitives, 1 vol. in-8. 7 fr. 50

BAIN. La Logique inductive et déductive, traduite de l'anglais par M. Compayré. 2 vol.

HARTMANN. Philosophie de l'Inconscient, traduite de l'allemand. 1 vol. (*Sous presse.*)

ÉDITIONS ÉTRANGÈRES

Éditions anglaises.

AUGUSTE LAUGEL. The United-States during the war. 1 beau volume in-8 relié. 7 shill. 6 p.

ALBERT RÉVILLE. History of the doctrine of the deity of Jesus-Christ. 1 vol. 3 sh. 6 p.

H. TAINE. Italy (Naples et Rome). 1 beau vol. in-8 relié. 7 sh. 6 p.

H. TAINE. The Philosophy of art. 1 vol. in-18, rel. 3 shill.

PAUL JANET. The Materialism of present day, translated by prof. Gustavo Masson. 1 vol. in-18, rel. 3 shill.

Éditions allemandes.

JULES BARNI. Napoléon Ier und sein Geschichtschreiber Thiers. 1 volume in-18. 1 thal.

PAUL JANET. Der Materialismus unserer Zeit, übersetzt von Prof. Reichlin-Meldegg mit einem Vorwort von prof. von Fichte. 1 vol. in-18. 1 thal.

H. TAINE. Philosophie der Kunst, 1 vol. in-18. 1 thal.

REVUE
Politique et Littéraire
(Revue des cours littéraires,
2ᵉ série.)

REVUE
Scientifique
(Revue des cours scientifique
2ᵉ série.)

Directeurs : MM. Eug. YUNG et Ém. ALGLAVE

La septième année de la **Revue des Cours littéraires** et de la **Revue des Cours scientifiques**, terminée à la fin de juin 1871, clôt la première série de cette publication.

La deuxième série a commencé le 1ᵉʳ juillet 1871, et depuis cette époque chacune des années de la collection commence à cette date. Des modifications importantes ont été introduites dans ces deux publications.

REVUE POLITIQUE ET LITTÉRAIRE

La *Revue politique* continue à donner une place aussi large à la littérature, à l'histoire, à la philosophie, etc., mais elle a agrandi son cadre, afin de pouvoir aborder en même temps la politique et les questions sociales. En conséquence, elle a augmenté de moitié le nombre des colonnes de chaque numéro (48 colonnes au lieu de 32).

Chacun des numéros, paraissant le samedi, contient régulièrement :

Une *Semaine politique* et une *Causerie politique* où sont appréciés, à un point de vue plus général que ne peuvent le faire les journaux quotidiens, les faits qui se produisent dans la politique intérieure de la France, discussions de l'Assemblée, etc.

Une *Causerie littéraire* où sont annoncés, analysés et jugés les ouvrages récemment parus : livres, brochures, pièces de théâtre importantes, etc.

Tous les mois la *Revue politique* publie un *Bulletin géographique* qui expose les découvertes les plus récentes et apprécie les ouvrages géographiques nouveaux de la France et de l'étranger. Nous n'avons pas besoin d'insister sur l'importance extrême qu'a prise la géographie depuis que les Allemands en ont fait un instrument de conquête et de domination.

De temps en temps une *Revue diplomatique* explique au point de vue français les événements importants survenus dans les autres pays.

On accusait avec raison les Français de ne pas observer avec assez d'attention ce qui se passe à l'étranger. La *Revue* remédie à ce défaut. Elle analyse et traduit les livres, articles, discours ou conférences qui ont pour auteurs les hommes les plus éminents des divers pays.

Comme au temps où ce recueil s'appelait la *Revue des cours littéraires* (1864-1870), il continue à publier les principales leçons du Collége de France, de la Sorbonne et des Facultés des départements.

Les ouvrages importants sont analysés, avec citations et extraits, dès le lendemain de leur apparition. En outre, la *Revue politique* publie des articles spéciaux sur toute question que recommandent à l'attention des lecteurs, soit un intérêt public, soit des recherches nouvelles.

Parmi les collaborateurs, nous citerons :

Articles politiques. — MM. de Pressensé, Ernest Duvergier de Hauranne, H. Aron, Em. Beaussire, Anat. Dunoyer, Clamageran.

Diplomatie et pays étrangers. — MM. Albert Sorel, Reynald, Léo Quesnel, Louis Leger.

Philosophie. — MM. Janet, Caro, Ch. Lévêque, Véra, Léon Dumont, Fernand Papillon, Th. Ribot, Huxley.

Morale. — MM. Ad. Franck, Laboulaye, Jules Barni, Legouvé, Ath. Coquerel, Bluntschli.

Philologie et archéologie. — MM. Max Müller, Eugène Benoist, L. Havet, E. Ritter, Maspéro, George Smith.

Littérature ancienne. — MM. Egger, Havet, George Perrot, Gaston Boissier, Geffroy, Martha.

Littérature française. — MM. Ch. Nisard, Lenient, L. de Loménie, Édouard Fournier, Bersier, Gidel, Jules Claretie, Paul Albert.

Littérature étrangère. — MM. Mézières, Büchner.

Histoire. — MM. Alf. Maury, Littré, Alf. Rambaud, H. de Sybel.

Géographie, Economie politique. — MM. Levasseur, Himly, Gaidoz, Alglave.

Instruction publique. — Madame C. Coignet, M. Buisson.

Beaux-arts. — MM. Gebhart, C. Selden, Justi, Schnaase, Vischer.

Critique littéraire. — MM. Eugène Despois, Maxime Gaucher.

Ainsi la *Revue politique* embrasse tous les sujets. Elle consacre à chacun une place proportionnée à son importance. Elle est, pour ainsi dire, une image vivante, animée et fidèle de tout le mouvement contemporain.

REVUE SCIENTIFIQUE

Mettre la science à la portée de tous les gens éclairés sans l'abaisser ni la fausser, et, pour cela, exposer les grandes découvertes et les grandes théories scientifiques par leurs auteurs mêmes ;

Suivre le mouvement des idées philosophiques dans le monde savant de tous les pays :

Tel est le double but que la *Revue scientifique* poursuit depuis dix ans avec un succès qui l'a placée au premier rang des publications scientifiques d'Europe et d'Amérique.

Pour réaliser ce programme, elle devait s'adresser d'abord aux Facultés françaises et aux Universités étrangères qui comptent dans leur sein presque tous les hommes de science éminents. Mais, depuis deux années déjà, elle a élargi son cadre afin d'y faire entrer de nouvelles matières.

En laissant toujours la première place à l'enseignement supérieur proprement dit, la *Revue scientifique* ne se restreint plus désormais aux leçons et aux conférences. Elle poursuit tous les développements de la science sur le terrain économique, industriel, militaire et politique.

Elle publie les principales leçons faites au Collége de France, au Muséum d'histoire naturelle de Paris, à la Sorbonne, à l'Institution royale de Londres, dans les Facultés de France, les universités d'Allemagne, d'Angleterre, d'Italie, de Suisse, d'Amérique, et les institutions libres de tous les pays.

Elle analyse les travaux des Sociétés savantes d'Europe et d'Amérique, des Académies des sciences de Paris, Vienne, Berlin, Munich, etc., des Sociétés royales de Londres et d'Édimbourg, des Sociétés d'anthropologie, de géographie, de chimie, de botanique, de géologie, d'astronomie, de médecine, etc.

Elle expose les travaux des grands congrès scientifiques, les Associations *française*, *britannique* et *américaine*, le congrès des naturalistes allemands, la Société helvétique des sciences naturelles, les congrès internationaux d'anthropologie préhistorique, etc.

Enfin, elle publie des articles sur les grandes questions de philosophie naturelle, les rapports de la science avec la politique, l'industrie et l'économie sociale, l'organisation scientifique des divers pays, les sciences économiques et militaires, etc.

Parmi les collaborateurs nous citerons :

Astronomie, météorologie. — MM. Leverrier, Faye, Balfour-Stewart, Janssen, Normann Lockyer, Vogel, Wolf, Miller, Laussedat, Thomson, Rayet, Secchi, Briot, Herschell, etc.

Physique. — MM. Helmholtz, Tyndall, Jamin, Desains, Carpenter, Gladstone, Grad, Boutan, Becquerel, Cazin, Fernet, Onimus, Bertin.

Chimie. — MM. Wurtz, Berthelot, H. Sainte-Claire Deville, Bouchardat, Grimaux, Jungfleisch, Mascart, Odling, Dumas, Troost, Peligot, Cahours, Graham, Friedel, Pasteur.

Géologie. — MM. Hébert, Bleicher, Fouqué, Gaudry, Ramsay, Sterry-Hunt, Contejean, Zittel, Wallace, Lory, Lyell, Daubrée.

Zoologie. — MM. Agassiz, Darwin, Haeckel, Milne Edwards, Perrier, P. Bert, Van Beneden, Lacaze-Duthiers, Pasteur, Pouchet, Joly, De Quatrefages, Faivre, A. Moreau, E. Blanchard, Marey.

Anthropologie. — MM. Broca, De Quatrefages, Darwin, De Mortillet, Virchow, Lubbock, K. Vogt.

Botanique. — MM. Baillon, Brongniart, Cornu, Faivre, Spring, Chatin, Van Tieghem, Duchartre.

Physiologie, anatomie. — MM. Claude Bernard, Chauveau, Fraser, Gréhant, Lereboullet, Moleschott, Onimus, Ritter, Rosenthal, Wundt, Pouchet, Ch. Robin, Vulpian, Virchow, P. Bert, du Bois-Reymond, Helmholtz, Frankland, Brücke.

Médecine. — MM. Chauffard, Chauveau, Cornil, Gubler, Le Fort, Verneuil, Broca, Liebeich, Lorain, Axenfeld, Lasègue, G. Sée, Bouley, Giraud-Teulon, Bouchardat.

Sciences militaires. — MM. Laussedat, Le Fort, Abel, Jervois, Morin, Noble, Reed, Usquin.

Philosophie scientifique. — MM. Alglave, Bagehot, Carpenter, Léon Dumont, Hartmann, Herbert Spencer, Laycock, Lubbock, Tyndall, Gavarret, Ludwig.

Prix d'abonnement :

Une seule revue séparément	Six mois.	Un an.	Les deux revues ensemble	Six mois.	Un an.
Paris	12ᶠ	20ᵗ	Paris	20ᶠ	36ᶠ
Départements.	15	25	Départements.	25	42
Étranger	18	30	Étranger	30	50

L'abonnement part du 1ᵉʳ juillet, du 1ᵉʳ octobre, du 1ᵉʳ janvier et du 1ᵉʳ avril de chaque année.

Chaque volume de la première série se vend : broché...... 15 fr.
relié........ 20 fr.
Chaque année de la 2ᵉ série, formant 2 vol., se vend : broché.. 20 fr.
relié.... 25 fr.

Prix de la collection de la première série :

Prix de la collection complète de la *Revue des cours littéraires* (1864-1870), 7 vol. in-4.............................. 105 fr.

Prix de la collection complète des deux *Revues* prises en même temps, 14 vol. in-4............................. 182 fr.

Prix de la collection complète des deux séries :

Revue des cours littéraires et *Revue politique et littéraire* (décembre 1863 — juillet 1874), 13 vol. in-4............... 165 fr.

— Avec la *Revue des cours scientifiques* et la *Revue scientifique*, 26 vol. in-4 .... 290 fr.

INTERNATIONALE

Le premier besoin de la science contemporaine, — on pourrait même dire d'une manière plus générale des sociétés modernes, — c'est l'échange rapide des idées entre les savants, les penseurs, les classes éclairées de tous les pays. Mais ce besoin n'obtient encore aujourd'hui qu'une satisfaction fort imparfaite. Chaque peuple a sa langue particulière, ses livres, ses revues, ses manières spéciales de raisonner et d'écrire, ses sujets de prédilection. Il lit fort peu ce qui se publie au delà de ses frontières, et la grande masse des classes éclairées, surtout en France, manque de la première condition nécessaire pour cela, la connaissance des langues étrangères. On traduit bien un certain nombre de livres anglais ou allemands ; mais il faut presque toujours que l'auteur ait à l'étranger des amis soucieux de répandre ses travaux, ou que l'ouvrage présente un caractère pratique qui en fait une bonne entreprise de librairie. Les plus remarquables sont loin d'être toujours dans ce cas, et il en résulte que les idées neuves restent longtemps confinées, au grand détriment des progrès de l'esprit humain, dans le pays qui les a vues naître. Le libre échange industriel règne aujourd'hui presque partout ; le libre échange intellectuel n'a pas encore la même fortune, et cependant il ne peut rencontrer aucun adversaire ni inquiéter aucun préjugé.

Ces considérations avaient frappé depuis longtemps un certain nombre de savants anglais. Au congrès de l'Association britannique à Édimbourg, ils tracèrent le plan d'une *Bibliothèque scientifique internationale*, paraissant à la fois en anglais, en français et en allemand, publiée en Angleterre, en France, aux États-Unis, en Allemagne, et réunissant des ouvrages écrits par les savants les plus distingués de tous les pays. En venant en France pour chercher à réaliser cette idée, ils devaient naturellement s'adresser à la *Revue scientifique*, qui marchait dans la même voie, et qui projetait au même moment, après les désastres de la guerre, une entreprise semblable destinée à étendre en quelque sorte son cadre et à faire connaître plus rapidement en France les livres et les idées des peuples voisins.

La *Bibliothèque scientifique internationale* n'est donc pas une entreprise de librairie ordinaire. C'est une œuvre dirigée par les auteurs mêmes, en vue des intérêts de la science, pour la populariser sous toutes ses formes, et faire connaître immédiatement dans le monde entier les idées originales, les directions nouvelles, les découvertes importantes qui se font jour dans tous les pays. Chaque savant exposera les idées qu'il a introduites dans la science et condensera pour ainsi dire ses doctrines les plus originales.

On pourra ainsi, sans quitter la France, assister et participer au mouvement des esprits en Angleterre, en Allemagne, en Amérique, en Italie, tout aussi bien que les savants mêmes de chacun de ces pays.

La *Bibliothèque scientifique internationale* ne comprendra point seulement des ouvrages consacrés aux sciences physiques et naturelles ; elle abordera aussi les sciences morales comme la philosophie, l'histoire, la politique et l'économie sociale, la haute législation, etc. ; mais les livres traitant des sujets de ce genre se rattacheront encore aux sciences naturelles, en leur empruntant les méthodes d'observation et d'expérience qui les ont rendues si fécondes depuis deux siècles.

Cette collection paraît à la fois en français, en anglais, en allemand et en Russe : à Paris, chez Germer Baillière ; à Londres, chez Henry S. King et Cie ; à New-York, chez Appleton ; à Leipzig, chez Brockaus ; et à Saint-Pétersbourg, chez Koropchevski et Goldsmith.

EN VENTE : *Volumes cartonnés avec luxe.*

J. TYNDALL. **Les glaciers et les transformations de l'eau,** avec figures. 1 vol. in-8. 6 fr.

MAREY. **La machine animale,** locomotion terrestre et aérienne, avec de nombreuses figures. 1 vol. in-8. 6 fr.

BAGEHOT. **Lois scientifiques du développement des nations** dans leurs rapports avec les principes de la sélection naturelle et de l'hérédité. 1 vol. in-8. 6 fr.

BAIN. **L'esprit et le corps.** 1 vol. in-8. 6 fr.

PETTIGREW. **La locomotion chez les animaux,** marche, natation, vol. 1 vol. in-8 avec figures. 6 fr.

HERBERT SPENCER. **La science sociale.** 1 vol. 6 fr.

VAN BENEDEN. **Les commensaux et les parasites dans le règne animal,** 1 vol. in-8, avec figures. 6 fr.

O. SCHMIDT. **La descendance de l'homme et le darwinisme.** 1 vol. in-8 avec figures. 6 fr.

MAUDSLEY. **Le Crime et la Folie.** 1 vol. in-8 6 fr.

Liste des principaux ouvrages qui sont en préparation :

AUTEURS FRANÇAIS

Claude Bernard. Phénomènes physiques et Phénomènes métaphysiques de la vie.	Berthelot. La synthèse chimique.
Henri Sainte-Claire Deville. Introduction à la chimie générale.	H. de Lacaze-Duthiers. La zoologie depuis Cuvier.
Émile Alglave. Physiologie générale des gouvernements.	Friedel. Les fonctions en chimie organique.
A. de Quatrefages. Les races nègres.	Taine. Les émotions et la volonté.
A. Wurtz. Atomes et atomicité.	Alfred Grandidier. Madagascar.
	Debray. Les métaux précieux.

AUTEURS ANGLAIS

Huxley. Mouvement et conscience.	Norman Lockyer. L'analyse spectrale.
W. B. Carpenter. La physiologie de l'esprit.	W. Odling. La chimie nouvelle.
Ramsay. Structure de la terre.	Lawder Lindsay. L'intelligence chez les animaux inférieurs.
Sir J. Lubbock. Premiers âges de l'humanité.	Stanley Jevons. Les lois de la statistique.
Balfour Stewart. La conservation de la force.	Michael Foster. Protoplasma et physiologie cellulaire.
Charlton Bastian. Le cerveau comme organe de la pensée.	Ed. Smith. Aliments et alimentation.
	K. Clifford. Les fondements des sciences exactes.

AUTEURS ALLEMANDS

Virchow. Physiologie pathologique.	Hermann. Physiologie de la respiration.
Rosenthal. Physiologie générale des muscles et des nerfs.	O. Liebreich. Fondements de la toxicologie.
Bernstein. Physiologie des sens.	Steinthal. Fondements de la linguistique.
	Vogel. Chimie de la lumière.

AUTEURS AMÉRICAINS

J. Dana. L'échelle et les progrès de la vie.	A. Flint. Les fonctions du système nerveux.
S. W. Johnson. La nutrition des plantes.	W. D. Whitney. La linguistique moderne.

OUVRAGES
De M. le professeur VÉRA
Professeur à l'université de Naples.

INTRODUCTION
A LA
PHILOSOPHIE DE HEGEL
1 vol. in-8, 1864, 2ᵉ édition.... 6 fr. 50

LOGIQUE DE HEGEL
Traduite pour la première fois, et accompagnée d'une Introduction
et d'un commentaire perpétuel.
2 volumes in-8, 1874, 2ᵉ édition. 14 fr.

PHILOSOPHIE DE LA NATURE
DE HEGEL
Traduite pour la première fois, et accompagnée d'une Introduction
et d'un commentaire perpétuel.
3 volumes in-8. 1864-1866........ 25 fr.
Prix du tome II... 8 fr. 50.— Prix du tome III... 8 fr. 50

PHILOSOPHIE DE L'ESPRIT
DE HEGEL
Traduite pour la première fois, et accompagnée d'une Introduction
et d'un commentaire perpétuel.
1867. Tome 1ᵉʳ, 1 vol. in-8. 9 fr.
1870. Tome 2ᵉ, 1 vol. in-8. 9 fr.
Philosophie de la Religion de Hégel. 2 vol. in-8. (*Sous presse.*)

L'Hégélianisme et la philosophie. 1 vol. in-18. 1861. 3 fr. 50
Mélanges philosophiques. 1 vol. in-8. 1862. 5 fr.
Essais de philosophie hégélienne (de la *Bibliothèque de philosophie contemporaine*). 1 vol. 2 fr. 50
Platonis, Aristotelis et Hegelii de medio termino doctrina. 1 vol. in-8. 1845. 1 fr. 50
Strauss. L'ancienne et la nouvelle foi. 1873, in-8. 6 fr.

RÉCENTES PUBLICATIONS

HISTORIQUES ET PHILOSOPHIQUES

Qui ne se trouvent pas dans les deux Bibliothèques.

ACOLLAS (Émile). **L'enfant né hors mariage.** 3ᵉ édition. 1872, 1 vol. in-18 de x-165 pages.   2 fr.

ACOLLAS (Émile). **Manuel de droit civil,** contenant l'exégèse du code Napoléon et un exposé complet des systèmes juridiques.
Tome premier (premier examen), 1 vol. in-8.   12 fr.
Tome deuxième (deuxième examen), 1 vol. in-8.   12 fr.
Tome troisième (troisième examen),   12 fr.

ACOLLAS (Émile). **Trois leçons sur le mariage.** In-8. 1 fr. 50

ACOLLAS (Émile). **L'idée du droit.** In-8.   1 fr. 50

ACOLLAS (Émile). **Nécessité de refondre l'ensemble de nos codes,** et notamment le code Napoléon, au point de vue de l'idée démocratique. 1866, 1 vol. in-8.   3 fr.

Administration départementale et communale. Lois — Décrets — Jurisprudence, conseil d'État, cour de Cassation, décisions et circulaires ministérielles, in-4.   8 fr.

ALAUX. **La religion progressive.** 1869, 1 vol. in-18. 3 fr. 50

ALGLAVE (Émile). **Action du ministère public** et théorie des droits d'ordre public en matière civile. 1872, 2 beaux vol. gr. in-8.   16 fr.

ALGLAVE (Émile). **Organisation des juridictions civiles chez les Romains** jusqu'à l'introduction des *judicia extraordinaria.* 1 vol. in-8.   2 fr. 50

ARISTOTE. **Rhétorique** traduite en français et accompagnée de notes par J. Barthélemy Saint-Hilaire. 1870, 2 vol. in-8. 16 fr.

ARISTOTE. **Psycologie** (opuscules) traduite en français et accompagnée de notes par J. Barthélemy Saint-Hilaire. 1 vol. in-8. 10 fr.

ARISTOTE. **Politique,** trad. par Barthélemy Saint-Hilaire, 1868. 1 fort vol. in-8.   10 fr.

ARISTOTE. **Physique,** ou leçons sur les principes généraux de la nature, traduit par M. Barthélemy Saint-Hilaire. 2 forts vol. gr. in-8. 1872.   20 fr.

ARISTOTE. **Traité du Ciel.** 1866, traduit en français pour la première fois par M. Barthélemy Saint-Hilaire. 1 fort vol. gr. in-8.   10 fr.

ARISTOTE. **Météorologie,** avec le petit traité apocryphe : *Du Monde,* traduit par M. Barthélemy Saint-Hilaire, 1863. 1 fort vol. gr. in-8.   10 fr.

ARISTOTE. **Morale,** traduit par M. Barthélemy Saint-Hilaire. 1856, 3 vol gr. in-8.   24 fr.

ARISTOTE. **Poétique,** traduite par M. Barthélemy Saint-Hilaire, 1858. 1 vol. in-8.   5 fr.

ARISTOTE. **Traité de la production et de la destruction des choses,** traduit en français et accompagné de notes perpétuelles, par M. Barthélemy Saint-Hilaire, 1866. 1 vol. gr. in-8.   10 fr.

AUDIFFRET-PASQUIER. **Discours devant les commissions de la réorganisation de l'armée et des marchés.** in-4. 2 fr. 50

L'art et la vie. 1867. 2 vol. in-8. 7 fr.

L'art et la vie de Stendhal. 1869, 1 fort vol. in-8. 6 fr.

BAGEHOT. **Lois scientifiques du développement des nations** dans leurs rapports avec les principes de l'hérédité et de la sélection naturelle. 1873, 1 vol. in-8 de la *Bibliothèque scientifique internationale*, cartonné à l'anglaise. 6 fr.

BARNI (Jules). **Napoléon Ier**, édition populaire. 1 vol. in-18. 1 fr.

BARNI (Jules). **Manuel républicain.** 1872, 1 vol. in-18. 1 fr. 50

BARNI (Jules). **Les martyrs de la libre pensée**, cours professé à Genève. 1862, 1 vol. in-18. 3 fr. 50

BARNI (Jules). Voy. KANT.

BARTHÉLEMY SAINT-HILAIRE. Voyez Aristote.

BARTHÉLEMY SAINT-HILAIRE. **La Logique d'Aristote.** 2 vol. gr. in-8. 16 fr.

BARTHÉLEMY SAINT-HILAIRE. **L'École d'Alexandrie.** 1 vol. in-8. 6 fr.

BAUTAIN. **La philosophie morale.** 2 vol. in-8. 12 fr.

CH. BÉNARD. **L'Esthétique de Hégel**, traduit de l'allemand. 2 vol. in-8. 16 fr.

CH. BÉNARD. **De la Philosophie dans l'éducation classique**, 1862. 1 fort vol. in-8. 6 fr.

CH. BÉNARD. **La Poétique**, par W.-F. Hégel, précédée d'une préface et suivie d'un examen critique. Extraits de Schiller, Goëthe, Jean Paul, etc., et sur divers sujets relatifs à la poésie. 2 vol. in-8. 12 fr.

BLANCHARD. **Les métamorphoses, les mœurs et les instincts des insectes**, par M. Émile BLANCHARD, de l'Institut, professeur au Muséum d'histoire naturelle. 1868, 1 magnifique volume in-8 jésus, avec 160 figures intercalées dans le texte et 40 grandes planches hors texte. Prix, broché. 30 fr.
    Relié en demi-maroquin. 35 fr.

BLANQUI. **L'éternité par les astres**, hypothèse astronomique. 1872, in-8. 2 fr.

BORELY (J.). **Nouveau système électoral, représentation proportionnelle de la majorité et des minorités.** 1870, 1 vol. in-18 de XVIII-194 pages. 2 fr. 50

BORELY. **De la justice et des juges**, projet de réforme judiciaire. 1871, 2 vol. in-8. 12 fr.

BOUCHARDAT. **Le travail**, son influence sur la santé (conférences faites aux ouvriers). 1863, 1 vol. in-18. 2 fr. 50

BOUCHARDAT et H. JUNOD. **L'eau-de-vie et ses dangers**, conférences populaires. 1 vol. in-18. 1 fr.

BERSOT. **La philosophie de Voltaire.** 1 vol. in-12. 2 fr. 50

ÉD. BOURLOTON et E. ROBERT. **La Commune et ses idées à travers l'histoire.** 1872, 1 vol. in-18. 3 fr. 50

BOUCHUT. **Histoire de la médecine et des doctrines médicales.** 1873, 2 forts vol. in-8. 16 fr.

BOUCHUT et DESPRÉS. **Dictionnaire de médecine et de thérapeutique médicale et chirurgicale**, comprenant le résumé de la médecine et de la chirurgie, les indications thérapeutiques de chaque maladie, la médecine opératoire, les accouchements, l'oculistique, l'odontechnie, l'électrisation, la matière médicale, les eaux minérales, et *un formulaire spécial pour chaque maladie*. 1873. 2ᵉ édit. très-augmentée. 1 magnifique vol. in-4, avec 750 fig. dans le texte. 25 fr.

BOUILLET (Adolphe). **L'armée d'Henri V. — Les bourgeois gentilshommes de 1871.** 1 vol. in-12. 3 fr. 50

BOUILLET (Adolphe). **L'armée d'Henri V. — Les bourgeois gentilshommes.** Types nouveaux et inédits. 1 vol. in-18. 2 fr. 50

BRIERRE DE BOISMONT. **Des maladies mentales,** 1867, brochure in-8 extraite de la *Pathologie médicale* du professeur Requin. 2 fr.

BRIERRE DE BOISMONT. **Des hallucinations, ou Histoire raisonnée des apparitions,** des visions, des songes, de l'extase, du magnétisme et du somnambulisme. 1862, 3ᵉ édition très-augmentée. 7 fr.

BRIERRE DE BOISMONT. **Du suicide et de la folie suicide.** 1865, 2ᵉ édition, 1 vol. in-8. 7 fr.

CHASLES (Philarète). **Questions du temps et problèmes d'autrefois.** Pensées sur l'histoire, la vie sociale, la littérature. 1 vol. in-18, édition de luxe. 3 fr.

CHASSERIAU. **Du principe autoritaire et du principe rationnel.** 1873, 1 vol. in-18. 3 fr. 50

CLAMAGERAN. **L'Algérie.** Impressions de voyage, 1874. 1 vol. in-18 avec carte. 3 fr. 50

CLAVEL. **La morale positive.** 1873, 1 vol. in-18. 3 fr.

Conférences historiques de la Faculté de médecine faites pendant l'année 1865. (*Les Chirurgiens érudits*, par M. Verneuil. — *Gui de Chauliac*, par M. Follin. — *Celse*, par M. Broca. — *Wurtzius*, par M. Trélat. — *Rioland*, par M. Le Fort. — *Levret*, par M. Tarnier. — *Harvey*, par M. Béclard. — *Stahl*, par M. Lasègue. — *Jenner*, par M. Lorain. — *Jean de Vier et les sorciers*, par M. Axenfeld. — *Luennec*, par M. Chauffard. — *Sylvius*, par M. Gubler. — *Stoll*, par M. Parrot.) 1 vol. in-8. 6 fr.

COQUEREL (Charles). **Lettres d'un marin à sa famille.** 1870, 1 vol. in-18. 3 fr. 50

COQUEREL (Athanase). Voyez *Bibliothèque de philosophie contemporaine.*

COQUEREL fils (Athanase). **Libres études** (religion, critique, histoire, beaux-arts). 1867, 1 vol. in-8. 5 fr.

COQUEREL fils (Athanase). **Pourquoi la France n'est-elle pas protestante?** Discours prononcé à Neuilly le 1ᵉʳ novembre 1866. 2ᵉ édition, in-8. 1 fr.

COQUEREL fils (Athanase). **La charité sans peur,** sermon en faveur des victimes des inondations, prêché à Paris le 18 novembre 1866. In-8. 75 c.

COQUEREL fils (Athanase). **Évangile et liberté,** discours d'ouverture des prédications protestantes libérales, prononcé le 8 avril 1868. In-8. 50 c.

COQUEREL fils (Athanase). **De l'éducation des filles**, réponse à Mgr l'évêque d'Orléans, discours prononcé le 3 mai 1868. In-8.
1 fr.

CORLIEU. **La mort des rois de France** depuis François Ier jusqu'à la Révolution française, 1 vol. in-18 en caractères elzéviriens, 1874.
3 fr. 50

Conférences de la Porte-Saint-Martin pendant le siége de Paris. Discours de MM. *Desmarets* et *de Pressensé*. — Discours de M. *Coquerel*, sur les moyens de faire durer la République. — Discours de M. *Le Berquier*, sur la Commune. — Discours de M. *E. Bersier*, sur la Commune. — Discours de M. *H. Cernuschi*, sur la Légion d'honneur. In-8.
1 fr. 25

CORNIL. **Leçons élémentaires d'hygiène**, rédigées pour l'enseignement des lycées d'après le programme de l'Académie de médecine. 1873, 1 vol. in-18 avec figures intercalées dans le texte.
2 fr. 50

Sir G. CORNEWALL LEWIS. **Histoire gouvernementale de l'Angleterre de 1770 jusqu'à 1830**, trad. de l'anglais et précédée de la vie de l'auteur, par M. Mervoyer. 1867, 1 vol. in-8 de la *Bibliothèque d'histoire contemporaine*.
7 fr.

Sir G. CORNEWALL LEWIS. **Quelle est la meilleure forme de gouvernement?** Ouvrage traduit de l'anglais ; précédé d'une Étude sur la vie et les travaux de l'auteur, par M. Mervoyer, docteur ès lettres. 1867, 1 vol. in-8.
3 r. 50

DAMIRON. **Mémoires pour servir à l'histoire de la philosophie au XVIIIe siècle.** 3 vol. in-8.
12 fr.

DELAVILLE. **Cours pratique d'arboriculture fruitière** pour la région du nord de la France, avec 269 fig. In-8.
6 fr.

DELEUZE. **Instruction pratique sur le magnétisme animal**, précédée d'une Notice sur la vie de l'auteur. 1853. 1 vol. in-12.
3 fr. 50

DELORD (Taxile). **Histoire du second empire. 1848-1870.**
1869. Tome Ier, 1 fort vol. in-8.   7 fr.
1870. Tome II, 1 fort vol. in-8.   7 fr.
1873. Tome III, 1 fort vol. in-8.   7 fr.
1874. Tome IV, 1 fort vol. in-8.   7 fr.
1874. Tome V, 1 fort vol. in-8.   7 fr.
1875. Tome VI et dernier. 1 fort vol. in-8.   7 fr.

DENFERT (colonel). **Des droits politiques des militaires.** 1874, in-8.
75 c.

DOLLFUS (Charles). **De la nature humaine.** 1868, 1 vol. in-8.
5 fr.

DOLLFUS (Charles). **Lettres philosophiques.** 3e édition. 1869, 1 vol. in-18.
3 fr. 50

DOLLFUS (Charles). **Considérations sur l'histoire.** Le monde antique. 1872, 1 vol. in-8.
7 fr. 50

DUGALD-STEVART. **Éléments de la philosophie de l'esprit humain**, traduit de l'anglais par Louis Peisse, 3 vol. in-12.
9 fr

DU POTET. **Manuel de l'étudiant magnétiseur.** Nouvelle édition. 1868, 1 vol. in-18.
3 fr. 50

DU POTET. **Traité complet de magnétisme,** cours en douze leçons. 1856, 3e édition, 1 vol. de 634 pages.   7 fr.

DUPUY (Paul). **Études politiques,** 1874. 1 v. in-8 de 236 pages.   3 fr. 50.

DUVAL-JOUVE. **Traité de Logique,** ou essai sur la théorie de la science, 1855. 1 vol. in-8.   6 fr.

Éléments de science sociale. Religion physique, sexuelle et naturelle, ouvrage traduit sur la 7e édition anglaise. 1 fort vol. in-18, cartonné.   4 fr.

ÉLIPHAS LÉVI. **Dogme et rituel de la haute magie.** 1861, 2e édit., 2 vol. in-8, avec 24 fig.   18 fr.

ÉLIPHAS LÉVI. **Histoire de la magie,** avec une exposition claire et précise de ses procédés, de ses rites et de ses mystères. 1860, 1 vol. in-8, avec 90 fig.   12 fr.

ÉLIPHAS LÉVI. **La science des esprits,** révélation du dogme secret des Kabbalistes, esprit occulte de l'Évangile, appréciation des doctrines et des phénomènes spirites. 1865, 1 v. in-8.   7 fr.

FAU. **Anatomie des formes du corps humain,** à l'usage des peintres et des sculpteurs. 1866, 1 vol. in-8 et atlas de 25 planches. 2e édition. Prix, fig. noires.   20 fr.
     Prix, figures coloriées.   35 fr.

FERRON (de). **Théorie du progrès** (Histoire de l'idée du progrès. — Vico. — Herder. — Turgot. — Condorcet. — Saint-Simon. — Réfutation du césarisme). 1867, 2 vol. in-18.   7 fr.

FERRON (de). **La question des deux Chambres.** 1872, in-8 de 45 pages.   1 fr.

EM. FERRIÈRE. **Le darwinisme.** 1872, 1 vol. in-18.   4 fr. 50

FICHTE. **Méthode pour arriver à la vie bienheureuse,** traduit par Francisque Bouiller. 1 vol. in-8.   8 fr.

FICHTE. **Destination du savant et de l'homme de lettres,** traduit par M. Nicolas. 1 vol. in-8.   3 fr.

FICHTE. **Doctrines de la science.** Principes fondamentaux de la science de la connaissance, trad. par Grimblot. 1 vol. in-8.   9 fr.

FLEURY (Amédée). **Saint Paul et Sénèque,** recherches sur les rapports du philosophe avec l'apôtre et sur l'infiltration du christianisme naissant à travers le paganisme. 2 vol. in-8.   15 fr.

FOUCHER DE CAREIL. **Leibniz, Descartes, Spinoza.** In-8.   4 fr.

FOUCHER DE CAREIL. **Lettres et opuscules de Leibniz.** 1 vol. in-8.   3 fr. 50

FOUCHER DE CAREIL. **Leibniz et Pierre-le-Grand.** 1 vol. in-8. 1874.   2 fr.

FOUILLÉE (Alfred). **La philosophie de Socrate.** 2 vol. in-8.   16 fr.

FOUILLÉE (Alfred). **La philosophie de Platon.** 2 vol. in-8.   16 fr.

FOUILLÉE (Alfred). **La liberté et le déterminisme.** 1 fort vol. in-8.   7 fr. 50

FOUILLÉE (Alfred). **Platonis hippias minor sive Socratica,** 1 vol. in-8.   2 fr.

FRIBOURG. **Du paupérisme parisien,** de ses progrès depuis vingt-cinq ans.   1 fr. 25

HAMILTON (William). **Fragments de Philosophie,** traduits de l'anglais par Louis Peisse.   7 fr. 50

HÉGEL. Voy. p. 13.

HERZEN. **Œuvres complètes.** Tome Ier. *Récits et nouvelles.* 1874, 1 vol. in-18.   3 fr. 50

HERZEN. **De l'autre Rive.** 4e édition, traduit du russe par M. Herzen fils. 1 vol. in-18.   3 fr. 50

HERZEN. **Lettres de France et d'Italie.** 1871, in-18. 3 fr. 50

HUMBOLDT (G. de). **Essai sur les limites de l'action de l'État,** traduit de l'allemand, et précédé d'une Étude sur la vie et les travaux de l'auteur, par M. Chrétien, docteur en droit. 1867, in-18.   3 fr. 50

ISSAURAT. **Moments perdus de Pierre-Jean,** observations, pensées, rêveries antipolitiques, antimorales, antiphilosophiques, antimétaphysiques, anti tout ce qu'on voudra. 1868,1v.in-18. 3 fr.

ISSAURAT. **Les alarmes d'un père de famille,** suscitées, expliquées, justifiées et confirmées par lesdits faits et gestes de Mgr. Dupanloup et autres. 1868, in-8.   1 fr.

JANET (Paul). **Histoire de la science politique** dans ses rapports avec la morale. 2 vol. in-8.   20 fr.

JANET (Paul). **Études sur la dialectique** dans Platon et dans Hegel. 1 vol. in-8.   6 fr

JANET (Paul). **Œuvres philosophiques de Leibniz.** 2 vol. in-8.   16 fr.

JANET (Paul). **Essai sur le médiateur plastique de Cudworth.** 1 vol. in-8.   6 fr.

KANT. **Critique de la raison pure,** précédé d'une préface par M. Jules BARNI. 1870, 2 vol. in-8.   16 fr.

KANT. **Critique de la raison pure,** traduit par M. Tissot. 2 vol. in-8.   16 fr.

KANT. **Éléments métaphysiques de la doctrine du droit,** suivis d'un Essai philosophique sur la paix perpétuelle, traduits de l'allemand par M. Jules BARNI. 1854, 1 vol. in-8.   8 fr.

KANT. **Principes métaphysiques du droit** suivi du *projet de paix perpétuelle,* traduction par M. Tissot. 1 vol. in-8.   8 fr.

KANT. **Éléments métaphysiques de la doctrine de la vertu,** suivi d'un Traité de pédagogie, etc. ; traduit de l'allemand par M. Jules BARNI, avec une introduction analytique. 1855, 1 vol. in-8.   8 fr.

KANT. **Principes métaphysiques de la morale,** augmenté des *fondements de la métaphysique des mœurs,* traduction par M. Tissot. 1 vol. in-8.   8 fr.

KANT. **La religion dans les limites de la raison,** traduit de l'allemand par J. Trullard. 1 vol. in-8.   7 f. 50

KANT. **La logique,** traduction de M. Tissot. 1 vol. in-4.   4 fr.

KANT. **Mélanges de logique,** traduction par M. Tissot, 1 vol. in-8.   6 fr.

KANT. **Prolégomènes à toute métaphysique future** qui se présentera comme science, traduction de M. Tissot, 1 vol. in-8.   6 fr.

KANT. **Anthropologie,** suivie de divers fragments relatifs aux rapports du physique et du moral de l'homme et du commerce des esprits d'un monde à l'autre, traduction par M. Tissot. 1 vol. in-8.   6 fr.

KANT. **Examen de la critique de la raison pratique,** traduit par J. Barni. 1 vol. in-8.   6 fr.

KANT. **Éclaircissements sur la critique de la raison pure,** traduit par J. Tissot. 1 vol. in-8.   6 fr.

KANT. **Critique du jugement,** suivie des *observations sur les sentiments du beau et du sublime,* traduit par J. Barni. 2 vol. in-8.   12 fr.

KANT. **Critique de la raison pratique,** précédée des *fondements de la métaphysique des mœurs,* traduit par J. Barni. 1 vol. in-8.   6 fr.

LABORDE. **Les hommes et les actes de l'insurrection de Paris** devant la psychologie morbide. Lettres à M. le docteur Moreau (de Tours). 1 vol. in-18.   3 fr. 50

LACHELIER. **Le fondement de l'induction.**   3 fr. 50

LACHELIER. **De natura syllogismi** apud facultatem litterarum Parisiensem, hæc disputabat.   1 fr. 50

LACOMBE. **Mes droits.** 1869, 1 vol. in-12.   2 fr. 50

LAMBERT. **Hygiène de l'Egypte.** 1873. 1 vol. in-18.   2 fr. 50

LANGLOIS. **L'homme et la Révolution.** Huit études dédiées à P. J. Proudhon. 1867, 2 vol. in-18.   7 fr.

LE BERQUIER. **Le barreau moderne.** 1871, 2e édition, 1 vol. in-18.   3 fr. 50

LE FORT. **La chirurgie militaire** et les Sociétés de secours en France et à l'étranger. 1873, 1 vol. gr. in-8, avec fig.   10 fr.

LEFORT. **Étude sur l'organisation de la Médecine** en France et à l'étranger. 1874, gr. in-8.   3 fr.

LEIBNIZ. **Œuvres philosophiques,** avec une Introduction et des notes par M. Paul Janet, 2 vol. in-8.   16 fr.

LITTRÉ. **Auguste Comte et Stuart Mill,** suivi de *Stuart Mill et la philosophie positive,* par M. G. Wyrouboff, 1867, in-8 de 86 pages.   2 fr.

LITTRÉ. **Application de la philosophie positive** au gouvernement des Sociétés. In-8.　　　　　　　　　　3 fr. 50

LORAIN (P.). **Jenner et la vaccine.** Conférence historique. 1870, broch. in-8 de 48 pages.　　　　　　　　　　1 fr. 50

LORAIN (P.). **L'assistance publique.** 1871, in-4 de 56 p. 1 fr.

LUBBOCK. **L'homme avant l'histoire**, étudié d'après les monuments et les costumes retrouvés dans les différents pays de l'Europe, suivi d'une Description comparée des mœurs des sauvages modernes, traduit de l'anglais par M. Ed. BARBIER. avec 156 figures intercalées dans le texte. 1867, 1 beau vol. in-8, prix broché.　　　　　　　　　　15 fr.

　　Relié en demi-maroquin avec nerfs.　　　　　　18 fr.

LUBBOCK. **Les origines de la civilisation.** État primitif de l'homme et mœurs des sauvages modernes. 1873. 1 vol. grand in-8 avec figures et planches hors texte. Traduit de l'anglais par M. Ed. BARBIER.　　　　　　　　　　15 fr.

　　Relié en demi-maroquin avec nerfs.　　　　　　18 fr.

NAGY. **De la science et de la nature**, essai de philosophie première. 1 vol. in-8.　　　　　　　　　　6 fr.

MARAIS (Aug.). **Garibaldi et l'armée des Vosges.** 1872, 1 vol. in-18.　　　　　　　　　　1 fr. 50

MAURY (Alfred). **Histoire des religions de la Grèce antique.** 3 vol. in-8.　　　　　　　　　　24 fr.

MAX MULLER. **Amour allemand.** Traduit de l'allemand. 1 vol. in-18 imprimé en caractères elzéviriens.　　　　3 fr. 50

MAZZINI. **Lettres à Daniel Stern** (1864-1872), avec une lettre autographiée. 1 v. in-18 imprimé en caractères elzéviriens. 3 fr. 50

MENIÈRE. **Cicéron médecin**, étude médico-littéraire. 1862, 1 vol. in-18.　　　　　　　　　　1 fr. 50

MENIÈRE. **Les consultations de madame de Sévigné**, étude médico-littéraire. 1864, 1 vol. in-8.　　　　3 fr.

MERVOYER. **Étude sur l'association des idées.** 1864, 1 vol. in-8.　　　　　　　　　　6 fr.

MEUNIER (Victor). **La science et les savants.**
　1re année, 1864. 1 vol. in-18.　　　　　　　3 fr. 50
　2e année, 1865. 1er semestre, 1 vol. in-18.　　3 fr. 50
　2e année, 1865. 2e semestre, 1 vol. in-18.　　3 fr. 50
　3e année, 1866. 1 vol. in-18.　　　　　　　3 fr. 50
　4e année, 1867. 1 vol. in-18.　　　　　　　3 fr. 50

MICHELET (J.). **Le Directoire et les origines des Bonaparte.** 1872, 1 vol. in-8. 6 fr.

MILSAND. **Les études classiques** et l'enseignement public. 1873, 1 vol. in-18. 3 fr. 50

MILSAND. **Le code et la liberté.** Liberté du mariage, liberté des testaments. 1865, in-8. 2 fr.

MIRON. **De la séparation du temporel et du spirituel.** 1866, in-8. 3 fr. 50

MORER. **Projet d'organisation de colléges cantonaux,** in-8 de 64 pages. 1 fr. 50

MORIN. **Du magnétisme et des sciences occultes.** 1860, 1 vol. in-8. 6 fr.

MUNARET. **Le médecin des villes et des campagnes.** 4e édition, 1862, 1 vol. grand in-18. 4 fr. 50

NAQUET (A.). **La république radicale.** 1873, 1 vol. in-18. 3 fr 50

NOURRISSON. **Essai sur la philosophie de Bossuet.** 1 vol. in-8. 4 fr.

OGER. **Les Bonaparte** et les frontières de la France. In-18. 50 c.

OGER. **La République.** 1871, brochure in-8. 50 c.

OLLÉ-LAPRUNE. **La philosophie de Malebranche.** 2 vol. in-8. 16 fr.

PARIS (comte de). **Les associations ouvrières en Angleterre** (trades-unions). 1869, 1 vol. gr. in-8. 2 fr. 50
Édition sur papier de Chine : broché. 12 fr.
—— reliure de luxe. 20 fr.

PUISSANT (Adolphe). **Erreurs et préjugés populaires.** 1873, 1 vol. in-18. 3 fr. 50

REYMOND (William). **Histoire de l'art.** 1874, 1 vol. in-8. 5 fr.

RIBOT (Paul). **Matérialisme et spiritualisme.** 1873, in-8. 6 fr.

RIBOT (Th.) **La psychologie anglaise contemporaine** (James Mill, Stuart Mill, Herbert Spencer, A. Bain, G. Lewes, S. Bailey, J.-D. Morell, J. Murphy). 1870, 1 vol. in-18. 3 fr. 50

RIBOT (Th.). **De l'hérédité.** 1873, 1 vol. in-8. 10 fr.

RITTER (Henri). **Histoire de la philosophie moderne,** traduction française précédée d'une introduction par P. Challemel-Lacour. 3 vol. in-8. 20 fr.

RITTER (Henri). **Histoire de la philosophie chrétienne,** trad. par M. J. Trullard. 2 forts vol.   15 fr.

RITTER (Henri). **Histoire de la philosophie ancienne,** trad. par Tissot. 4 vol.   30 fr.

SAINT-MARC GIRARDIN. **La chute du second Empire.** In-4.   4 fr. 50

SALETTA. **Principe de logique positive,** ou traité de scepticisme positif. Première partie (de la connaissance en général). 1 vol. gr. in-8.   3 fr. 50

SARCHI. **Examen de la doctrine de Kant.** 1872, gr. in-8. 4 fr.

SCHELLING. **Écrits philosophiques** et morceaux propres à donner une idée de son système, traduit par Ch. Bénard. In-8.   9 fr.

SCHELLING. **Bruno** ou du principe divin, trad. par Husson. 1 vol. in-8.   3 fr. 50

SCHELLING. **Idéalisme trancendantal,** traduit par Grimblot. 1 vol. in-8.   7 fr. 50

SIÈREBOIS. **Autopsie de l'âme.** Identité du matérialisme et du vrai spiritualisme. 2ᵉ édit. 1873, 1 vol. in-18.   2 fr. 50

SIÈREBOIS. **La morale** fouillée dans ses fondements. Essai d'anthropodicée. 1867, 1 vol. in-8.   6 fr.

SOREL (ALBERT). **Le traité de Paris du 20 novembre 1815.** Leçons professées à l'École libre des sciences politiques par M. Albert SOREL, professeur d'histoire diplomatique. 1873, 1 vol. in-8.   4 fr. 50

STUART-MILL. Voyez page 5.

THULIÉ. **La folie et la loi.** 1867, 2ᵉ édit., 1 vol. in-8. 3 fr. 50

THULIÉ. **La manie raisonnante du docteur Campagne.** 1870, broch. in-8 de 132 pages.   2 fr.

TIBERGHIEN. **Les commandements de l'humanité.** 1872, 1 vol. in-18.   3 fr.

TIBERGHIEN. **Enseignement et philosophie.** 1873, 1 vol. in-18.   4 fr.

TISSOT. Voyez KANT.

TISSOT. **Principes de morale,** leur caractère rationnel et universel, leur application. Ouvrage couronné par l'Institut. 1 vol. in-8.   6 fr.

VACHEROT. **Histoire de l'école d'Alexandrie.** 3 vol. in-8.   24 fr.

VALETTE. **Cours de Code civil** professé à la Faculté de droit de Paris. Tome I, première année (Titre préliminaire — Livre premier). 1873, 1 fort vol. in-18.   8 fr.

VALMONT. **L'espion prussien.** 1872, roman traduit de l'anglais. 1 vol. in-18.   3 fr. 50

VÉRA. **Strauss. L'ancienne et la nouvelle foi.** 1873, in-8.   6 fr.

VÉRA. **Traduction de Hégel.** Voy. p. 13.

VILLIAUME. **La politique moderne,** traité complet de politique. 1873, 1 beau vol. in-8.   .   6 fr.

WEBER. **Histoire de la philosophie européenne.** 1871, 1 vol. in-8.   10 fr.

L'Europe orientale. Son état présent, sa réorganisation, avec deux tableaux ethnographiques, 1873. 1 vol. in-18.   3 fr. 50

Le Pays Jongo-Slave (Croatie-Serbie). Son état physique et politique, 1874. in-18.   3 fr. 50

L'armée d'Henri V. — Les bourgeois gentilshommes de 1871. 1 vol. in-18.   3 fr. 50

L'armée d'Henri V. — Les bourgeois gentilshommes, types nouveaux et inédits. 1 vol. in-18.   2 fr. 50

L'armée d'Henri V. — L'arrière-ban de l'ordre moral. 1874, 1 vol. in-18.   3 fr. 50

Annales de l'Assemblée nationale. Compte rendu *in extenso* des séances, annexes, rapports, projets de loi, propositions, etc. Prix de chaque volume.   15 fr.
    Trente volumes sont en vente.

Loi de recrutement des armées de terre et de mer, promulguée le 16 août 1872. Compte rendu *in extenso* des trois délibérations. — Lois des 10 mars 1818, 21 mars 1832, 21 avril 1855, 1er février 1868. 1 vol. gr. in-4 à 3 colonnes.   12 fr.

Administration départementale et communale. Lois, décrets, jurisprudence (conseil d'État, cour de cassation, décisions et circulaires ministérielles). in-4.   8 fr.

RAPPORTS SE VENDANT SÉPARÉMENT

DE RESSÉGUIER. — Les événements de Toulouse sous le Gouvernement de la Défense nationale. In-4.   2 fr. 50

SAINT-MARC GIRARDIN. — La chute du second Empire. In-4.   4 fr. 50

DE SUGNY. — Les événements de Marseille sous le Gouvernement de la Défense nationale. In-4.   10 fr.

DE SUGNY. — Les événements de Lyon sous le Gouvernement de la Défense nationale. In-4.   7 fr.

DARU. — La politique du Gouvernement de la Défense nationale à Paris. In-4.   15 fr.

CHAPER. — Examen au point de vue militaire des actes du Gouvernement de la Défense à Paris. In-4.   15 fr.

CHAPER. — Les procès-verbaux des séances du Gouvernement de la Défense nationale. In-4.   5 fr.

BOREAU-LAJANADIE. — L'emprunt Morgan. In-4.   4 fr. 50

DE LA BORDERIE. — Le camp de Conlie et l'armée de Bretagne. in-4.   10 fr.

DE LA SICOTIÈRE. — L'affaire de Dreux. In-4.   2 fr. 50

ENQUÊTE PARLEMENTAIRE

SUR

L'INSURRECTION DU 18 MARS

édition contenant *in-extenso* les trois volumes distribués à l'Assemblée nationale.

1° RAPPORTS. Rapport général de M. Martial Delpit. Rapports de MM. *de Meaux*, sur les mouvements insurrectionnels en province ; *de Massy*, sur le mouvement insurrectionnel à Marseille ; *Meplain*, sur le mouvement insurrectionnel à Toulouse ; *de Chamaillard*, sur les mouvements insurrectionnels à Bordeaux et à Tours ; *Delille*, sur le mouvement insurrectionnel à Limoges ; *Vacherot*, sur le rôle des municipalités ; *Ducarre*, sur le rôle de l'Internationale ; *Boreau-Lajanadie*, sur le rôle de la presse révolutionnaire à Paris ; *de Cumont*, sur le rôle de la presse révolutionnaire en province ; *de Saint-Pierre*, sur la garde nationale de Paris pendant l'insurrection ; *de Larochetheulon*, sur l'armée et la garde nationale de Paris avant le 18 mars. — Rapports de MM. *les premiers présidents de Cour d'appel* d'Agen, d'Aix, d'Amiens, de Bordeaux, de Bourges, de Chambéry, de Douai, de Nancy, de Pau, de Rennes, de Riom, de Rouen, de Toulouse. — Rapports de MM. *les préfets* de l'Ardèche, des Ardennes, de l'Aude, du Gers, de l'Isère, de la Haute-Loire, du Loiret, de la Nièvre, du Nord, des Pyrénées-Orientales, de la Sarthe, de Seine-et-Marne, de Seine-et-Oise, de la Seine-Inférieure, de Vaucluse. — Rapports de MM. les chefs de légion de gendarmerie.

2° DÉPOSITIONS de MM. Thiers, maréchal Mac-Mahon, général Trochu, J. Favre, Ernest Picard, J. Ferry, général Le Flô, général Vinoy, Choppin, Cresson, Leblond, Edmond Adam, Melleval, Hervé, Bethmont, Ansart, Marseille, Claude, Lagrange, Macé, Nusse, Mouton, Garcin, colonel Lambert, colonel Gaillard, général Apport, Gerspach, Barral de Montand, comte de Mun, Floquet, général Cremer, amiral Saisset, Schœlcher, Tirard, Dubail, Denormandie, Vautrain, François Favre, Bellaigue, Vacherot, Degouve-Denuncque, Desmarest, colonel Montaigu, colonel Ibos, général d'Aurelle de Paladines, Roger du Nord, Baudouin de Mortemart, Lavigne, Ossude, Ducros, Turquet, de Ploeuc, amiral Pothuau, colonel Langlois, Luciang, Danet, colonel Le Mains, colonel Vabre, Héligon, Tolain, Fribourg, Dunoyer, Testu, Corbon, Ducarre.

3° PIÈCES JUSTIFICATIVES. Déposition de M. le général Ducrot. Procès-verbaux du Comité central, du Comité de salut public, de l'Internationale, de la délégation des vingt arrondissements, de l'Alliance républicaine, de la Commune. — Lettre du prince Czartoryski sur les Polonais. — Réclamations et errata.

Édition populaire contenant *in extenso* les trois volumes distribués aux membres de l'Assemblée nationale.

Prix : **16** francs.

COLLECTION ELZÉVIRIENNE

Lettres de Joseph Mazzini à Daniel Stern (1864-1872), avec une lettre autographiée. 3 fr. 50

Amour allemand, par MAX MULLER, traduit de l'allemand. 1 vol. in-18. 3 fr. 50

La mort des rois de France depuis François Ier jusqu'à la Révolution française, études médicales et historiques, par M. le docteur CORLIEU. 1 vol. in-18. 3 fr. 50

Libre examen, par LOUIS VIARDOT. 1 vol. in-18. 3 fr. 50

L'Algérie, impressions de voyage, par M. CLAMAGERAN. 1 vol. in-18. 3 fr. 50

———

BIBLIOTHÈQUE POPULAIRE

Napoléon Ier, par M. Jules BARNI, membre de l'Assemblée nationale. 1 vol. in-18. 1 fr.

Manuel républicain, par M. Jules BARNI, membre de l'Assemblée nationale. 1 vol. in-18. 1 fr.

Garibaldi et l'armée des Vosges, par M. Aug. MARAIS. 1 vol. in-18. 1 fr. 50

Le paupérisme parisien, ses progrès depuis vingt-cinq ans, par E. FRIBOURG. 1 fr. 25

———

ÉTUDES CONTEMPORAINES

Les bourgeois gentilshommes. — L'armée d'Henri V, par Adolphe BOUILLET. 1 vol. in-18. 3 fr. 50

Les bourgeois gentilshommes. — L'armée d'Henri V. Types nouveaux et inédits, par A. BOUILLET. 1 v. in-18. 2 fr. 50

Les Bourgeois gentilshommes. — L'armée d'Henri V. L'arrière-ban de l'ordre moral, par A. Bouillet. 1 vol. in-18. 3 fr. 50

L'espion prussien, roman anglais par V. VALMONT, traduit par M. J. DUBRISAY. 1 vol. in-18. 3 fr. 50

La Commune et ses idées à travers l'histoire, par Edgar BOURLOTON et Edmond ROBERT. 1 vol. in-18. 3 fr. 50

Du principe autoritaire et du principe rationnel, par M. Jean Chasseriau. 1873. 1 vol. in-18. 3 fr. 50

La République radicale, par A. NAQUET membre de l'Assemblée nationale. 1 vol. in-18. 3 fr. 50

PUBLICATIONS

DE L'ÉCOLE LIBRE DES SCIENCES POLITIQUES

ALBERT SOREL. **Le traité de Paris du 20 novembre 1815.**
— I. Les cent-jours. — II. Les projets de démembrement. —
III. La sainte-alliance. Les traités du 20 novembre, par M. Albert
SOREL, professeur d'histoire diplomatique à l'École libre des
sciences politiques. 1 vol. in-8 de 153 pages.   4 fr. 50

RÉCENTES PUBLICATIONS SCIENTIFIQUES

AGASSIZ. **De l'espèce et des classifications en zoologie**
1 vol. in-8.   5 fr.

ARCHIAC (D'). **Leçons sur la faune quaternaire,** professées
au Muséum d'histoire naturelle. 1865, 1 vol. in-8.   3 fr. 50

BAIN. **Les sens et l'intelligence,** trad. de l'anglais, 1874,
1 vol. in-8.   10 fr.

BAGEHOT. **Lois scientifiques du développement des nations.** 1873, 1 vol. in-4, cartonné.   6 fr.

BÉRAUD (B. J.). **Atlas complet d'anatomie chirurgicale
topographique,** pouvant servir de complément à tous les ouvrages d'anatomie chirurgicale, composé de 109 planches re-
présentant plus de 200 gravures dessinées d'après nature par
M. Bion, et avec texte explicatif. 1865, 1 fort vol. in-4.

    Prix : fig. noires, relié.   60 fr.
    — fig. coloriées, relié.   120 fr.

Ce bel ouvrage, auquel on a travaillé pendant sept ans, est le
plus complet qui ait été publié sur ce sujet. Toutes les pièces dis-
séquées dans l'amphithéâtre des hôpitaux ont été reproduites
d'après nature par M. Bion, et ensuite gravées sur acier par les
meilleurs artistes. Après l'explication de chaque planche, l'auteur
a ajouté les applications à la pathologie chirurgicale, à la médecine
opératoire, se rapportant à la région représentée.

BERNARD (Claude). **Leçons sur les propriétés des tissus vivants** faites à la Sorbonne, rédigées par Emile ALGLAVE, avec 94 fig. dans le texte. 1866, 1 vol. in-8. 8 fr.

BLANCHARD. **Les Métamorphoses, les Mœurs et les Instincts des insectes,** par M. Emile Blanchard, de l'Institut, professeur au Muséum d'histoire naturelle. 1868, 1 magnifique volume in-8 jésus, avec 160 figures intercalées dans le texte et 40 grandes planches hors texte. Prix, broché. 30 fr.
    Relié en demi-maroquin. 35 fr.

BLANQUI. **L'éternité par les astres,** hypothèse astronomique, 1872, in-8. 2 fr.

BOCQUILLON. **Manuel d'histoire naturelle médicale.** 1871, 1 vol. in-18, avec 415 fig. dans le texte. 14 fr.

BOUCHARDAT. **Manuel de matière médicale,** de thérapeutique comparée et de pharmacie. 1873, 5e édition, 2 vol. gr. in-18. 16 fr.

BOUCHUT. **Histoire de la médecine et des doctrines médicales.** 1873, 2 vol. in-8. 16 fr.

BUCHNER (Louis). **Science et Nature,** traduit de l'allemand par A. Delondre. 1866, 2 vol. in-18 de la *Bibliothèque de philosophie contemporaine.* 5 fr.

CLÉMENCEAU. **De la génération des éléments anatomiques,** précédé d'une Introduction par M. le professeur Robin. 1867, in-8. 5 fr.

Conférences historiques de la Faculté de médecine faites pendant l'année 1865 (*les Chirurgiens érudits,* par M. Verneuil.—*Guy de Chauliac,* par M. Follin.—*Celse,* par M. Broca. — *Wurtzius,* par M. Trélat. — *Rioland,* par M. Le Fort.— *Leuret,* par M. Tarnier. — *Harvey,* par M. Béclard. — *Stahl,* par M. Lasègue. — *Jenner,* par M. Lorain. — *Jean de Vier,* par M. Axenfeld. — *Laennec,* par M. Chauffard. — *Sylvius,* par M. Gubler. — *Stoll,* par M. Parot). 1 vol. in-8. 6 fr.

DELVAILLE. **Lettres médicales sur l'Angleterre.** 1874, in-8. 1 fr. 50

DUMONT (L. A.). **Hœckel et la théorie de l'évolution en Allemagne.** 1873, 1 vol. in-18. 2 fr. 50

DURAND (de Gros). **Essais de physiologie philosophique.** 1866, 1 vol. in-8. 8 fr.

DURAND (de Gros). **Ontologie et psychologie physiologique.** Études critiques. 1871, 1 vol. in-18. 3 fr. 50

DURAND (de Gros). **Origines animales de l'homme**, éclairées par la physiologie et l'anatomie comparative. Grand in-8, 1871, avec fig. 5 fr.

DURAND-FARDEL. **Traité thérapeutique des eaux minérales** de la France, de l'étranger et de leur emploi dans les maladies chroniques. 2ᵉ édition, 1 vol. in-8 de 780 p. avec cartes coloriées. 9 fr.

FAIVRE. **De la variabilité de l'espèce.** 1868, 1 vol. in-18 de la *Bibliothèque de philosophie contemporaine*. 2 fr. 50

FAU. **Anatomie des formes du corps humain**, à l'usage des peintres et des sculpteurs. 1866, 1 vol. in-8 avec atlas in-folio de 25 planches.

    Prix : fig. noires. 20 fr.
    — fig. coloriées. 35 fr.

W. DE FONVIELLE. **L'Astronomie moderne.** 1869, 1 vol, de la *Bibliothèque de philosophie contemporaine*. 2 fr. 50

GARNIER. **Dictionnaire annuel des progrès des sciences et institutions médicales**, suite et complément de tous les dictionnaires. 1 vol. in-12 de 600 pages. 7 fr.

GRÉHANT. **Manuel de physique médicale.** 1869, 1 volume in-18, avec 469 figures dans le texte. 7 fr.

GRÉHANT. **Tableaux d'analyse chimique** conduisant à la détermination de la base et de l'acide d'un sel inorganique isolé, avec les couleurs caractéristiques des précipités. 1862, in-4, cart. 3 fr. 50

GRIMAUX. **Chimie organique élémentaire**, leçons professées à la Faculté de médecine. 1872, 1 vol. in-18 avec figures. 4 fr. 50

GRIMAUX. **Chimie inorganique élémentaire.** Leçons professées à la Faculté de médecine, 1874, 1 vol. in-8 avec fig. 5 fr.

GROVE. **Corrélation des forces physiques**, traduit par M. l'abbé Moigno, avec des notes par M. Séguin aîné. 1 vol. in-8. 7 fr. 50

HERZEN. **Physiologie de la Volonté**, 1874. 1 vol. de la *Bibliothèque de Philosophie contemporaine*. 2 fr. 50

JAMAIN. **Nouveau Traité élémentaire d'anatomie descriptive et de préparations anatomiques.** 3ᵉ édition, 1867, 1 vol. grand in-18 de 900 pages, avec 223 fig. intercalées dans le texte. 12 fr.

JANET (Paul). **Le Cerveau et la Pensée.** 1867, 1 vol. in-18 de la *Bibliothèque de philosophie contemporaine*. 2 fr. 50

LAUGEL. **Les Problèmes** (problèmes de la nature, problèmes de la vie, problèmes de l'âme), 1873, 2ᵉ édition, 1 fort vol. in-8.   7 fr. 50

LAUGEL. **La Voix, l'Oreille et la Musique.** 1 vol. in-18 de la *Bibliothèque de philosophie contemporaine.*   2 fr. 50

LAUGEL. **L'Optique et les Arts.** 1 vol. in-18 de la *Bibliothèque de philosophie contemporaine.*   2 fr. 50

LE FORT. **La chirurgie militaire** et les sociétés de secours en France et à l'étranger. 1873, 1 vol. gr. in-8 avec figures dans le texte.   10 fr.

LEMOINE (Albert). **Le Vitalisme et l'Animisme de Stahl.** 1864, 1 vol. in-18 de la *Bibliothèque de philosophie contemporaine.*   2 fr. 50

LEMOINE (Albert). **De la physionomie et de la parole.** 1865. 1 vol. in-18 de la *Bibliothèque de philosophie contemporaine.*   2 fr. 50

LEYDIG. **Traité d'histologie comparée de l'homme et des animaux**, traduit de l'allemand par M. le docteur LAHILLONNE. 1 fort vol. in-8 avec 200 figures dans le texte. 1866.   15 fr.

LONGET. **Traité de physiologie.** 3ᵉ édition, 1873, 3 vol. gr. in-8.   36 fr.

LONGET. **Tableaux de Physiologie.** Mouvement circulaire de la matière dans les trois règnes, avec figures. 2ᵉ édition, 1874.   7 fr.

LUBBOCK. **L'Homme avant l'histoire,** étudié d'après les monuments et les costumes retrouvés dans les différents pays de l'Europe, suivi d'une description comparée des mœurs des sauvages modernes, traduit de l'anglais par M. Ed. BARBIER, avec 156 figures intercalées dans le texte. 1867. 1 beau vol. in-8, broché.   15 fr.
   Relié en demi-maroquin avec nerfs.   18 fr.

LUBBOCK. **Les origines de la civilisation,** état primitif de l'homme et mœurs des sauvages modernes, traduit de l'anglais sur la seconde édition. 1873, 1 vol. in-8 avec figures et planches hors texte.   15 fr.
   Relié en demi-maroquin.   18 fr.

MAREY. **Du mouvement dans les fonctions de la vie.** 1868, 1 vol. in-8, avec 200 figures dans le texte.   10 fr.

MAREY. **La machine animale,** 1873, 1 vol. in-8 avec 200 fig. cartonné à l'anglaise.   6 fr.

MOLESCHOTT (J.). **La Circulation de la vie,** Lettres sur la physiologie en réponse aux Lettres sur la chimie de Liebig, traduit de l'allemand par M. le docteur CAZELLES. 2 vol. in-18 de la *Bibliothèque de philosophie contemporaine.*   5 fr.

MUNARET. **Le médecin des villes et des campagnes,** 4ᵉ édition, 1862. 1 vol. gr. in-18.   4 fr. 50

ONIMUS. **De la théorie dynamique de la chaleur dans les sciences biologiques.** 1866.   3 fr.

QUATREFAGES (de). **Charles Darwin et ses précurseurs français.** Étude sur le transformisme. 1870, 1 vol. in-8.   5 fr.

RICHE. **Manuel de chimie médicale.** 1874, 2ᵉ édition, 1 vol. in-18 avec 200 fig. dans le texte.   8 fr.

ROBIN (Ch.). **Journal de l'anatomie et de la physiologie** normales et pathologiques de l'homme et des animaux, dirigé par M. le professeur Ch. Robin (de l'Institut), paraissant tous les deux mois par livraison de 7 feuilles gr. in-8 avec planches. Prix de l'abonnement, pour la France.   20 fr.

—   pour l'étranger.   24 fr.

ROISEL. **Les atlantes.** 1874, 1 vol. in-8.   7 fr.

SAIGEY (Émile). **Les sciences au XVIIIᵉ siècle.** La physique de Voltaire. 1873, 1 vol. in-8.   5 fr.

SAIGEY (Émile). **La Physique moderne.** Essai sur l'unité des phénomènes naturels. 1868, 1 vol. in-18 de la *Bibliothèque de philosophie contemporaine.*   2 fr. 50

SCHIFF. **Leçons sur la physiologie de la digestion,** faites au Muséum d'histoire naturelle de Florence. 2 vol. gr. in-8.   20 fr.

SPENCER (Herbert). **Classification des sciences.** 1872, 1 vol. in-18.   2 fr. 50

SPENCER (Herbert). **Principes de psychologie,** trad. de l'anglais. Tome Iᵉʳ. 1 vol. in-8.   10 fr.

TAULE. **Notions sur la nature et les propriétés de la matière organisée.** 1866.   3 fr. 50

TYNDALL. **Les glaciers et les transformations de l'eau.** 1873, 1 vol. in-18 avec figures cartonné.   6 fr.

VULPIAN. **Leçons de physiologie générale et comparée du système nerveux,** faites au Muséum d'histoire naturelle, recueillies et rédigées par M. Ernest Brémond. 1866, 1 fort vol. in-8.   10 fr.

VULPIAN. **Leçons sur l'appareil vaso-moteur** (physiologie et pathologie). 2 vol. in-8. 1875.   16 fr.

ZABOROWSKI. **De l'ancienneté de l'homme,** résumé populaire de la préhistoire. 1ʳᵉ partie. 1 vol. in-8.   3 fr. 50

— Deuxième partie. 1 vol. in-8.   5 fr. 50

PARIS. — IMPRIMERIE DE E. MARTINET, RUE MIGNON, 2.

BIBLIOTHEQUE NATIONALE DE FRANCE
3 7502 04300003 5